储能科学与工程专业“十四五”高等教育系列教材

可再生能源催化转化及储存

主编　李孔斋

科学出版社
北京

内 容 简 介

本书系统全面地介绍了可再生能源催化转化及储存的基础知识、基本工艺和应用实例。全书分6章：首先介绍可再生能源基本概念及分类；其次重点介绍光催化储能与利用技术、电催化储能与利用技术、热催化加氢储能与利用技术、太阳能热化学储能与利用技术，主要包括各种可再生能源储能与利用技术的发展现状、工作原理、技术特征、未来方向、应用情况等；最后介绍多能互补储能系统。

本书可作为高等院校新能源科学与工程、储能科学与工程、能源与动力工程专业及交叉学科相关专业的教材，也可供新能源储能等相关领域管理人员、技术人员参考。

图书在版编目（CIP）数据

可再生能源催化转化及储存 / 李孔斋主编. -- 北京 ：科学出版社，2025. 6. --（储能科学与工程专业“十四五”高等教育系列教材）.
ISBN 978-7-03-080823-3

Ⅰ. TK01

中国国家版本馆CIP数据核字第20249T6Z25号

责任编辑：陈 琪 / 责任校对：王 瑞
责任印制：师艳茹 / 封面设计：马晓敏

科学出版社 出版
北京东黄城根北街16号
邮政编码：100717
http://www.sciencep.com

北京天宇星印刷厂印刷

科学出版社发行 各地新华书店经销

*

2025年6月第 一 版 开本：787×1092 1/16
2025年6月第一次印刷 印张：13 1/2
字数：321 000

定价：69.00元

（如有印装质量问题，我社负责调换）

储能科学与工程专业“十四五”高等教育系列教材
编　委　会

《可再生能源催化转化及储存》
编　委　会

序

储能已成为能源系统中不可或缺的一部分，关系国计民生，是支撑新型电力系统的重要技术和基础装备。我国储能产业正处于黄金发展期，已成为全球最大的储能市场，随着应用场景的不断拓展，产业规模迅速扩大，对储能专业人才的需求日益迫切。2020年，经教育部批准，由西安交通大学何雅玲院士率先牵头组建了储能科学与工程专业，提出储能专业知识体系和课程设置方案。

储能科学与工程专业是一个多学科交叉的新工科专业，涉及动力工程及工程热物理、电气工程、水利水电工程、材料科学与工程、化学工程等多个学科，人才培养方案及课程体系建设大多仍处于探索阶段，教材建设滞后于产业发展需求，给储能人才培养带来了巨大挑战。面向储能专业应用型、创新性人才培养，昆明理工大学王华教授组织编写了“储能科学与工程专业‘十四五’高等教育系列教材”。本系列教材汇聚了国内储能相关学科方向优势高校及知名能源企业的最新实践经验、教改成果、前沿科技及工程案例，强调产教融合和学科交叉，既注重理论基础，又突出产业应用，紧跟时代步伐，反映了最新的产业发展动态，为全国高校储能专业人才培养提供了重要支撑。归纳起来，本系列教材有以下四个鲜明的特点。

一、学科交叉，构建完备的储能知识体系。多学科交叉融合，建立了储能科学与工程本科专业知识图谱，覆盖了电化学储能、抽水蓄能、储热蓄冷、氢能及储能系统、电力系统及储能、储能专业实验等专业核心课、选修课，特别是多模块教材体系为多样化的储能人才培养奠定了基础。

二、产教融合，以应用案例强化基础理论。系列教材由高校教师和能源领域一流企业专家共同编写，紧跟产业发展趋势，依托各教材建设单位在储能产业化应用方面的优势，将最新工程案例、前沿科技成果等融入教材章节，理论联系实际更为密切，教材内容紧贴行业实践和产业发展。

三、实践创新，提出了储能实验教学方案。联合教育科技企业，组织编写了首部《储能科学与工程专业实验》，系统全面地设计了储能专业实践教学内容，融合了热工、流体、电化学、氢能、抽水蓄能等方面基础实验和综合实验，能够满足不同方向的储能专业人才培养需求，提高学生工程实践能力。

四、数字赋能，强化储能数字化资源建设。教材建设团队依托教育部虚拟教研室，构建了以理论基础为主、以实践环节为辅的储能专业知识图谱，提供了包括线上课程、教学视频、工程案例、虚拟仿真等在内的数字化资源，建成了以“纸质教材+数字化资源”为特征的储能系列教材，方便师生使用、反馈及互动，显著提升了教材使用效果和潜在教学成效。

储能产业属于新兴领域，储能专业属于新兴专业，本系列教材的出版十分及时。希望本系列教材的推出，能引领储能科学与工程专业的核心课程和教学团队建设，持续推动教学改革，为储能人才培养奠定基础、注入新动能，为我国储能产业的持续发展提供重要支撑。

中国工程院院士　吴锋
北京理工大学学术委员会副主任
2024年11月

前　言

可再生能源的不断发展，催生了对储能技术的迫切需求，新一代储能技术进入了加速发展和应用时期，可再生能源的催化转化及储存在国家、行业和产业层面都展现出强劲的发展势头。随着技术的进步、政策的支持和市场需求的增长，未来可再生能源在全球能源结构中将扮演越来越重要的角色。全球范围内越来越多的国家设定了碳中和目标，这推动了可再生能源的整合与应用，促进了催化转化与储存技术的发展。

本书是储能科学与工程专业“十四五”高等教育系列教材之一，由李孔斋、李鑫、李志山、郝芳、曾阔共同编写。李孔斋编写第1、6章，李鑫编写第2章，李志山编写第3章，郝芳编写第4章，曾阔编写第5章。全书由李孔斋统稿。

在本书编写过程中，得到了行业企业专家与其他高校同行的帮助与支持，特别感谢东北大学王强、东南大学肖睿、华中科技大学陈刚、重庆大学/江苏大学王军锋、沈阳航空航天大学杨天华、上海交通大学葛天舒等专家的指导与帮助。

在本书编写过程中，参阅并引用了相关文献和资料，在此向相关作者致以真挚的谢意。

由于可再生能源催化转化及储存理论和应用不断发展，加之编者学识水平和能力有限，书中难免存在不妥之处，敬请读者批评指正。

编　者

2024年9月

目　录

第1章　绪　　论

1.1　可再生能源概述

能源是指可以提供能量的资源。能源支撑着人类社会的每一次重大进步，在第一次、第二次工业革命中，伴随着蒸汽机、内燃机和发电机的发展，人类对煤炭、石油、水能等展开了大规模利用。在第三次工业革命中，核能被逐步开发以满足社会日益增长的能源需求。21世纪初，以可再生能源等的利用技术为核心，人类正式进入了绿色能源时代。可再生能源是指在自然界中可以不断再生、永续利用的能源，如太阳能、风能、水能、生物质能、氢能和地热能等。相对于不可再生能源，如石油、煤炭和天然气，可再生能源具有环境友好、可再生和减缓气候变化等优点，因此越发受到全世界的重视。

1.1.1　可再生能源分类

可再生能源不仅可以驱动生产生活，还能够提供化工原料，如氢气和生物质。可再生能源有多种，人们通常按照以下方式进行分类。

1. 按来源分

按照来源，可再生能源可分为三类：①地球本身蕴含的能量，如地热能；②太阳能及其转化而来的其他能量，如风能、水能、生物质能等；③由太阳-地球引力或月球-地球引力产生的能量，尤其是后者，主要表现为潮汐能。

地热能主要由地球内部放射性元素的衰变、地球形成早期残留下来的热量以及地质构造运动产生的热能构成，可以通过地热热泵或地热发电机用以供暖、制冷或发电。

太阳能是地球上几乎所有生命的能量源泉，具有清洁、可持续的显著优点，可以通过太阳能电池板转换成电能，或者通过光热转换材料转化得到热能。随着技术的进步，太阳能的开发利用成本已大大降低，成为发展最快的新能源之一。风能主要由太阳辐射引起的气温变化和水蒸气含量差异所导致，通过风力发电机转换成电能是其主要利用形式。近年来，风力发电的成本也在不断下降，成为可再生能源领域的一个重要部分。此外，由风能衍生而来的波浪能因为品位高和分布广泛而越发受到关注，但大规模商业化技术尚未成熟。太阳能驱动河流水循环，形成了狭义上的水能即河流水能，主要用于水力发电，具有环保、可再生、低成本的优势。生物质能几乎全部由太阳能转化而来，其物质载体为植物、动物和微生物中的有机质。生物质能具有易储存、可持续等优势，可以通过燃烧、化学转化或生物化学过程转换成热能、电能和生物燃料。

潮汐能依赖于地月引力以及地球自转，通过潮汐水流的移动或水面升降来驱动发电。作为一种清洁能源，其具有可预测性强、能量密集且环境影响相对较小的优势，但同时存在建设成本高、地理局限性大等不足，所以目前对其的开发利用较为缓慢。

2. 按开发步骤分

按开发步骤，可再生能源可分为一次可再生能源和二次可再生能源。一次可再生能源是指以自然形态存在、可以直接开发利用的可再生能源，如水能、风能、地热能和生物质能等。二次可再生能源是指由一次可再生能源直接或间接转化而来的能源，如水电能、高温蒸汽、沼气、氢气等。其中，氢能是氢在物理与化学变化过程中释放的能量，其主要优点有热值高、清洁性好。工业上生产氢的方式很多，常见的有重油及天然气、蒸汽重整制氢、煤炭气化制氢、水电解制氢等，其中太阳能或风力发电电解等制得的氢气属于可再生氢能。

3. 按开发程度和技术分

在不同历史时期，对能源的利用技术水平不同，按开发程度和技术，可再生能源分为常规可再生能源和新型可再生能源。常规可再生能源是指开发时间较长、技术比较成熟、已获大规模生产使用的能源，如水力能等。新型可再生能源是指开发时间较短、技术尚不成熟、未被大规模开发利用的能源，如太阳能、风能、生物质能和地热能等。

4. 按性质分

按本身性质，可再生能源可分为含能体能源和过程性能源。含能体能源具有物质载体，如氢能和生物质能。而过程性能源蕴含于物质运动过程中，它无法储存并会随着物质运动过程的结束而消失，如水能、风能和潮汐能等。

1.1.2　可再生能源发展现状

由全球能源智库 Ember 报告可知，得益于太阳能和风能发电的快速增长(图 1-1)，2023 年全球可再生能源发电量(8.9×10^{12}kW · h)首次超过全球总发电量的 30.3%，创历史

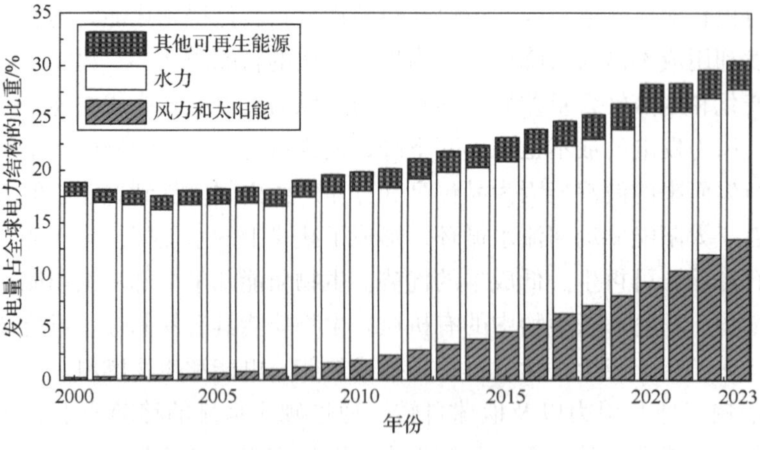

图 1-1　可再生能源发电量全球占比的变化

可再生能源的分类

新高。2023 年，风力和太阳能发电量的增长满足了全球电力需求增长的 82%。化石燃料的发电份额从 2022 年的 61.4%下降到 2023 年的 60.6%。

(1) 太阳能和风能。在全球“双碳”(碳达峰与碳中和的简称)背景下，太阳能和风力发电已经成为全球经济体能源转型的重要新方向。全球能源智库 Ember 披露的数据显示，2021 年全球发电总量中风力发电占 6.6%，太阳能发电占 3.7%，2023 年太阳能和风力发电合计占比为 13.4%，十分接近水电的 14.3%。近年来，我国光伏发电和风电的装机规模不断扩大，已成为全球最大的清洁能源生产和消费国。

(2) 生物质能。生物质能一直是人类赖以生存的重要能源。2014～2023 年间全球生物质能发电总装机容量增速保持在 3%～10%，到 2023 年全球生物质能总装机容量已达到 150.3GW。“十三五”以来，我国生物质发电规模逐年上涨。根据国家能源局数据，截至 2022 年底，全国已投运生物质发电累计并网装机容量约为 41.3GW，主要包括垃圾焚烧发电和农林生物质发电。2022 年全国生物质发电量约为 1.8×10^{11}kW · h，同比增长约 11.4%，约占总发电量的 2.1%。

(3) 地热能。全球地热能资源量是煤炭资源量的数万倍，目前年直接利用量约为 2.84×10^{11}kW · h。我国地热能资源量丰富，约占全球地热能资源量的六分之一，全国 336 个主要城市浅层地热能年可采资源量折合约 7 亿吨标准煤，中深层地热能年可采资源量折合超过 18 亿吨标准煤。我国地热能利用以供暖(制冷)为主，多年稳居世界第一，截至 2021 年底，中国地热能直接利用能力折合 100.2GW。

(4) 氢能。在氢气生产方面，2021 年我国氢气产量 3300 万吨，同比增长 32%，已成为世界第一产氢大国。2024 年，我国各制氢技术产量占比分别为：煤制氢 63.6%，工业副产氢 21.2%，天然气制氢 13.8%，电解水制氢 1%。受限于催化电解技术，氢能中可再生部分的占比仍较低。在氢气储运方面，高压气态储运技术相对成熟，管道输氢可实现大规模、常态化、低成本的氢气长途运输，液氢储存和固态储氢基本不需要压力容器，运输便捷，处于示范阶段。在氢能应用方面，氢气作为一种工业原料可广泛应用于石油、化工、冶金等领域，预计到 2060 年，我国氢能需求预计达 1.3 亿吨，其中工业需求占比约 60%，交通运输领域达到 31%。

可再生能源在推动能源转型和应对气候变化方面发挥着重要作用，但在这一过程中也面临着一系列挑战，尤其是并网消纳问题。可再生能源如太阳能和风能具有显著的间歇性和波动性，因此迫切需要引入储能系统在能源产生过剩时储存能量，并在需求高峰时释放，从而平衡供需关系、减少对电网的冲击、缓解电网阻塞、避免弃风弃光等能源浪费现象。储能技术主要分为物理储能(如抽水储能、压缩空气储能、飞轮储能、液态空气储能等)、化学储能(如铅酸电池、氧化还原液流电池、钠硫电池、锂离子电池、氢能储能、甲醇储能)和电磁储能(如超导电磁储能、超级电容器储能等)三大类，其中化学储能不仅具有储运成本低的优势，还可以通过转化 CO_2、CH_4 等温室气体进而减缓气候变化。所以，对于光/电/热能-化学能转化储存或多元协同转化储存的研究已成为当今科技领域的热门话题之一。

1.2 催化转化及储存

1.2.1 光催化储能简介

在应对全球气候变化的迫切需要下，寻求可持续和可再生能源解决方案已成为当今研究领域的重中之重。太阳能作为一种清洁且取之不尽的能源，因其广阔的应用前景而备受关注。然而，太阳能的一个主要挑战是它的间歇性和波动性。光催化储能技术旨在克服这一挑战，为太阳能的有效储存和按需释放提供一种有前途的途径。光化学储能是指利用光化学反应进行储能的技术。光化学反应又称光化作用，是指物质一般在可见光或紫外线的照射下而产生的化学反应，是由物质的分子吸收光子后所引发的反应。光化学储能是化学储能技术中一个重要的分支，在太阳能储存领域中具备诱人的应用前景。光化学储存材料的优点在于能够在同一时刻完成对太阳光的捕获和储存两个环节，无须增添其他能量转换设备，储能方式更加简单便捷。光催化储能是基于光催化剂材料的独特性，光催化剂是一种能够吸收光能并触发化学反应的材料。当光照射到光催化剂上时，它会激发出电子，留下空穴。这些电子和空穴可以与周围的分子反应，引发能量储存或释放。在光催化储能中，光催化剂通常与水或其他反应剂结合使用。当光照射到光催化剂上时，它会将水分子分解成氢气(H_2)和氧气(O_2)。氢气是一种高能量密度的燃料，可以储存和在需要时释放。

1. 太阳能的特点及资源分布

太阳是地球上生命起源、演化的“第一推手”，它所释放的能量是地球上所有生命形式的能量来源，是所有能源的基础。太阳能是一种在地球上广泛分布且不产生温室气体或其他污染物的清洁能源，是一种可再生的能源，不会耗尽。①太阳能的特点之一在于其取之不尽。太阳作为地球上最大的能源来源，每天都会释放出巨大的能量。与传统能源不同，太阳能不受地域限制，几乎全球各地都能够获取到太阳辐射能，因此具有极大的普及性和可获取性。②太阳能具有清洁、环保的特点。太阳能的发电过程中不会产生任何污染物或温室气体，对环境几乎没有任何负面影响。相比之下，传统能源如煤炭、石油等的开采和燃烧过程会释放大量的二氧化碳等有害物质，加剧了全球变暖和空气污染问题，而太阳能的使用则能够有效缓解这些环境压力，为人类创造更加清洁、健康的生活环境。③太阳能具有分散性和稳定性。由于太阳能可在全球各地获取，因此可以分散应用于各种场景，无须依赖中心化的能源供应系统。这种分散性不仅有助于减少能源输送损耗，还能够提高能源供应的稳定性和可靠性，降低对能源的依赖程度，从而增强国家和地区的能源安全性。④太阳能还具有长期经济性和可持续性。尽管太阳能设备的初期投资较高，但其运行成本相对较低，并且具有长期的使用寿命。随着技术的不断进步和规模化生产的推进，太阳能设备的成本正在不断降低，未来将更加经济实惠。⑤太阳能是一种可持续的能源形式，不会像化石能源那样存在枯竭和耗尽的问题，能够为人类提供长期可靠的能源保障。

太阳能资源的分布受到地理位置、季节、天气等多种因素的影响，但总体来说，全球范围内太阳能资源具有一定的普遍性和可获取性。主要的太阳能资源包括太阳辐射能和太阳光能，其分布特点如下。

(1) 热带地区。热带地区位于赤道附近，日照时间长、太阳高度角大，太阳能资源丰富。例如，非洲大部分地区、南美洲的亚马孙地区、东南亚等地区都是太阳能资源较为丰富的地区。

(2) 高原地区。高原地区海拔高，大气稀薄，太阳辐射强度较大。例如，喜马拉雅山脉、安第斯山脉等高原地区都是太阳能资源丰富的地区。

(3) 沙漠地区。沙漠地区阳光充足，无云遮挡，是太阳能资源非常丰富的地区。例如，撒哈拉沙漠、澳大利亚的吉布森沙漠等地区都是太阳能资源的热点区域。

(4) 近海地区。近海地区气候温和、湿度适中，适合光伏发电和太阳能热能利用。例如，欧洲的地中海沿岸、美国的加利福尼亚州等地区都是太阳能资源丰富的地区。

太阳能作为一种具有取之不尽、环保清洁、分散稳定、经济可持续等诸多优势的能源形式，正逐渐成为未来能源发展的主流方向。通过深入挖掘太阳能的潜力，加大太阳能技术研发和应用力度，将有助于推动能源革命，实现能源结构转型，为人类创造更加美好的生活和未来。

2. 光催化发展简述

光催化现象的发现可以追溯到 1967 年，当时本多健一和藤岛昭发现二氧化钛(TiO_2)电极在光照下可以分解水，产生氢气和氧气。这一发现揭示了半导体材料在光照下具有催化化学反应的能力，标志着光催化领域的诞生。在随后的几十年里，光催化技术得到了快速发展。20 世纪 70 年代，研究人员开始探索 TiO_2 以外的其他半导体光催化剂，如 ZnO、WO_3 和 CdS。人们认识到纳米结构的光催化剂具有更大的表面积和更高的光吸收效率，促进了纳米光催化剂的开发。到了 80 年代，光催化剂的性能调控策略得到发展，包括元素掺杂、敏化剂负载和表面改性，光催化技术在水处理和空气净化领域的应用潜力得到了探索。90 年代开始，复合光催化材料(由两种或更多半导体材料组成)引起了研究人员极大的兴趣，因为它们可以结合不同材料的优势。光催化水分解和二氧化碳还原作为可再生能源生产和环境保护的潜在途径受到关注。近 20 年来，光催化技术在自清洁表面、抗菌涂层和传感等领域的应用不断扩大。研究人员致力于开发高效、稳定且具有高产物选择性的新型光催化剂，光催化与其他技术(如电催化和光热催化)的集成引起了越来越多的关注，开发具有超大的表面积和超高的光吸收效率的二维光催化剂，并深入理解光催化反应机理，为理性设计高效光催化剂提供了指导。

光催化的基本原理是利用光能激发催化剂表面的化学反应，实现环境污染物的降解和能源的转化。其主要包括以下几个方面。

(1) 光催化剂的选择。光催化剂是光催化反应的核心组成部分，其选择直接影响着光催化效果。常见的光催化剂包括 TiO_2、Fe_2O_3、ZnO 等，这些光催化剂具有良好的光吸收性能和催化活性，能够在光照条件下促进环境污染物的降解和能源的转化。

(2) 光催化反应的机理。光催化反应的机理包括光吸收、电子-空穴对的生成、电荷分离和表面反应等过程。当光照射到光催化剂表面时，光子被吸收，激发催化剂表面的电子跃迁到导带，产生电子-空穴对。这些电子-空穴对具有较高的能量，可以参与催化剂表面上的化学反应，如氧化还原、光解水等。光照条件是影响光催化反应效果的重要因素之一，光照强度、波长、光照时间等参数都会影响光催化反应的进行。通常情况下，较强的光照条件有助于提高光催化效率，但过高的光照强度可能会导致反应的副产物生成和催化剂的光热降解等问题。

(3) 反应条件的优化。除了光照条件外，反应温度、pH、催化剂的载体和掺杂等因素也会影响光催化反应的进行。合理选择和优化反应条件，可以提高光催化反应的效率和选择性，实现对目标污染物的高效降解和能源的有效转化。

(4) 光催化技术具有广泛的应用领域，主要包括环境治理、能源转化、化学合成等方面。①环境治理：光催化技术可以应用于水处理、大气净化、土壤修复等环境治理领域。例如，利用光催化技术可以实现对有机污染物、重金属离子、臭氧等污染物的高效降解和转化，净化水体和空气，改善环境生态。②能源转化：光催化技术可以应用于光催化产氢、CO_2还原、光催化分解水等能源转化领域。通过光催化技术，可以利用太阳能和水等资源，实现对能源的有效转化和利用，促进清洁能源的开发和利用。③化学合成：光催化技术可以应用于有机合成、光催化的催化剂合成等化学合成领域。利用光催化技术，可以实现对有机分子的选择性合成、反应条件的优化等，提高化学合成过程的效率和环境友好性。通过在以上领域的应用，光催化技术可以实现对环境污染物的高效降解和能源的有效转化，为人类社会的可持续发展提供重要技术支撑。

3. 光化学储能技术的应用

(1) 光化学水分解。光化学水分解是一种利用光能将水分子分解成氢气和氧气的过程。它是一种有前途的可再生氢气生产方法，氢气是一种清洁、可持续的燃料，用于燃料电池或其他能源转换设备。光化学水分解的基本原理如下：光子照射到半导体光催化剂上，光子被光催化剂吸收，激发出电子，留下空穴；电子迁移到光催化剂表面，还原水分子产生氢气；空穴迁移到光催化剂表面，氧化水分子产生氧气。

(2) 染料敏化太阳能电池。染料敏化太阳能电池是一种利用光化学储能原理工作的太阳能电池。它的结构类似于传统太阳能电池，但使用染料敏化剂代替传统的半导体材料。这种电池利用光敏染料在半导体表面捕获光能，并通过氧化还原反应产生电流，适用于建筑集成光伏和便携式电子设备的电源。其工作原理如下：光子照射到染料敏化剂分子上，染料敏化剂分子吸收光子并激发出电子；激发的电子被转移到半导体氧化物上，电子在半导体氧化物中迁移，产生电流；染料敏化剂分子通过电解质从半导体氧化物中获得电子，再生其激发态。

(3) 人工光合作用。开发能够模仿植物进行光合作用的系统，将二氧化碳和水转化为有用的化学品和燃料，如甲醇或其他碳氢化合物。光化学储能和人工光合作用可以协同工作，创建更有效的太阳能转化系统。例如，光化学储能系统可以储存来自人工光合作用反应产生的多余能量，并在需要时释放该能量。

(4) 光热化学储能。光热化学储能是一种将太阳能转化为化学能并储存在化学键中的储能技术。它通过光化学反应实现，其中光能被用来驱动化学反应，将能量储存起来。

光热化学储能过程涉及以下步骤：光敏剂分子吸收太阳能，进入激发态；激发态光敏剂将电子转移到另一个分子(称为还原剂)，还原剂与氧化剂发生化学反应，将能量储存为化学能。光热化学储能反应通常是可逆的，这意味着储存的能量可以在需要时通过逆反应释放出来。

(5) 光化学储能材料的研发。开发新型的光敏材料，如有机光伏材料、钙钛矿结构材料等，以提高光化学储能系统的效率和稳定性。

(6) 太阳能燃料生产。利用光化学过程将太阳能直接转化为液体燃料，如通过光催化分解水制氢或通过光催化还原二氧化碳合成碳氢化合物。

(7) 光催化空气净化。结合光化学储能与催化技术，开发用于分解空气中有害污染物的系统，如分解氮氧化物和挥发性有机化合物。

1.2.2 电催化储能简介

1. 电催化概述

电催化储能是一种利用电催化反应将电能转化为化学能，并将其储存起来的技术。它可以用于储存可再生能源，实现能源的高效转化和利用。电催化储能已成为国内外学者争相研究的一个热点领域，近年来，国内研究学者在电催化这一领域取得了巨大发展，先后提出了研究电催化的新视角、新材料、新反应体系。电催化研究领域涉及面广，主要涵盖了氢能储存、电化学合成(电催化 CO_2 还原、电催化氮还原合成氨、电催化尿素降解等)以及与其他能源储存技术的整合等方面。这些技术的发展将有助于实现可再生能源的高效利用和能源的可持续发展。

2. 电催化储能技术的应用

德国化学家 Wilhelm Ostwald 于 1894 年发表了一篇名为《电催化和电解动力学》(*Elektrokatalyse and Elektrochemie*)的论文，这是关于电催化的最早研究之一。该论文对电催化的基本原理和电化学反应的动力学进行了初步的研究和探索，为电化学领域的发展奠定了基础。

随着时间的推移，电催化领域经历了长足的发展。在 20 世纪中叶，燃料电池技术的兴起标志着电催化技术迈向了一个新的阶段。燃料电池利用电化学反应将化学能转化为电能，成为清洁高效的能源转换技术。此后，电催化领域在催化剂设计、电极材料改进以及反应条件优化等方面取得了重要进展。

近年来，电催化技术得到了进一步的发展和应用。针对可再生能源、碳捕获利用、电化学传感以及人工合成等领域的需求，电催化技术在能源转换、环境保护和化学合成等方面发挥着重要作用。这一领域的研究不断推动着新技术的出现，为可持续发展做出了重要贡献。

1) 电催化氢能储存

随着社会工业化的高速发展，人类面临的能源危机问题日益突出。目前，大部分能源供应仍来源于传统的化石燃料，由此带来的环境污染问题已成为社会关注的焦点，发展可再生能源和实现能源的可持续利用成为世界各国共同面对的挑战。为了解决能源和环境问题，研究人员将目光投向了新兴清洁能源，如太阳能、潮汐能、风能和氢能等。其中，氢能具有能量密度高、分子质量小、燃烧产物仅为水等优点，其可作为一种有效载体来储存间歇性可再生能源。同时，氢气也是现代工业生产中的重要化学原料，可用于制备高纯硅半导体、炼油工业中的加氢脱硫、加氢裂化等反应过程。氢是宇宙中含量最多的元素，但在自然条件下多以化合物的形式存在。

目前，制备单质氢的技术主要有化石能源重整制氢、工业副产气制氢和电解水制氢。化石能源重整制氢的原料以煤和天然气为主，成本低，可用于大规模工业生产；工业副产气制氢的主要原料是焦炉煤气和丙烷等，虽然制氢成本低，但产物纯度不高，需要进一步分离提纯；电解水制氢具有原料简单、无温室气体排放、制氢效率高和产品纯度高等优点，具有广阔的发展空间。通过电催化水分解产生氢气可实现对能源的间接储存，同时可以弥补可持续能源供应在时间和空间上的差距。电催化氢能储存技术通过电解水制氢是实现氢能清洁生产和利用的关键途径之一，该技术利用电能将水分解为氢气和氧气，生产过程不排放二氧化碳等有害气体，因而被视为最具潜力的制氢方法。

电解水制氢主要通过电解水这一无污染的过程产生氢气。电解水是利用电能将水分子(H_2O)分解为氢气(H_2)和氧气(O_2)的过程。电解水制氢系统的核心组件包括电解池、阳极、阴极、电解质和电源等。电解池是电解水制氢的主要装置，通常由耐腐蚀材料制成。电解池分为两部分：阳极室和阴极室，两者之间通过隔膜(如质子交换膜)隔开，防止生成的气体混合。阳极是电解池中连接电源正极的电极，通常采用铂、铱或镍等耐腐蚀、催化活性高的材料。阳极的主要作用是催化水分子的氧化反应，生成氧气并释放电子。阴极是电解池中连接电源负极的电极，通常采用铂、钴或镍等材料。阴极的主要作用是催化水分子的还原反应，生成氢气并接受电子。电解质是电解池中提供离子传导的介质，常用的电解质有酸性电解质(如硫酸)、碱性电解质(如氢氧化钾)和固体聚合物电解质(如质子交换膜)。电源提供电解反应所需的电能，通过外加电场使电解池中的阳极和阴极之间产生电位差，从而驱动水的电解反应。

电解水制氢的工作过程可分为以下几个步骤。

(1) 电解质溶液的离子化：在电解质溶液中，水分子离解为氢离子(H^+)和氢氧根离子(OH^-)。在酸性电解质中，主要存在H^+离子，在碱性电解质中，主要存在OH^-离子。

(2) 阳极反应：在阳极(正极)，水分子发生氧化反应生成氧气，同时释放电子。

在碱性电解质中，反应式为

$$4OH^- \longrightarrow O_2 + 2H_2O + 4e^- \tag{1-1}$$

在酸性电解质中，反应式为

$$2H_2O \longrightarrow O_2 + 4H^+ + 4e^- \tag{1-2}$$

(3) 阴极反应：在阴极(负极)，水分子发生还原反应生成氢气，同时接受电子。

在碱性电解质中，反应式为

$$2H_2O + 2e^- \longrightarrow H_2 + 2OH^- \tag{1-3}$$

在酸性电解质中，反应式为

$$2H^+ + 2e^- \longrightarrow H_2 \tag{1-4}$$

(4) 整体反应：

$$2H_2O \longrightarrow O_2 + 2H_2 \tag{1-5}$$

推动能源结构革新，发展低碳环保工业，是我国社会经济发展的必由之路。氢能可由其他新兴能源，如太阳能、风能和潮汐能等通过电解水的方法制备，氢气的燃烧产物仅为水，因此被认为是理想的动力能源。但高昂的成本阻碍了电解水制氢的工业化应用。随着技术的不断进步，电解水制氢系统在材料科学和工程技术方面的优化，将进一步提升其效率和经济性，为实现可持续发展的能源战略提供有力支持。

2) 电催化 CO_2 还原储存

随着全球工业化的快速发展，化石燃料的过度使用导致大气中二氧化碳(CO_2)浓度持续上升，引发了全球气候变暖、海平面上升等一系列环境问题。在这一背景下，如何实现二氧化碳的有效减排与资源化利用，成为全球科研工作者和各国政府关注的焦点。CO_2RR(二氧化碳还原反应)技术，作为一种将二氧化碳转化为高附加值化学品的方法，近年来受到了广泛关注。

CO_2RR 是通过电化学、光化学或热化学等手段，将二氧化碳分子中的碳氧双键断裂，并在一定条件下与氢源(如氢气、水等)结合，生成一氧化碳、甲烷、甲醇、乙醇等碳氢化合物或碳氢氧化合物。这一过程中，催化剂的选择与反应条件的优化对反应效率和产物选择性具有重要影响。

近年来，CO_2RR 的研究取得了显著进展。在催化剂方面，金属基催化剂、金属氧化物催化剂、碳基催化剂等多种类型的催化剂被广泛应用于 CO_2RR 中，并表现出了不同的催化活性和产物选择性。在反应条件方面，研究者通过优化反应温度、压力、电解质种类和浓度等因素，提高了 CO_2RR 的反应效率和产物收率。此外，研究者还探索了多种新型的反应体系，如电化学-光化学耦合体系、固态电解质体系等，进一步拓宽了 CO_2RR 的研究领域。

CO_2RR 技术的潜在应用十分广泛。首先，通过 CO_2RR 技术可以将二氧化碳转化为燃料或高附加值化学品，实现二氧化碳的资源化利用。其次，CO_2RR 技术可以与可再生能源技术相结合，如太阳能、风能等，实现能源的可持续利用和二氧化碳的减排。此外，CO_2RR 技术还可以应用于环境保护领域，如工业废气治理、温室气体减排等。

尽管 CO_2RR 技术具有广阔的应用前景，但在实际应用中仍面临诸多挑战。首先，目前大多数 CO_2RR 反应的催化剂效率和产物选择性仍需进一步提高。其次，CO_2RR 反应过程中可能存在副反应和催化剂失活等问题，需要进一步优化反应条件和催化剂设计。未来，研究者需要继续深入探索 CO_2RR 的反应机理和催化剂设计原理，开发更高效、更稳定的催化剂和反应体系，推动 CO_2RR 技术的实际应用和产业化发展。

CO_2RR 技术作为一种重要的二氧化碳减排和资源化利用手段，具有重要的研究价值和广阔的应用前景。未来，随着科研工作者的不断努力和技术的不断进步，相信 CO_2RR 技术将为解决全球气候变化和资源短缺问题做出更大的贡献。

3) 电催化合成氨

人类社会延续至今，自然界中的氨以各种各样的形式存在，对社会发展、人类文明进步有着重要影响。Haber 和 Bosch 这两位德国化学家在 20 世纪初首次开发了氨合成技术，该技术以气态的 N_2 和 H_2 作为原材料，也在现今社会达到了工业级别规模。尽管 Haber-Bosch 过程在大规模氨生产中成果显著，但高能耗和严苛的反应条件等问题也显现出来。基于此，为了解决严重的能源和环境问题，探索和研究在温和条件下氨合成的替代技术，成为科研人员持续研究和追求的重点。电催化还原式的氨合成方式(图 1-2)，作为新兴的氨生成技术，得益于其在温和条件下可从水和空气中直接合成氨，因此在反应原料来源广泛的优势下，被誉为是具有巨大发展潜力的 Haber-Bosch 过程替代技术，近年来也得到了越来越多的关注。因此，寻找新型的氨合成方法成为当今氨工业领域的研究热点之一。

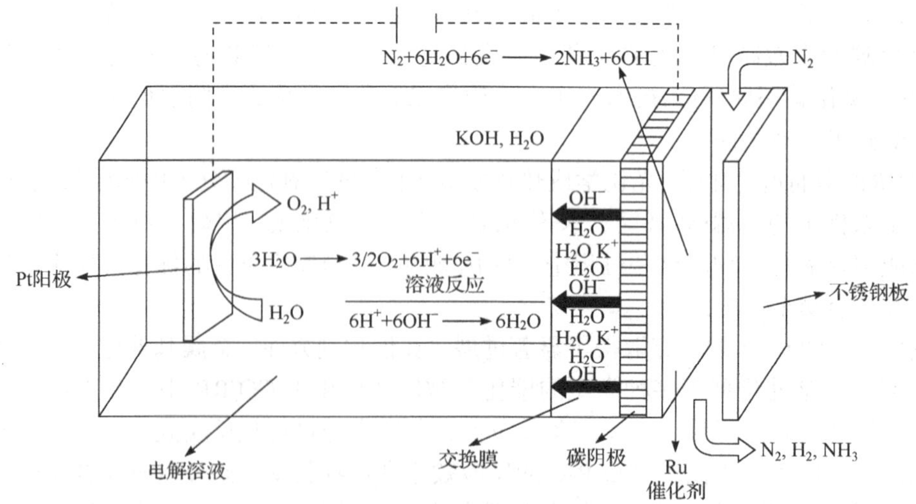

图 1-2　电催化氮还原机理图

氨(NH_3)作为现代农业生产中不可或缺的化学原料之一，对人类社会的各个领域扮演着极其重要的角色。得益于其高达 17.6%的氢含量以及易于液化储存和运输的特性，氨被认为是一种优秀的氢能源载体。在合成氨的众多方法中，电催化氮还原合成氨方法被认为是最具潜力的技术，它不仅环保节能，还能通过来自可再生能源如太阳能与风能的电力来驱动。此外，这种方法能够将偏远地区的可持续能源转换为易于运输的化学产品，减少对化石燃料的依赖以及二氧化碳的排放，并且有益于减少工厂基础设施，促使氨的分散化生产和按需生产成为可能，它还有利于仿效现行电化学技术并推动模块化技术的进一步创新。

电催化氮还原反应(nitrogen reduction reaction，NRR)通常在三电极配置中进行，它主要是利用电流在电解池中催化氮气和氢气的反应，直接生成氨。在催化剂的作用下，氮气分子和氢气分子吸附到电极表面，并在电极表面发生反应，生成氨气。其基本原理是利用电流在催化剂的作用下降低反应的活化能，从而实现氨的高效转化。在电催化合成氨过程中，H_2O 在阳极上氧化，N_2 在阴极上还原，在阳极侧发生氧化反应，阴极侧发生还原反应。具体的阳极和阴极反应取决于水电解质的性质。

(1) 在酸性电解质中有以下反应。

阳极侧：

$$3H_2O \longrightarrow 6H^+ + 3/2O_2 + 6e^- \tag{1-6}$$

阴极侧：

$$6H^+ + N_2 + 6e^- \longrightarrow 2NH_3 \tag{1-7}$$

(2) 在碱性电解质中有以下反应。

阳极侧：

$$6OH^- \longrightarrow 3/2O_2 + 6e^- + 3H_2O \tag{1-8}$$

阴极侧：

$$N_2 + 6H_2O + 6e^- \longrightarrow 2NH_3 + 6OH^- \tag{1-9}$$

(3) 在两种电解质中，总反应可表示为以下方程式：

$$N_2 + 3H_2O \longrightarrow 2NH_3 + 3/2O_2 \tag{1-10}$$

4) 电催化尿素降解

电催化尿素降解是一种电化学过程，其中尿素在电催化剂的存在下分解成无害产物，如二氧化碳和水。这个过程可以产生电子，这些电子可以用来产生电能或储存在电池中。其反应机制通常涉及以下步骤。①吸附：尿素分子吸附在电催化剂表面；②氧化：尿素分子被电催化剂氧化，生成中间产物，如异氰酸(HNCO)和氨(NH_3)；③水解：异氰酸与水反应生成碳酸(H_2CO_3)和氨(NH_3)；④脱水：碳酸脱水形成二氧化碳(CO_2)和水；⑤进一步氧化：氨进一步氧化成亚硝酸盐(NO_2^-)和硝酸盐(NO_3^-)。这个过程不仅减少了尿素的环境污染，还产生了可作为工业原料或燃料的氨气，同时副产品二氧化碳可以用于碳捕获和储存，或者作为化工原料。这种转化方法具有潜在的经济效益，因为它可以将废物转化为有价值的化学品。

5) 直接尿素燃料电池

直接尿素燃料电池(direct urea fuel cell，DUFC)是一种将尿素的化学能直接转化为电能的电化学器件。DUFC 中的电化学反应涉及尿素的氧化和氧气的还原。这个过程产生电能，这些电能可以为电气设备供电或储存在电池中。其基本原理如下。①阳极反应：尿素在阳极上被电催化降解，释放电子并生成无害的产物(如二氧化碳和水)；②阴极反应：氧气在阴极上被还原，消耗电子并生成水；③离子传输：氢离子从阳极迁移到阴极，通过质子交换膜(PEM)；④电位差：阳极和阴极之间的电位差产生电流，为外部电路供电。相比于传统的燃料电池，DUFC 不需要先将尿素转化为其他燃料，因此简化了流程，减少了能耗。此外，DUFC 的运行不依赖于昂贵的铂类催化剂，而是使用了更经济的催化剂，因此降低了燃料电池的成本。

基于以上特点，电催化尿素降解和 DUFC 技术有望在以下领域发挥重要作用。①废水处理：电催化尿素降解可以为废水处理厂提供一种经济高效的尿素去除方法；②分布式发电：DUFC 可以为偏远地区或电网中断时提供清洁、可靠的电力；③便携式电子设备：DUFC 可以为笔记本电脑、智能手机和其他便携式设备提供电力；④电动汽车：DUFC 可以为电动汽车提供动力，减少对化石燃料的依赖。

总体而言，电催化尿素降解和直接尿素燃料电池技术是清洁能源和环境保护领域令人兴奋的新进展。它们有望在未来几年内对这两个领域产生重大影响。

1.2.3　热催化储能简介

储能是指克服能量供应和能量需求在时间或空间上的差别，采用一定的方法并通过一定的介质或装置，把某种形式的能量直接或间接转换成另外一种形式的能量储存起来，在需要的时候以特定形式的能量释放出来的过程。基于热化学反应原理，将热催化应用于储能技术，利用催化剂来降低化学反应的活化能，可加速储能过程。

1. 热催化概述

热催化的历史可以追溯到 19 世纪初，热催化在能源、环境和化工等领域都发挥着关键作用。热催化主要通过加热为催化反应体系提供跨越热力学能垒的能量，将热能转化为化学能，激发反应物向产物的转化，催化反应过程如图 1-3 所示。例如，在某些氧化还原反应中，热催化可以促进电子的转移，从而提高反应的速率。随着对热催化的深入研究，科学家开始关注催化剂的设计和合成，系统地研究催化剂的性质和机制，为新型催化剂的开发提供了指导。催化剂是一种能够加快化学反应，但在过程中不被消耗的物质，反应前后其量与质均不发生改变。

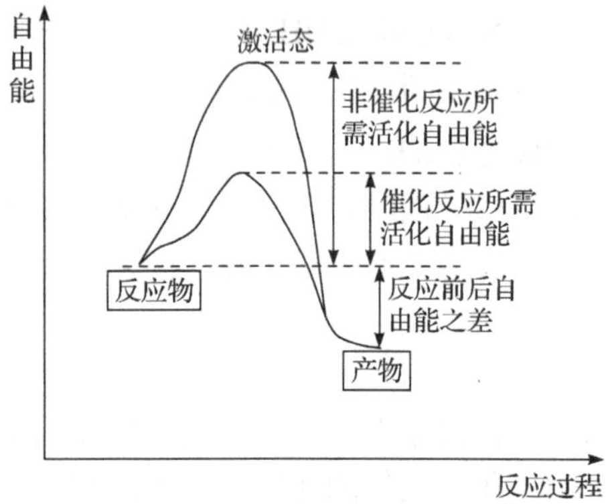

图 1-3　催化反应过程示意图

催化剂有许多不同的类型。按状态可分为液体催化剂和固体催化剂；按反应体系的相态分为均相催化剂和多相催化剂，均相催化剂有酸、碱、可溶性过渡金属化合物和过氧化物催化剂，多相催化剂有固体酸催化剂、有机碱催化剂、金属催化剂、金属氧化物催化剂、络合物催化剂、稀土催化剂、分子筛催化剂、生物催化剂、纳米催化剂等。按照反应类型又分为聚合、缩聚、酯化、缩醛化、加氢、脱氢、氧化、还原、烷基化、异构化等催化剂。按照作用大小还分为主催化剂和助催化剂等。

在当代，越来越多的科学家致力于研究绿色和高效的热催化过程。总体来说，热催化技术的发展不仅推动了工业化的进程，也为能源转化和环境治理提供了解决方案。

2. 氢能和储氢概述

氢能作为一种来源广泛、能量密度高、灵活高效、应用场景丰富的二次能源，是构建以清洁能源为主的多元能源供给系统的重要载体。相较于传统的煤炭、化石等能源，氢能在转化过程中可实现零碳排放，具有燃烧热值高、储量丰富等优势。氢能是能源转型升级的重要载体，是实现“双碳”目标的重要解决方案。

氢能的分类和存储

氢能的开发利用已经成为新一轮世界能源技术变革的重要方向。氢储存是氢能规模化应用的关键技术瓶颈之一，如何高效、安全、经济地储氢是目前氢能实用化亟须解决的问题。常用的储氢方式可分为物理储氢和化学储氢。物理储氢通过改变储氢条件提高氢气密度而实现储氢，该技术无须储氢介质、易放氢、浓度较高，但储量小、能耗大、容器材质要求高、存在氢气泄漏与容器爆破等不安全因素。化学储氢是利用储氢介质在一定条件下能与氢气反应生成稳定化合物，再通过改变条件实现放氢的技术，该技术在安全性、储氢密度、储运效率上极具优势。

3. 热催化储能技术的应用和展望

目前，热催化加氢储能主要包含二氧化碳加氢储能、烃类加氢储能、氮化物加氢储能、液态有机物加氢储能等技术。

1) 二氧化碳加氢储能

应用热能将排放到大气中的二氧化碳转化为可再生化学能源(如合成气、醇、醚、酯、烃等化学燃料)，有助于减少人类社会发展对化石燃料的依赖。热催化二氧化碳加氢储能技术促进了清洁能源的利用、推动了能源结构的优化，对于应对气候变化、促进环境保护、实现经济可持续发展以及提高能源系统的经济性等方面具有重要的环境和社会意义。在能源系统中，热催化二氧化碳加氢储能技术提供了更多的选择和灵活性，将二氧化碳转化为不同形式的储能介质，可增强整体能源系统的适用性并降低成本，提高市场竞争力。随着研究的不断深入和成本的进一步降低，热催化二氧化碳加氢储能技术在储能领域的应用前景广阔，有望成为推动全球能源转型和实现可持续发展目标的重要技术途径。

2) 烃类加氢储能

烃类加氢储能是一种基于化学键合的储氢方式，它涉及将氢气通过可逆的化学反应固定在特定的有机化合物上。这项技术起源于 20 世纪 70 年代，早期的研究主要集中在寻找合适的储氢材料和催化剂上。进入 21 世纪以后，随着对氢能源需求的日益增加，烯烃、芳烃和炔烃等烃类物质的加氢储能技术得到了进一步的发展。尤其是在催化剂的开发上，科研人员致力于寻找能够在更低的温度下进行高效脱氢的催化剂，以提高整体储氢效率。

现阶段，烃类加氢储能技术正处于从实验室向工业化生产过渡的关键阶段，但该技术在实际应用中仍面临着能耗较高、反应条件苛刻、催化剂不稳定和反应速率慢等问题。未来的发展趋势主要聚焦于提高储氢材料的脱氢效率、降低反应温度和压力、延长循环使用寿命以及扩大储氢容量。此外，研究和开发低成本、高活性的催化剂，以及改进储氢材料的物理和化学性能，将是推动该技术商业化的关键。

3) 氮化物加氢储能

氮化物加氢储能的主要载体是氨。传统工业氨的合成采用哈伯法(Haber 法)，在高温、高压与铁基催化剂存在的条件下，将氮气和氢气转化为氨(图 1-4)。与汽油和柴油等传统燃料相比，氨具有更低的空燃比，同时具有远低于传统燃料的热损失比。另外，氨作为

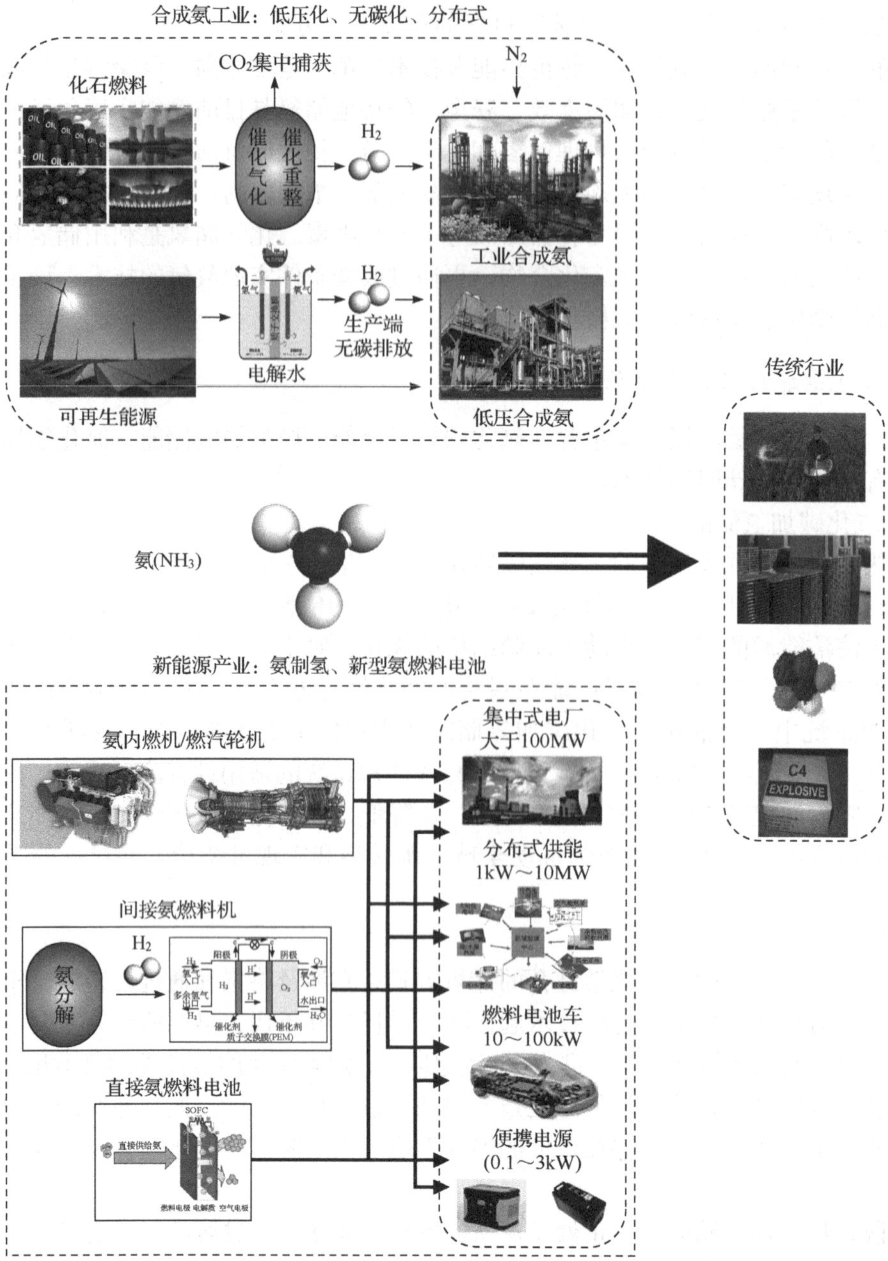

图 1-4　氨的生产和应用

燃料可有效降低燃烧和爆炸等安全隐患。氨的能源属性和储能特性，使其在动力燃料、清洁电力和储氢载体等新市场方面具有极大的发展潜力。氨能源体系的构建，有利于构建清洁电力系统，解决交通运输领域的碳排放问题。通过热催化技术实现氮化物加氢储能，可避免高温、高压的传统高能耗生产方式，同时作为储氢介质，可突破传统的氢储运方式，为“氢-氨”绿色能源产业发展奠定基础。

4) 液态有机物加氢储能

相较于氨、甲醇等储氢载体，液体有机氢载体(liquid organic hydrogen carriers，LOHC)

具有成本低、兼容石油基础设施、循环可逆性好等优势，为可再生能源的储存和运输提供新型的介质。

LOHC 技术所用的储氢载体包括环己烷、甲基环己烷、十氢化萘、二苄基甲苯和咔唑等芳香族化合物以及其他不饱和类有机物，其基本原理是利用不饱和类有机物与 H_2 的可逆反应(催化加氢/脱氢)，实现氢能的储存和释放，如图 1-5 所示。

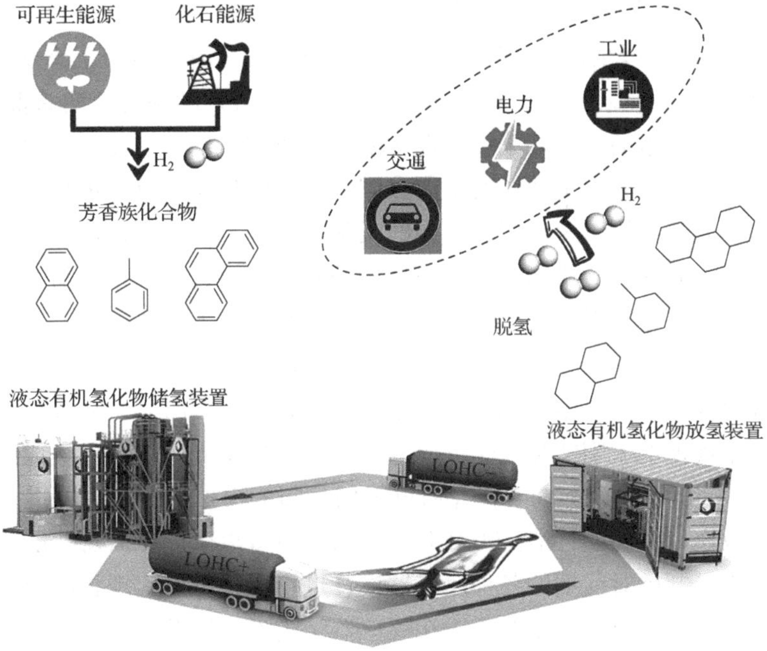

图 1-5　LOHC 储/放氢技术路线图

LOHC 脱氢反应属于强吸热反应，通常需要在高温条件下才能实现高转化率和高脱氢速率。然而，高温条件下催化脱氢反应的能耗也相应增加。首先，高温条件下的催化脱氢反应需要及时有效地将热能传递到催化活性位点上来活化 C—H 等化学键的断裂。其次，高温条件会导致反应体系的相变和物质的挥发，从而引起能量损失。为了降低能耗，在热催化脱氢过程中可应用一些其他技术手段，如液膜态/湿干多相态催化剂、外场协同(电场、微波)、催化剂规整化、结构化等以提高反应过程的传热效率和传质效率。

热催化储能技术具有将可再生能源转化为稳定、便于储存和运输的化学燃料的潜力，对于实现可持续能源发展具有重要意义。但该技术仍面临着诸多挑战，包括如何提高催化剂的效率和稳定性、降低成本、优化储能材料的性能等，以及如何开发更为高效的能量转换和储存系统。当前和未来的研究聚焦于新催化材料的开发、储能系统的设计优化以及更广泛的能源系统整合，以提升这项技术的商业可行性和环境友好性。

1.2.4　多元协同储能简介

1. 太阳能热化学储能技术概述

太阳能资源是非常丰富的一种可再生能源，但具有间歇性与不均匀性。目前这种障碍可以通过耦合热化学转化技术将其以化学形式聚集用以储存。太阳能燃料如 H_2 和 CO 可用于减轻全球对于化石燃料的依赖。此外，一些粗产品如太阳能气化产生的合成气可以直接燃烧用于分布式发电系统输出电力，也可以经过下游工艺制成其他化学品。

2. 太阳能热化学储能技术发展简述

在 20 世纪初期，太阳能因其资源丰富、分布广泛且清洁环保开始被探索应用于能源转换与储存领域，研究人员力图实现这一自然资源的有效利用与长期储备。在 60 年代，太阳能热化学储能技术的发展处于早期探索阶段，研究主要集中在概念验证以及反应原理的基础探究方面。研究人员通过对不同太阳能驱动的热化学反应进行探索，如水的光热分解、CO_2 的光热还原以及金属氧化物的吸热反应等，尝试在该过程中找到适合储存和释放太阳能的物质和反应机制，并对该技术的发展潜力进行初步评估。到了 70 年代，研究人员开始关注特定材料和反应体系的开发，探究通过太阳能驱动不同高温热化学反应以实现能量的有效储存。金属氧化物在高温下与水反应制氢，含碳物料在高温下热解气化等技术成为太阳能热化学储能体系的主要开发对象。同时，研究人员开始针对各种反应体系设计小规模的太阳能热化学反应器，将太阳能聚光集热装置集成到传统热化学反应器(以固定床和流化床为主)上，并通过采用太阳能模拟器对反应器进行实验测试以探究能量转化效率以及储能性能。90 年代起，随着对可再生能源以及储能技术需求的不断扩大，研究人员开始对前期的各种反应器设计进行优化，以实现更高效的能量转化与储存。在该过程中，研究重点主要集中在反应器结构设计以及反应器材料的开发上，以保证热化学反应的充分进行和在高温下的稳定性，提高反应系统的整体转化效率以及储能密度。同时，由于传统热化学反应所用催化剂在光热条件下出现失活、效率低下等问题，所以开发针对光热化学反应的催化剂也开始成为研究重点。到了 21 世纪，太阳能热化学储能技术逐渐向商业化迈进，诸多企业及研究机构开始开发大规模的太阳能热化学储能系统，并开展实地实验以及示范项目。如何提高储能系统的热效率、降低整体开发成本、增强系统的稳定性和安全性等问题成为研究人员的主要探索目标。此外，随着计算机模拟和优化技术的进步，系统级的集成和管理成为推动太阳能热化学储能技术商业化的关键。通过高级模拟和控制系统，可以优化整个储能系统的操作流程，提升能量转换效率并降低能量损失。

3. 太阳能热化学储能技术在领域的应用

1) 太阳能驱动 H_2O/CO_2 分解

太阳能驱动 H_2O/CO_2 分解是指利用太阳能作为能量输入，驱动 H_2O 与 CO_2 分解并进一步转化为化学燃料。塔式、碟式以及菲涅尔式集热装置的集热温度可以达到 1500℃，能够满足太阳能驱动 H_2O/CO_2 分解的温度要求。太阳能驱动 H_2O/CO_2 分解能够通过可再生能源有效实现 H_2、CO 的生产，满足未来能源结构需求，具有较好的发展前景。但其目前处于基础研究的起步阶段，为达到实际应用的要求，太阳能到化学能的能量转换效率还需进一步提高，当前的研究工作应集中在热回收设计以及探究合适的高温分离技术方面。

2) 太阳能驱动含碳物料热解/气化

太阳能驱动含碳物料的热解是原料在无氧条件下热分解成气态产物(主要是 CO_2、CO、H_2、CH_4、C_2H_2、C_2H_4、C_2H_6等)、液态产物(焦油、高分子量碳氢化合物和水)和固态产品(炭)。在较低的温度(200～500℃)下，含碳物料初步分解成固、液、气三态产物。随着温度的进一步升高，初级热解产物会进一步裂解生成更多液体和气体。

太阳能驱动含碳物料的气化是指含碳物料与受控量的 O_2、CO_2 和蒸汽在高温(>700℃)下反应产生合成气(主要为 CO、H_2、CO_2 和 CH_4)的过程。

与常规含碳物料热解/气化相比，太阳能驱动含碳物料热解/气化不存在空分装置以及燃烧炉，系统结构得到了优化且气化过程的能耗有效降低。另外，通过热化学方法将具有波动性与间歇性的太阳能以及低能量密度的含碳物料转化为稳定的、利于运输的高值化学产品，有效解决了地域太阳能资源与能源需求不匹配以及一些含碳物料(如生物质)能量密度低等问题。当前太阳能驱动含碳物料热解/气化过程产出热解产品和气化合成气可与不同下游工艺对接，如热解油精炼提质、费-托合成工艺、联合循环发电等。

3) 太阳能驱动甲烷裂解/重整

太阳能驱动甲烷裂解/重整这一方式能够实现对太阳能的有效储存。通过采用太阳能驱动甲烷重整循环，在太阳能重整反应器中进行高温吸热可逆反应得到合成气，合成气可在室温储存并远距离输送到用户，当需要用热时，合成气在甲烷反应器中发生放热反应为用户供能，以此实现太阳能的吸收、运输与转化过程。太阳能驱动的甲烷裂解/重整技术存在以下几点技术优势：①与其他太阳能热化学体系相比，该技术能在较低温度下实现较高的转化率；②利用可再生、清洁的太阳能作为热源能有效降低碳排放，缓解温室效应；③甲烷重整生成的合成气(氢气和一氧化碳)以及甲烷裂解产生的碳和氢气，可作为工业过程的理想原料。现阶段，开发高效、稳定、低成本的催化剂是关键，催化剂需满足能够在较低的温度下活化甲烷分子，从而提高转化率。新型催化剂材料(如纳米结构材料、金属有机框架(MOFs)等)和新型反应器(如腔式反应器、膜反应器、流化床反应器等是将多种功能单一的反应器集合成一体化多功能反应器)的开发设计可以提高太阳能吸收效率和能源转化效率。

4) 太阳能驱动材料加工及化学品生产

聚光太阳能系统产生的高温可用于驱动吸热化学过程以实现材料加工和化学品生产。例如，$CaCO_3$煅烧、金属冶炼、危险废物的回收、氮化物基循环生产氨、烧蚀生产纳米材料等化学过程。太阳能驱动材料加工及化学品生产利用聚光太阳能产生的能量为加工过程以及化学品生产过程中一系列吸热化学反应提供能量，可以有效解决材料加工和化学品生产过程中的高能耗和高排放问题，因此受到了诸多关注。现阶段，太阳能驱动在水泥与石灰生产和太阳能驱动锌生产领域具有较好的应用前景。其他工艺如富勒烯的生产仅完成了实验室规模的验证，工艺成熟度还有待进一步提高。

1.3 可再生能源催化转化与储存研究进展

1.3.1 可再生能源催化转化与储存的主要内容及研究方法

可再生能源催化转化与储存是当前能源科学研究的一个重要领域，旨在开发和优化可持续的能源解决方案。目前主要研究内容包含光催化储能、电催化储能、热催化储能和多元协同催化储能，可再生能源催化转化与储存技术的分类、特点如图 1-6 所示。

储能技术主要包含化学储能、物理储能、氢能储能等。在可再生能源催化转化领域主要集中在高效催化剂材料的开发及储能材料的创新方面，如提升新型光催化剂、电催化剂、热催化剂的反应速率和选择性的同时降低能耗和成本。可再生能源催化转化主要的研究内容及研究方法如下所述。

光催化储能的研究方法主要包含以下几种。①光催化剂的设计与制备：开发能够高效吸收光能并将其转化为化学能的催化剂材料，如半导体纳米材料、复合材料等；②光吸收与电子-空穴分离：研究光催化剂在光照下产生的电子-空穴对的分离和迁移机制，以减少复合损失；③光催化反应过程的研究：探索如何通过光催化实现水分解、二氧化碳还原等储能反应，重点研究光生电荷在反应过程中的传递路径和效率；④反应条件的优化：通过调节反应温度、pH、光强度等实验条件，提高光催化储能效率。

电催化储能的研究方法主要包含以下几种。①电催化剂的开发：寻求具有高催化活性、稳定性和选择性的电催化材料，如贵金属合金、二维材料等；②电极设计与优化：通过电极的纳米结构化和表面修饰，提升电催化反应的活性和稳定性；③电化学分析：使用循环伏安法、电化学阻抗等技术，研究电催化反应的动力学特性机理；④多相界面调控：通过控制电极与电解质之间的界面结构，优化反应物的传输和产物的释放，以提高储能效率。

热催化储能的研究方法主要包含以下几种。①热催化剂的设计与开发：开发适用于高温条件且具有高催化活性的材料，如金属催化剂(如铂、镍、钴等)、金属氧化物、碳基材料或合金催化剂，系统地研究纳米结构、孔隙率、比表面积和晶相结构等对催化活性的影响，以提高催化剂的效率和稳定性，还可以通过添加助剂(如碱金属氧化物)和选择合适的载体(如氧化铝、二氧化硅)达到对催化剂性能的提升效果；②储氢材料的选择与优化：研究适合于氢气发生可逆反应的材料，如金属氧化物、复合氢化物等，也可以通过掺杂、纳米化等改性手段优化储氢材料的吸放氢能力，同时使用热重分析(TGA)、差示扫描量热法(DSC)、气体吸附等方法研究材料的储氢性能；③反应机理的研究：通过实验和模拟研究氢气在催化剂和储氢材料上的吸附、扩散和反应过程，结合反应热力学、理论计算来对反应机理进行深入系统的研究；④反应器设计：设计和优化用于热催化反应的反应器结构，如流化床反应器、固定床反应器等，以提高反应效率和热能利用率；⑤热管理与传热效率：通过调控反应过程中的热量传递，减少热损失并提高能量的储存和利用效率。

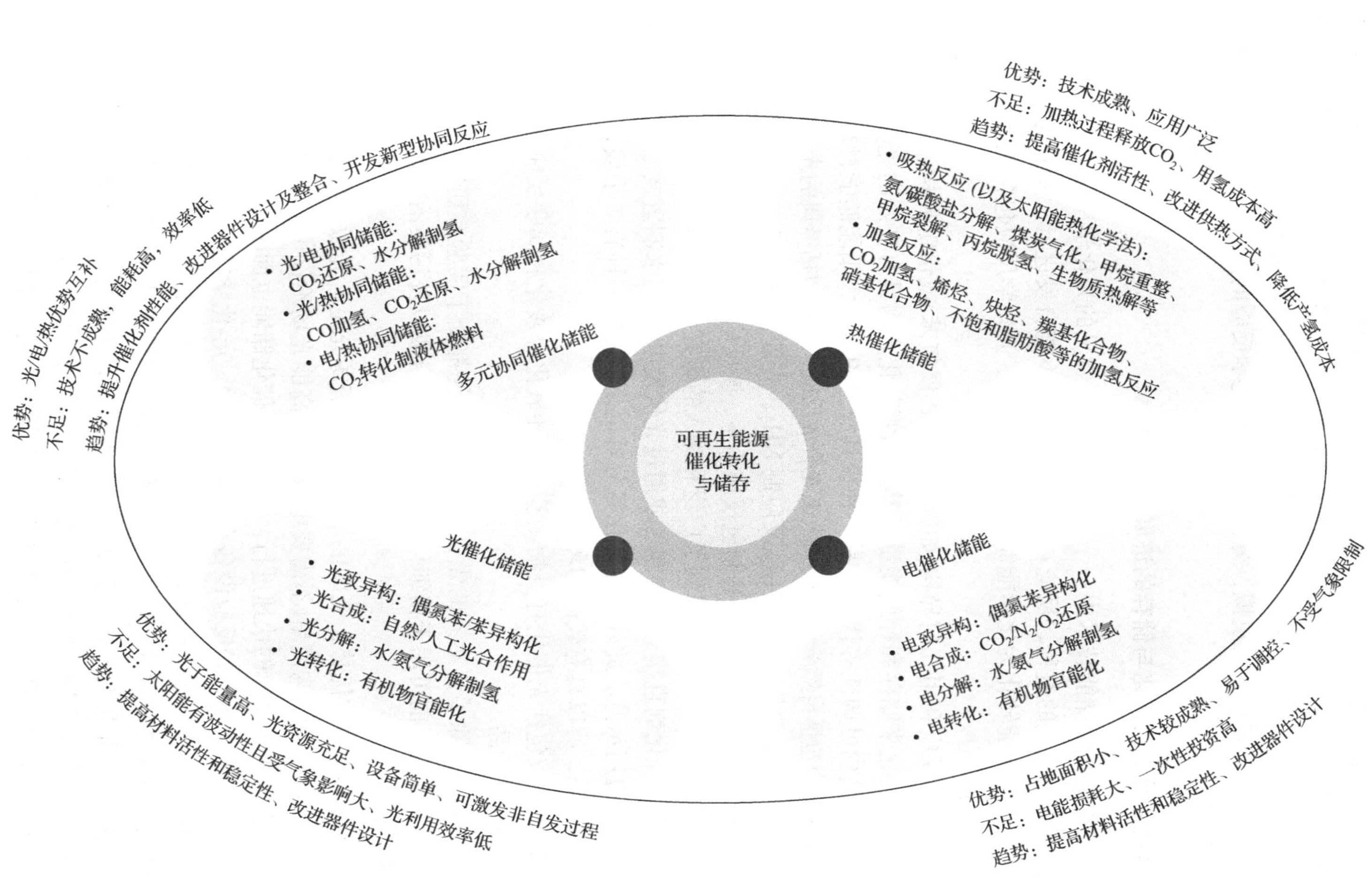

图1-6 可再生能源催化转化与储存技术的分类、特点

多元协同催化储能，如典型的太阳能热化学储能的研究方法主要包含以下几种。①高温材料与结构设计：研究在高温条件下性能稳定的材料和结构，如金属氧化物、陶瓷材料等，用于太阳能热化学反应；②太阳能聚光技术：使用反射镜、透镜等光学系统将太阳光聚焦到热化学反应器中，以实现高温反应条件；③热化学循环：探索能够高效进行能量转换的热化学循环，如碳酸盐循环等，用于将太阳能转化为化学能；④实验与数值模拟：结合实验研究和计算模拟，分析太阳能热化学反应的能量转换效率、反应路径及其对材料的要求。

1.3.2　可再生能源催化转化与储存的进展和发展趋势

光催化储能是化学储能技术中一个重要的分支。常见的光化学反应大多是焓变和吉布斯自由能变皆为正值的过程，反应在无光照条件下不能自发进行，光照为反应的进行提供能量，反应后光能转化为化学能储存在生成物中。光化学反应包含光致异构反应和光合成/分解/转化反应。

(1) 光致异构反应利用几何异构(如顺式和反式偶氮苯)或价键异构(如苯和棱晶烷)可逆过程的能量变化来储存和释放能量，其中偶氮苯化合物具有良好的光吸收能力、异构可逆性和基团结构可调性等优点，是一种极具潜力的新型太阳能储能材料。

(2) 光合成反应包括自然光合作用和人工光合成反应，后者包括经典的光催化 CO_2+H_2O 反应制 $C_1/C_{2+}+O_2$、光催化 N_2+H_2/H_2O 反应制 NH_3、光催化 H_2O+O_2 反应制 H_2O_2 等。

(3) 光分解反应以光催化水分解制氢反应为主，该反应自 1972 年被日本科学家藤岛昭和本多健一首次报道以来，已得到了广泛和深入的研究。中国科学院李灿院士等利用 TiO_2、$BiVO_4$ 等光催化剂直接光解水制氢或通过光伏发电-电解水制氢技术实现了光能到氢能的转化储存应用示范。此外，光催化氨分解也是储能的一种有效手段，而且在产氢的同时不产生 CO_2，所以具有较高的环保价值。

(4) 光转化反应包括光催化有机物羰基化、环氧化、羧化和偶联反应等，可在储能的同时产生高值化学品。

上述光化学反应除了自然界的光合作用外，其他都处于实验室研究/小规模验证阶段；人工光化学反应目前可用于精细化学品如药物的合成以及污染治理等，但大范围应用如储能等仍有困难。

光催化储能具有多重优势：光的能量跨度大且资源充足，光激发易于实现异构化反应而储能，光反应设备结构简单(不需要电极等)，高能光场不仅可为非自发反应提供额外能量，还可促进吸热反应的快速进行。然而，光催化储能也面临一些挑战：太阳能具有波动性且易受气象影响，光反应设备占地面积较大，光-化学能转化效率通常较低，光活性材料的稳定性往往不足。因此，今后的发展方向在于调整光活性材料的成分和微观结构，改进光反应器件的设计，最终实现光催化活性和稳定性的共同提升。

电催化储能技术采用与光催化储能技术相似的反应进行电能→化学能的转化和化学能储存。同上述光化学反应，常见的电化学反应大多是焓变和吉布斯自由能变皆为正值的过程，反应在无电场条件下不能自发进行，电场为反应的进行提供能量，反应后电能转化为化学能储存在生成物中。偶氮苯分子虽然是典型的光致变色分子，但在特定的电场条件下也会经历类似的结构转换，因此可用于电致异构反应储能，目前该技术仍处于实验室研究阶段。以电能替代光能进行上述合成/分解/转化反应虽然有反应装置设计复杂、一次性投资高的劣势，但往往具有更高的能量转化效率和反应速率。

总体来说，相对于光催化储能技术，电催化储能技术具有占地面积小、技术较成熟、易于调控、不受气象限制等优势，且更易于并入现有电网系统，因此更易实现广泛应用。例如，电解水制氢已占据我国工业制氢产量的 1%。然而，电催化储能技术的广泛应用仍受限于电催化剂的低活性和高能耗(高过电位)。所以，电能损耗更低、结构更加稳定的电催化剂仍亟须开发以进一步扩大电催化储能技术的应用规模。

热催化储能技术主要利用吸热反应实现储能，或通过加氢反应将氢能转化为其他物质的化学能。

(1) 利用吸热反应，热化学储热材料可在低温和中高温范围内实现吸热储能。其中，低温热化学材料以水合盐为主，如 $SrBr_2 \cdot 6H_2O$、$LaCl_3 \cdot 7H_2O$、$MgSO_4 \cdot 6H_2O$，多适用于建筑领域。中高温热化学材料可分为金属氢氧化物体系(如 $CaO/Ca(OH)_2$)、氨分解体系和碳酸盐体系等，这些体系因反应条件苛刻、反应物成本高、毒性高、催化剂易失活、储存安全性低、循环寿命短等问题尚处于基础研究阶段。其中，水合盐分解和金属氢氧化物分解反应往往不涉及催化过程，而氨分解和碳酸盐分解 CO_2 转化耦合反应则迫切需要催化剂的促进。热催化储能技术还包括煤炭气化制水煤气($CO+H_2$)、甲烷催化重整、甲烷裂解制 H_2+C 反应、丙烷(C_3H_8)催化脱氢、生物质催化热解等典型吸热反应，这些过程不仅可以将热能转化为化学能，还可以提供高值化学品。其中，煤炭气化制水煤气属于先进的第三代气化技术，是煤洁净高效利用的一种重要方式；甲烷催化重整已得到了大规模应用，是我国目前工业产氢的主要途径之一；利用液态金属 NiMoBi 等催化甲烷裂解也越发得到关注和研究；丙烷催化脱氢作为研究热点已被大量报道；生物质催化热解同时是实现生物质高值化利用的关键技术，目前已实现了一定规模的应用。传统的热化学反应利用电热或燃烧放热，而新兴的太阳能热化学方法则通过太阳光的热效应促进热化学反应的进行，甚至用于金属冶炼。另外，太阳能热化学方法还可以实现极高温度以促进 H_2O/CO_2 分解等高能耗过程。

(2) 除了利用吸热反应储能，热催化储能技术还可以通过加氢反应一方面产生高值化学品，另一方面实现氢能的转化储存。例如，利用催化加氢技术将 CO_2 转化为 C_1/C_{2+} 类烃类或醇类物质，同时实现环保、储能和高值转化；此外，烯烃、炔烃、羰基化合物、硝基化合物、不饱和脂肪酸等的加氢反应过程也被开发用于储(氢)能和高值转化。目前，加氢过程已被广泛用于石油化工(加氢裂化、加氢精制)、煤化工(煤加氢液化)、有机化工等领域；此外，加氢过程还作为化学工业的一种精制手段，用于除去有机原料或产品中所含少量有害而不易分离的杂质。将氢气转化为其他化学品不仅能够实现高值化，还可以大大降低能量的储运难度、提高能量储存密度。

如上所述，热催化储能技术相对于光/电催化储能具有技术成熟、应用广泛的显著优势，但是利用甲烷裂解等吸热反应的热催化储能技术还有待升级完善，电热或燃烧放热方式往往伴随着温室气体 CO_2 的大量释放，而加氢反应的用氢成本高，难以大批量生产。因此，今后的发展方向在于提高甲烷裂解等的催化剂制备技术水平、改进供热方式、降低氢气生产成本，以及进一步提升加氢催化剂的综合活性、降低制备成本。

多元协同催化储能技术结合光场/电场和热能各自的优势实现高效储能，是对上述三种储能手段的补充和改进。

(1) 光电协同储能。例如，对于光电催化 CO_2+H_2O 反应制 C_1/C_{2+}类烃类或醇类物质以及光电催化水分解制氢，光场通过光生伏特效应为电催化反应提供额外能量、降低过电位，电场为光催化反应提供动力以加速反应，故而实现协同转化储能。

(2) 光热协同储能。与光电协同反应类似，光场为热催化反应提供额外能量、降低反应能垒，热场为光催化反应提供动力以加速反应，以此实现协同转化储能。另外，有一些光热协同反应利用光生热效应而非光生伏特效应来加速热反应，也得到了广泛研究。光热催化 CO 加氢、光热催化 CO_2 还原、光热分解水制氢等都属于光热催化反应在能源储存领域的典型应用研究。

(3) 电热协同储能。类似于光热协同反应中光场的作用，电场也可以通过直接电激活作用或电生热(催化剂直接充当电阻材料产热)效应两种途径来加速热反应。典型的研究有电热耦合催化 CO_2 转化制液体燃料等。

目前，上述多元协同催化储能技术仍处于实验室研究阶段，其中光电协同储能和光热协同储能得到了较多的关注和研究，而电热协同储能因为技术难度较低而较易实现规模应用。

相对于单一的光/电/热催化储能技术而言，多元协同催化储能技术理论上具有优势互补的特点，但实际上受限于目前在光/电催化转化方面的较低技术水平，上述多元协同催化储能技术仍难以实现低能耗、高效率的转化储能。因此，未来的发展方向在于提升光/电催化剂的性能、改进光/电反应器件设计及其与热反应系统的整合，开发新型协同反应。

综上所述，现阶段热催化储能技术在光/电/热催化储能技术中处于领先地位，但为了打造低碳经济、实现可持续化发展，有必要在光/电活性材料和光/电反应器件设计改进、光(电)-热反应系统整合方面持续努力，最终实现技术进步甚至革命性突破，为可再生能源的高效利用打下坚实基础。

本 章 小 结

可再生能源有多种分类方式，可按照来源、开发步骤、开发程度和技术或性质来分类；通常，可分为地热能、太阳能、风能、水能、生物质能、氢能和潮汐能等。对可再生能源，特别是太阳能和风能的开发利用发展迅速，但仍面临一系列挑战，尤其是并网消纳问题。太阳能和风能等可再生能源具有显著的间歇性和波动性，因此需要利用储能技术在能源过剩时储存能量，在需求高峰时释放能量，从而平衡供需关系。化学储能作为目前开发的三大储能技术之一不仅具有储运成本低的优势，还可以通过转化 CO_2、CH_4 等温室气体进而产生生态环境效益。所以，对于光/电/热能-化学能转化存储或多元协同转化存储的研究已成为当今科技领域的热门话题之一。光化学储能利用光化学反应进行储能，目前在水分解、人工光合作用等领域已得到了部分应用。电催化储能利用电催化反应将电能转化为化学能，研究领域涉及面广，主要涵盖了氢能储存、电化学合成等。热化学储能技术所利用的热催化，主要是通过加热为催化反应体系提供跨越热力学能垒的能量，将热能转化为化学能，激发反应物向产物的转化。目前，热催化加氢储能主要包含二氧化碳加氢储能、烃类加氢储能、氮化物加氢储能、液态有机物加氢储能等技术，在光/电/热催化储能技术中处于领先地位。未来将在活性材料和反应器件设计改进、多模式反应系统整合方面努力实现技术突破，为可再生能源的高效利用打下坚实基础。

习　　题

1. 可再生能源可以按照哪四种方式分类？各自怎么分类？
2. 请列举出 5 种光化学储能技术。
3. 请列举出 5 种电催化储能技术。
4. 请列举出 3 种太阳能热化学储能技术的应用场景。
5. 请对比热/光/电催化储能的优势和不足。

第 2 章　光催化储能

2.1　光合作用概述

光合作用是地球上生命的基本过程之一，它在植物、藻类和一些细菌等生物体中发生。这一生物化学过程可将太阳能转化为化学能，通过合成有机物质，为地球上的生态系统提供了能量和氧气(图 2-1)。光合作用不仅对于生物体的生长和发育至关重要，而且对地球的气候和大气成分也有着重要影响。其反应通式可表示为

$$nH_2O + nCO_2 \xrightarrow{\text{光能}} nO_2 + (CH_2O)_n \tag{2-1}$$

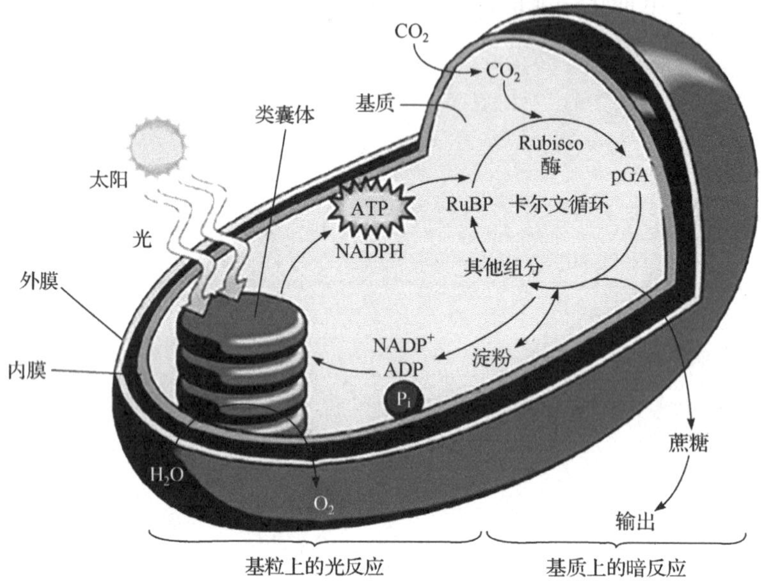

图 2-1　光合作用简介图

RuBP 为核酮糖双磷酸；pGA 为 3-磷酸甘油酸

2.1.1　光合作用与生物圈

光合作用是通过植物、藻类和一些细菌利用光能将二氧化碳和水转化为有机物质(如葡萄糖)的过程。光合作用不仅为生物体提供了能量来源，还产生了氧气，维持了地球上生物圈的生态平衡。

光合作用的基本过程可以分为两个阶段：光能捕获和光化学反应。光能捕获发生在叶绿体的色素分子中。其中最重要的色素是叶绿素，它能够吸收太阳光中的能量。当叶绿素分子吸收到光能后，它们会激发到高能级，并将能量传递给其他叶绿素分子，最终到达反应中心。在反应中心处将光能转化为化学能，并触发光化学反应。光合作用不仅

对植物和藻类来说至关重要，对整个生物圈也具有重大意义。通过光合作用，植物和藻类能够利用太阳能将无机物转化为有机物，并释放出氧气。氧气是地球上几乎所有生物体所需的气体之一，维持了地球上动植物的呼吸过程。此外，光合作用还通过食物链将能量传递给其他生物体，构成了生态系统的基础。

生物圈是地球上支持生命的所有生物体和它们所处的环境的总和。它包括陆地、海洋和空气中的各种生态系统，以及其中的生物多样性。光合作用是生物圈中最基本的过程之一，因为它为大多数生物提供了能量和有机物质。在陆地上，光合作用发生在植物叶片中的叶绿体中。植物通过根系吸收水分和矿物质，并利用光合作用将它们转化为有机物质。这些有机物质被用于植物的生长和发育，同时也供给其他生物体的能量需求。植物通过释放氧气来维持地球上动物的呼吸过程。在海洋中，光合作用主要由浮游植物(如藻类)完成。它们利用太阳能将水中的二氧化碳转化为有机物质。海洋生物通过摄取这些有机物质来获取能量，形成了复杂的食物网。海洋中的光合作用也为氧气的产生做出了重要贡献，维持了海洋生态系统的稳定。除了提供能量和氧气，光合作用还对调节地球气候起着重要作用。光合作用通过吸收大量的二氧化碳来减少大气中的温室气体含量，有助于缓解全球变暖的问题。植物通过光合作用在生长过程中吸收二氧化碳，并将其储存在组织中，从而在一定程度上平衡了人类活动产生的二氧化碳排放。然而，光合作用也受到一些因素的影响。例如，光照强度、温度和二氧化碳浓度都会对光合作用的速率产生影响。随着全球气候变化和人类活动的干扰，这些因素可能会发生变化，对光合作用和生物圈产生一系列的影响。总结起来，光合作用是地球上生命的基础过程之一，通过将光能转化为化学能，为生物圈提供了能量和有机物质。它不仅维持了地球上生态系统的平衡，还产生了氧气，支持了生命体的生存。光合作用在陆地和海洋中都发挥着重要作用，并对调节地球气候具有重要意义。然而，光合作用也面临着一系列的挑战，需要我们共同努力保护和维护生物圈的健康。

2.1.2　光合作用的基本过程

在光合作用中，植物利用太阳能、水和二氧化碳来合成有机物，同时释放出氧气。光合作用主要发生在植物细胞的叶绿体中。叶绿体含有叶绿素等色素，能够吸收太阳光中的能量，将其转化为化学能存储起来。这个过程可以分为两个阶段：光反应和暗反应，如图 2-2(a)所示。

1. 光反应

光反应发生在叶绿体的类囊体膜上。类囊体膜含有称为光合色素复合体的蛋白质复合物，其中最重要的是叶绿素。光合色素复合体负责吸收太阳光并将其转化为化学能。光反应的第一步是光能的吸收。当光子被叶绿素分子吸收时，它会激发叶绿素分子中的电子。这些激发的电子被传递到一系列电子载体上，并最终到达反应中心。在反应中心，光能被用来将水分子分解为氢离子、电子和氧气。氧气被释放到大气中，而氢离子和电子被用于合成三磷酸腺苷(ATP)。ATP 是一种高能分子，为暗反应提供能量。

2. 暗反应

暗反应发生在叶绿体的基质中，它被称为暗反应，是因为它不需要光能的直接参与。然而，它依赖于光反应中产生的 ATP 和还原酶(如 NADPH)。暗反应的中心过程是卡尔文循环，这是一系列酶促反应，将二氧化碳固定为有机物。卡尔文循环的第一步是二氧化碳与一种称为核酮糖双磷酸的五碳糖的结合。这个反应由二氧化碳固定酶催化。接下来，核酮糖双磷酸被还原为三种碳糖：3-磷酸甘油酸、2-磷酸甘油酸和磷酸甘油酸。还原反应的能量来自 ATP 和 NADPH。3-磷酸甘油酸被进一步还原并转化为葡萄糖-6-磷酸，这是葡萄糖的一种形式。葡萄糖-6-磷酸可以被用来合成其他糖类，如蔗糖和淀粉，或被用来产生能量。卡尔文循环是一个可以连续发生的循环过程，该过程只用到二氧化碳、ATP 和 NADPH 物种，如图 2-2(b)所示。

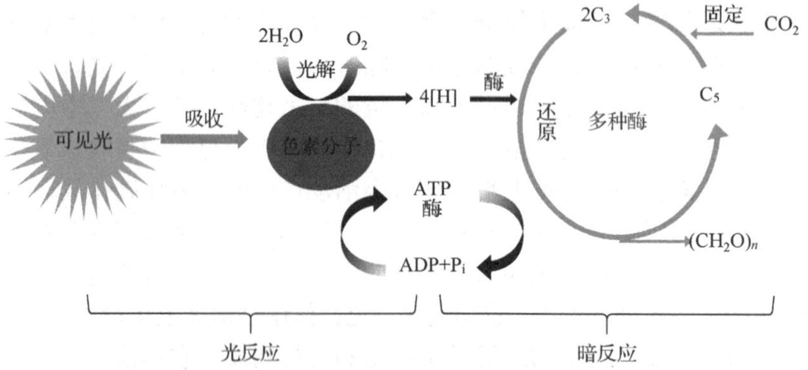

(a) 光合作用的光反应和暗反应示意图

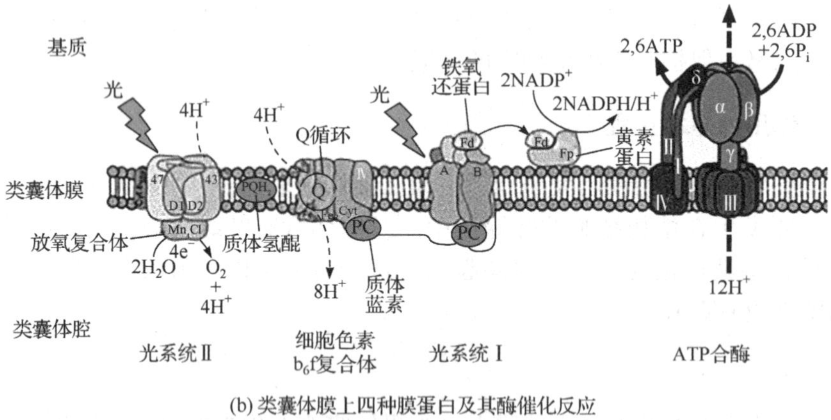

(b) 类囊体膜上四种膜蛋白及其酶催化反应

图 2-2　光合作用示意图

光反应和暗反应是相互依存的。光反应为暗反应提供 ATP 和还原驱动力，而暗反应固定二氧化碳并合成葡萄糖。这两个阶段共同作用，利用光能将无机物转化为有机物，为生物圈提供能量和营养。

3. 光合作用方程式

光合作用的总反应方程式可以表示为

$$6H_2O + 6CO_2 + 光能 \longrightarrow 6O_2 + C_6H_{12}O_6 \tag{2-2}$$

方程式(2-2)表明，光合作用需要六分子二氧化碳、六分子水和光能，才能产生一分子葡萄糖和六分子氧气。光合作用的重要性不仅体现在植物生长和生态系统中，还对地球的大气组成和气候产生了深远影响。通过释放氧气，光合作用维持了地球大气中氧气含量的稳定，并与其他生物过程相互作用，形成了氧气与二氧化碳的动态平衡。此外，光合作用还影响了地球的温室气体浓度，因为它是吸收二氧化碳的主要过程之一。总体来说，光合作用是地球上生命不可或缺的过程之一，它将太阳能转化为化学能，维持了生态系统的稳定，同时对地球的大气组成和气候产生了重要影响。对光合作用的深入理解不仅有助于我们更好地理解生命的起源和演化，也为生态保护和气候变化应对提供了重要参考。

2.2　光催化储能概述

光催化储能是一种前沿技术，将光催化和储能技术相结合，旨在解决可再生能源波动性和不可控性的问题，从而实现能源的高效利用和稳定供应。该技术通过利用太阳能将其转化为化学能，并将其储存起来，以便在需要时进行释放，从而实现能源的持续供应。光催化储能的关键在于光催化反应，这是一种利用光能促进化学反应的过程。通常，光催化反应利用光敏催化剂吸收太阳能，并将其转化为化学反应所需的能量。这种过程可以利用多种催化剂和反应条件来实现。

2.2.1　光催化剂的基本概念

光催化剂是一种在光照条件下能够催化化学反应的物质。它通过吸收特定波长的光子，激发电子跃迁到激发态，从而获得较高的能量。激发态电子可以参与氧化还原反应，将光能转化为化学能，从而催化各种化学反应。光催化剂也分均相光催化剂与多相光催化剂。均相光催化剂多为分子光催化剂，多指具有光敏性基团的金属有机配合物作为捕光材料的光催化剂；多相光催化剂一般指无机/有机半导体或金属等作为捕光材料的光催化剂。

光催化剂具有以下几个基本特性。

(1) 光吸收。光催化剂能够吸收特定波长的光子，激发电子从价带跃迁到激发态。

(2) 电荷分离。激发态电子从光催化剂表面转移到导带，使空穴留在价带。电荷分离是光催化反应的关键步骤。

(3) 氧化还原能力。激发态电子和空穴具有较强的氧化还原能力，可以参与氧化还原反应，将能量储存在产物中。

2.2.2　半导体光催化的热力学基础

半导体光催化是一种利用半导体材料在光照条件下催化化学反应的现象，它涉及光能的吸收、电荷分离、氧化还原反应和热力学过程。半导体光催化的热力学基础对于优化光催化剂的性能和设计高效的光催化系统至关重要。当半导体材料吸收光子时，电子从价带跃迁到导带，留下价带中的空穴。形成的电子-空穴对具有较高的能量，可以参与氧化还原反应，将光能转化为化学能。半导体光催化的热力学基础可以通过能带理论来解释。能带理论描述了半导体材料中电子的能量状态。价带或称价电带，通常是指半导体或绝缘体中，在 0K 时能被电子占满的最高能带。对半导体而言，此能带中的能级基本上是连续的。全充满的能带中的电子不能在固体中自由运动。导带是由自由电子形成的能量空间，即固体结构内自由运动的电子所具有的能量范围。对于金属，所有价电子所处的能带就是导带。对于半导体，所有价电子所处的能带是价带，比价带能量更高的能带是导带。在 0K 下，半导体的价带是满带，受到光电注入或热激发后，价带中的部分电子会越过禁带进入能量较高的空带，空带中存在电子后即成为导电的能带——导带。导带是半导体最外面(能量最高)的一个能带，是由许多准连续的能级组成的，是半导体的一种载流子——自由电子(简称为电子)所处的能量范围。导带中往往只有少量的电子，大多数状态(能级)是空着的，则在外加作用下能够发生状态的改变，故导带中的电子能够导电，即为载流子。价带和导带之间的能隙称为带隙(E_g)。半导体的带隙宽度决定了半导体光催化剂的光吸收性能。半导体吸收波长的阈值(λ_g)与带隙的关系可以用以下公式来描述。

$$\lambda_g = \frac{1240}{E_g} \tag{2-3}$$

从式(2-3)可以看出，当光子的波长大于吸收波长的阈值时，它的能量低于带隙能量，因此不能被半导体吸收。因此，吸收波长的阈值与带隙能量成反比。带隙能量越大，吸收波长的阈值越短，从而对太阳光的利用范围越窄，主要集中在紫外光区；带隙能量越小，吸收波长的阈值越长，从而对太阳光的利用范围越宽，对可见光的利用率就越高。

半导体光催化反应的起始点是光能的吸收和转化。当光能照射到半导体表面时，其能量可以激发半导体中的电子从价带跃迁到导带，形成电子-空穴对(电子和正电荷的组合)。这个过程需要光子的能量大于半导体的带隙能，才能发生。带隙能是半导体中电子能量最低的能级和价带最高能级之间的能隙。首先，激发态电子的能量必须高于氧化还原反应的活化能。活化能是反应发生所需的最小能量。其次，氧化还原反应的吉布斯自由能变化(ΔG)必须为负值，表示反应是自发的。在光照条件下，半导体光催化剂表面会建立一个准费米能级(准费米能级是指在非平衡态下电子或空穴的化学势)。准费米能级将电子和空穴的分布分开，形成一个空间电荷层。准费米能级的位置受光照强度、电极电位、溶液 pH 等因素的影响。当准费米能级高于氧化还原反应的氧化还原电位时，反应自发进行。当准费米能级低于氧化还原电位时，反应不能自发进行。因此，半导体的能带结构(主要包括带隙的宽度，以及导带与价带的位置)和被吸附物质的氧化还原电位，从本质上决定了半导体吸光能力、光催化反应可能性及驱动力的强弱。只有当半导体的导带底电位比电子受体的还原电位更负时，相应的还原反应才能满足光催化热力学需求，如图 2-3(a)所示。同理，当半导体的价带顶电位比电子给体的氧化电位更正时，相应的氧化反应才能满足光催化热力学需求。图 2-3(b)给出了常见半导体的禁带宽度与能带位置。因此对于导带底电位越负的半导体，其电子还原能力越强，如具有高的导带底位置的 ZnS、SiC、C_3N_4、Cu_2O、TaON 等可广泛应用于光催化分解水产氢及 CO_2 还原反应等。而如 Fe_2O_3、WO_3、SnO_2、$BiVO_4$、TiO_2(R)、ZnO 等具有较正的价带顶电位，其光生空穴氧化能力更强，可广泛应用于光催化产氧及污染物氧化降解。因此，半导体的能带结构也对光催化活性具有重要影响。

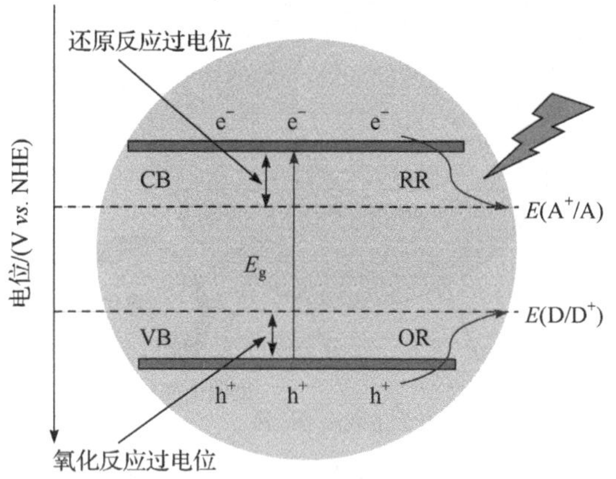

(a) 半导体光催化反应的热力学基础

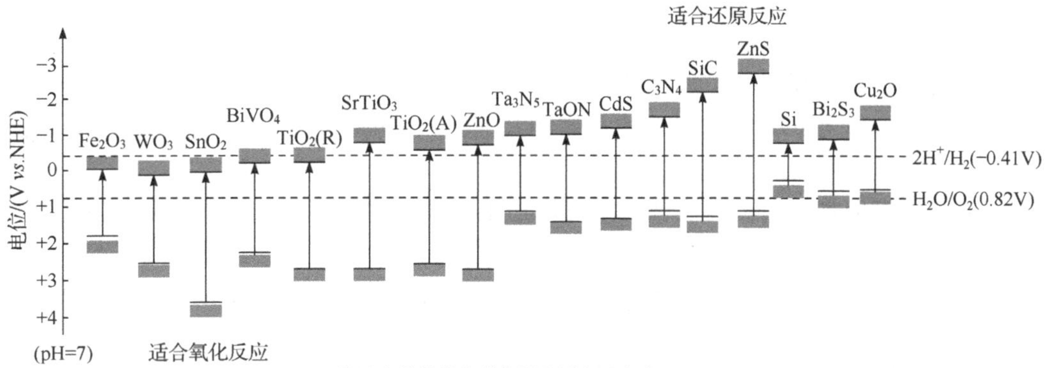

(b) 常见半导体的能带位置及适合反应类型

图 2-3　半导体光催化反应能垒及光催化剂能带位置

CB-导带；VB-价带；RR-还原反应；OR-氧化反应

半导体光催化热力学动力学基础

从热力学角度来说，提升半导体光催化活性可以通过能带工程、表面敏化等策略来实现。同时，电子或空穴的离域程度对催化活性影响显著。离域性强的价带和导带导致更好的导电性能和更强的电子迁移能力，有利于氧化还原反应。另外，增加费米能级附近的总电子密度和新缺陷能态也能提高半导体光催化剂的活性。

2.2.3 半导体光催化的动力学基础

实现光催化氧化还原反应不仅需要满足热力学要求，同时需要满足动力学需求。半导体光催化是一种利用光能激发半导体表面的电子-空穴对来促进化学反应的过程。其动力学基础可以通过以下几个方面来解释(图 2-4)。

(1) 光吸收。当光照射到半导体表面时，光子的能量可以被半导体吸收，导致电子从价带跃迁到导带，形成电子-空穴对。这一步骤的效率取决于半导体的吸收系数和光谱能量与半导体带隙能量之间的关系。

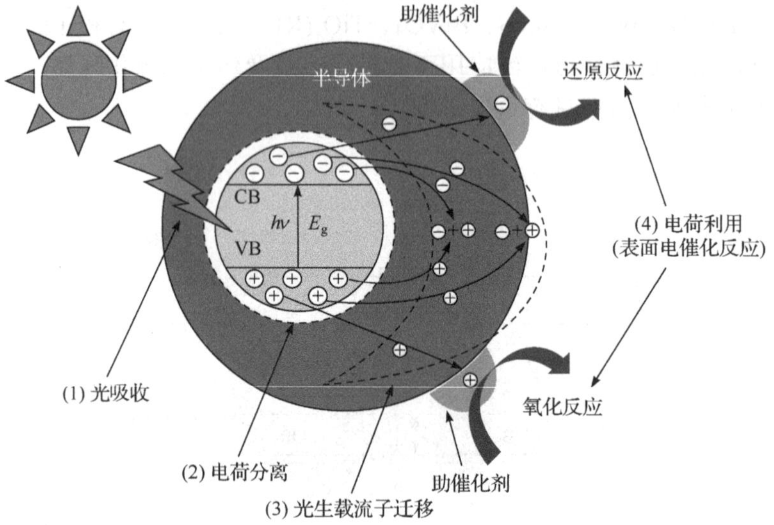

图 2-4　半导体光催化反应的动力学基础

(2) 电荷分离。在半导体内部，由于电场的存在或材料内部的不均匀性，光生载流子会发生分离。分离效率决定了产生的载流子数量。

(3) 光生载流子迁移。扩散是载流子在没有电场作用下的移动，主要受到载流子浓度梯度的影响。扩散的速度和效率也是影响光催化效率的重要因素。而扩散效率则决定了能够被收集和利用的载流子数量。

(4) 表面电催化反应。光生载流子可以在半导体表面与吸附在表面的分子发生化学反应。这些表面反应可以涉及光生载流子的直接参与。例如，光生电子参与还原反应，光生空穴参与氧化反应。此外，光生载流子也可以通过传递电荷到溶液中的其他物质，促进与溶液中物质的反应。

光生载流子的快速复合是制约光催化高量子效率的重要因素之一，光生电子和空穴在半导体光催化剂表面复合很快(时间为 10^{-12}～10^{-11}s)，而光生载流子在半导体催化剂表面被捕获并发生界面氧化还原反应的速率相对较慢(时间为 10^{-9}～10^{-7}s)。

为了有效抑制半导体表面光生载流子的快速复合，需要提高半导体表面对光生电子或空穴的俘获速率。这可以通过两种方式实现：一种是在催化剂表面预吸附俘获剂，以缩短表面俘获的时间；另一种是负载适当的肖特基结型助催化剂(如 Pt)，以实现光生电子的快速获取或转移。因此，提高半导体表面的光生电荷俘获和转移速率，降低它们的复合速率，对于提升光催化量子效率非常重要。

为了有效提高光生载流子的俘获、转移和表面反应速率，可以采取多种策略。其中包括构建各种异质结构、负载助催化剂、调控孔结构和纳米结构等。图 2-5 展示了光催化剂的几种典型动力学改性策略，如肖特基结构的形成，构建异质结(包括Ⅱ-型和 Z-型异质结)，通过调控孔结构改善反应物的吸附、扩散能力和光子吸收活性，利用量子效应提高光生载流子的氧化还原能力和迁移分离速率，以及利用助催化剂修饰来提高表面反应速率。不同动力学改性策略之间的协同效应可以全面改善光催化过程中各种动力学制约因素，为光催化剂的开发提供新思路。通过有效耦合多种改性策略，可以同时改善载流子的氧化还原能力、分离和传递效率，以及半导体表面的反应速率，增强反应物的吸附扩散能力和光吸收能力，从而大幅提升光催化活性。

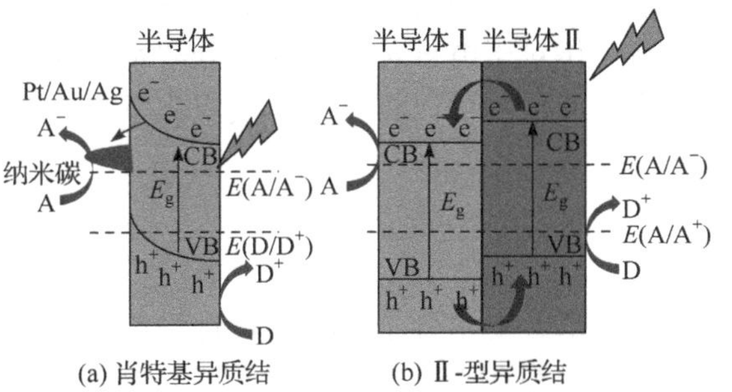

图 2-5　典型的半导体异质结系统

2.3　太阳能光催化产氢

氢能作为一种未来能源的代表，具有重要的意义。第一，氢能是一种清洁能源，不会排放二氧化碳等温室气体，对于缓解全球气候变化具有重要作用。第二，氢能是一种高效能源，对能源转型具有重要意义。传统燃烧能源的利用效率较低，能源损耗严重，而氢能在转换和利用过程中的能量损失相对较小。氢能可以通过燃料电池直接转化为电能，而燃料电池的效率可以达到 60%以上，远高于传统燃烧技术的效率。第三，氢能还具备能源多元化和能源安全的重要意义。氢能可以作为一种替代能源形式，与传统石油、煤炭等能源相互补充，实现能源供应的多元化。

氢能根据其生产方式，可以分为灰氢、蓝氢和绿氢(图 2-6)。其中灰氢主要是通过对化石能源进行高温热裂解所得到氢气。虽然其生产成本低，所需占地面积小，但是其生产所带来的二氧化碳排放以及对化石能源的依赖，是不利于长久生产的。蓝氢主要是指采用焦炉煤气、氯碱尾气等工业副产气体制备氢气并配合碳捕捉与封存技术，减少生产过程中污染物气体和温室气体等的排放。但是这一技术大大增加了运营成本，使得氢能的成本大大提高，并且目前技术并不成熟，仍然有污染物气体以及二氧化碳排放到环境

图 2-6　常见氢能分类

中。绿氢是指在生产氢气过程中完全没有碳排放，主要是采用太阳能、电能等将水进行分解产生氢气。绿氢是氢能利用的理想形态。电解水产氢虽然展现出高效的产氢活性，但是其对电能十分依赖。世界上对电能的生产主要还是火力发电，其仍然是依赖于化石燃料，并且电催化剂的成本也相对较高。相对于电催化，光催化分解水产氢是利用地球上取之不尽用之不竭的太阳能。半导体光催化剂可以将光能转换成化学能，整个过程是清洁无污染的。

2.3.1 直接光解水制氢

直接光解水制氢是指直接利用太阳能来分解水分子，将其转化为氢气和氧气。这通常涉及使用半导体光催化剂来吸收太阳能，并在光合作用过程中将水分子分解成氢气和氧气。这是一种直接的方法，可以在太阳能的作用下直接生产氢气。

目前光催化分解水制氢存在以下问题。

(1) 光吸收效率限制。当前的光催化材料对太阳光的吸收效率还不够高，部分光谱范围的光能无法被有效利用。提高光吸收效率是提高光催化水分解反应效率的关键之一。

(2) 光生电子-空穴对的复合。光生电子和空穴对在催化剂表面容易发生复合，导致光电转化效率的降低。抑制光生电子-空穴对的复合是一个重要的挑战，需要寻找合适的催化材料或结构设计来解决这个问题。

(3) 催化剂的稳定性。光催化水分解反应通常需要长时间的运行，因此催化剂的稳定性是一个重要的考虑因素。一些催化剂在长时间的光照下容易发生结构变化或失活，因此需要研究和开发更稳定的催化剂。

(4) 规模化生产的挑战。目前的光催化水分解技术通常在实验室规模下进行研究，要实现商业化应用还需要克服工程化和经济性方面的挑战。降低成本、提高产氢效率、设计高效的光催化反应器等问题需要进一步研究和解决。

从热力学角度来说，水分子的解离反应需要吸收能量，因为它涉及断裂化学键的能量。然而，在光催化反应中，光能可以提供所需的能量，促使水分子解离。光催化剂的作用是吸收光能并将其转化为光生电子和空穴，这些光生电子和空穴可以与水分子发生反应，从而产生氢气和氧气。在标准状态下，分解 1mol 的水产生氢气和氧气需要的能量为 237.2kJ。

光催化全分解水反应：

$$H_2O \longrightarrow H_2 + 1/2O_2\,(\text{全解水反应}),\quad \Delta G^{\ominus} = 237.2\text{kJ/mol},\quad \Delta H^{\ominus} = 237.2\text{kJ/mol},$$

$$\Delta E^{\ominus} = 1.23\text{V} \tag{2-4}$$

$$2H^+ + 2e^- \longrightarrow H_2\,(\text{还原反应}),\quad E^{\ominus} = -0.41\text{V},\quad \text{pH} = 7 \tag{2-5}$$

$$2H_2O \longrightarrow 4H^+ + O_2 + 4e^-\,(\text{氧化反应}),\quad E^{\ominus} = +0.82\text{V},\quad \text{pH} = 7 \tag{2-6}$$

因此，利用单一光催化剂实现光催化全分解水对半导体的能带有非常严格的需求。这类光催化剂首先必须满足其光子能量大于或等于从水分子中转移一个电子的理论最小能量，即 1.23eV，也就是意味着其禁带宽度必须大于水分解的电压。其次，其导带和价带位置必须满足水氧化还原电位需求，即导带底位置要比水还原电位更负，价带顶位置比水氧化电位更正。考虑到过电位的存在，半导体的禁带宽度至少需要大于 1.8eV 才能实现光催化全分解水，如图 2-7(a)所示。而大多数光催化剂很难同时满足以上两个热力学需求。因此通过添加牺牲剂可以有效降低反应能垒，从而促进光解水制氢。而在光催化研究中，为了研究光催化分解水产氢和产氧的动力学过程，常常在光催化反应过程中加入可以消耗光生电子或者光生空穴的牺牲剂,从而只获得单一氢气产物或者氧气产物，这些在牺牲剂条件下测试的反应统称为“半反应”。通常情况下，常见的空穴消耗牺牲剂有三乙醇胺、甲醇、抗坏血酸等有机溶剂，也可以是硫化钠、亚硫酸钠、硫代硫酸钠溶液等；而常见的电子牺牲剂有硝酸银、硫酸铁、硝酸铁等。在使用牺牲剂的情况下，通常光解水反应在热力学和动力学上的能垒要比全解水低。因此光催化产氢活性或产氧半反应活性通常要比光催化全分解水活性高。而通过加入牺牲剂可以有效消除光生电子或者光生空穴，增强了光生电子-空穴对的分离，从而提升了光催化活性。例如，常见的产氢光催化剂 g-C_3N_4，在没有牺牲剂的条件下，几乎没有光催化分解水产氢活性；而在三乙醇胺为牺牲剂、Pt 为助催化剂的情况下，其产氢活性可以达到 0.2mmol/(h · g)。常见适合水分解的半导体的能带如图 2-7(b)所示。

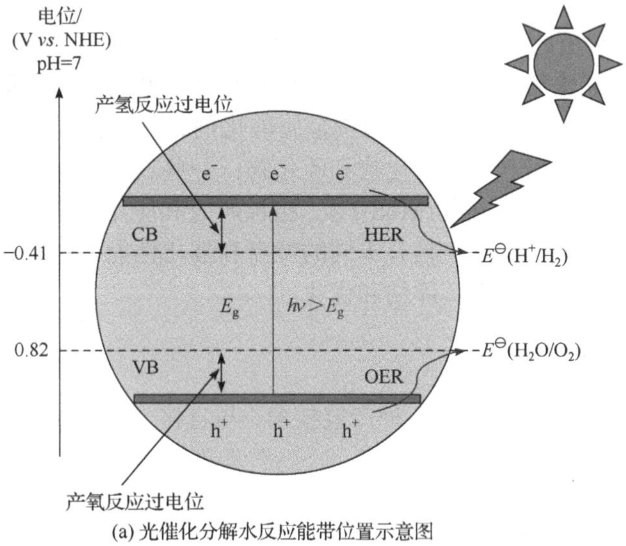

(a) 光催化分解水反应能带位置示意图

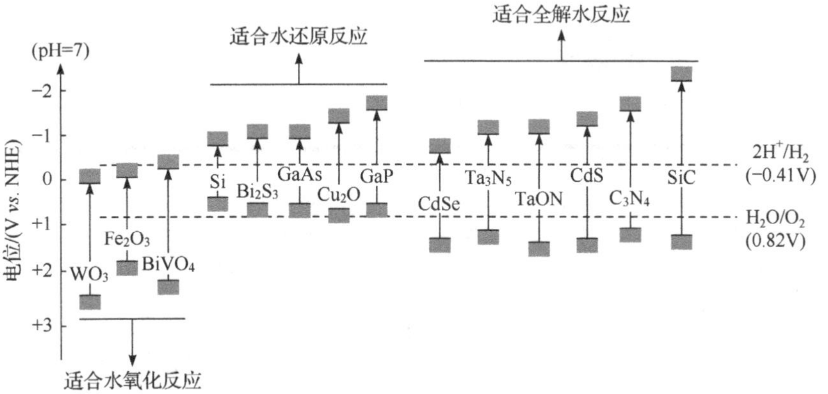

(b) 常见适合水分解的半导体能带位置

图 2-7　半导体光催化分解水反应能垒及适合水分解光催化剂能带位置

添加助催化剂是提升光解水制氢活性的一种有效策略。助催化剂通常与光催化剂一起使用，以提高光催化分解水的效率。它们可以提供额外的活性位点，增加催化反应的速率，从而降低光催化分解水所需的能量。助催化剂还可以改善反应的选择性和稳定性，减少副反应的发生，提高产氢效率。助催化剂在光催化分解水产氢中的主要作用可以概括为以下四点。

(1) 电子传递。催化剂可以作为电子传递的媒介，接受光生电子并将其转移到水分子上，从而促进水的分解反应。这样的电子传递过程有助于减少电子-空穴对的复合，并提高光催化反应的效率。

(2) 催化活性。催化剂本身具有催化活性，能够降低反应的活化能，促进水的分解反应。它可以提供反应表面，提高反应速率，并增强催化反应的选择性。

(3) 电子-空穴对的复合抑制。光生电子-空穴对的复合是光催化反应中的一个重要过程，会导致光电转化效率的降低。助催化剂可以提供附着位点，吸附电子或空穴，从而有效抑制电子-空穴对的复合，提高光催化反应的效率。

(4) 反应中间体形成和稳定。催化剂可以与反应中间体发生相互作用，形成稳定的中间体——催化剂复合物。这种复合物可以降低反应的能垒，稳定中间产物，并促进所需产物的生成。常用的产氢助催化剂包括贵金属催化剂和非贵金属催化剂。①铂(Pt)：作为常用的贵金属催化剂之一，铂具有良好的催化活性和稳定性，能够促进光催化分解水产氢反应。②钯(Pd)：钯也是常用的贵金属催化剂，具有优异的催化性能，能够提高光催化水分解反应的效率。③氢氧化物和硫化物：一些过渡金属氢氧化物和硫化物，如钴氢氧化物($Co(OH)_2$)、钼硫化物(MoS_2)等，也被研究和应用于光催化水分解反应中。这些催化剂在光催化分解水产氢中具有不同的特点和催化性能，选择合适的助催化剂需要根据具体的实验条件和需求进行评估和优化。

2.3.2　间接光解水制氢

间接光解水制氢(图 2-8)是另一种产氢技术，与直接光解水制氢不同，它通过利用光

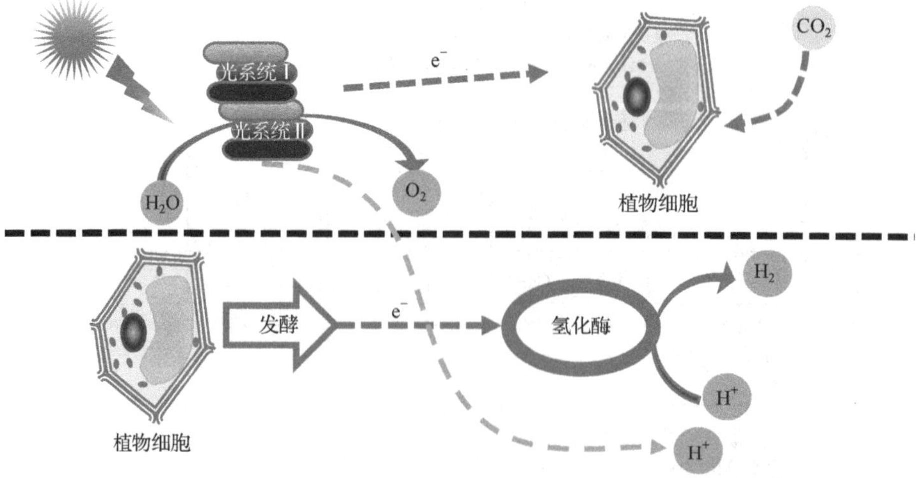

图 2-8　间接光解水制氢原理

能驱动化学反应间接产生氢气。常见的间接光解水制氢方法为光电化学法。光电化学法利用光吸收材料(半导体)吸收光能，激发电子从价带跃迁到导带，形成电子-空穴对；随后，通过电解质溶液中的催化剂(如铂催化剂)促进氢离子还原为氢气的反应。这种方法通过光生电子和电解质溶液中的催化剂之间的协同作用，间接将光能转化为化学能，从而制备氢气。

光电催化过程可将太阳能捕获并储存在太阳能燃料中，实现将太阳能转化为化学能，其工作原理与自然光合作用中的 Z 机制类似。Z 机制是光合作用中的一种光化学反应机制，它描述了叶绿素分子中电子的传递路径。该机制涉及两个特殊的反应中心：PSⅡ(光系统Ⅱ)和 PSⅠ(光系统Ⅰ)。在 Z 机制中，光能被吸收后，光激发了 PSⅡ中的叶绿素分子。激发态的叶绿素分子通过电子传递链将电子从 PSⅡ传递到 PSⅠ。在这个过程中，光能被用于促使电子从水分子中释放出来，产生氧气和一对高能电子。这个过程称为光解水反应。接下来，高能电子进入 PSⅠ，并通过电子传递链向前传递。在这个过程中，光能再次被吸收，并用于推动电子从 PSⅠ传递到最终的电子受体，从而产生还原型辅酶 NADPH。最终，在光合作用的光反应阶段产生的 NADPH 和 ATP，将参与暗反应中二氧化碳还原为有机物的过程，从而完成光合作用的综合反应。在该过程中，氧化中心位点和还原中心位点被有效地分开，电子通过电荷传输链进行单向阶梯状能级传输，且 PSⅡ中产生的电子和质子通过传输参与暗反应中的还原过程。

在光阳极和光阴极双光电极光电催化体系中，光阳极是指在光电催化反应中作为阳极的电极，它通常是由半导体材料构成的。当光照射到光阳极上时，半导体材料吸收光能并产生光生空穴参加水氧化反应，并释放出电子和质子，电子通过外接电路转移到光阴极上。光阴极是指在光电催化反应中作为阴极的电极，它通常是由催化剂和电子传递材料组成的。光阴极的功能是接受光阳极注入的电子，并促使催化剂在电解质溶液中发生还原反应，通过对质子还原制氢。在整个光电催化反应的过程中，氧化活性位点和还原活性位点在空间上得到有效的分离，提升了电子空穴的分离效率。

光电催化相对于光催化的优势在于其能够在光照的同时利用电子传递过程，从而实现更高效的能量转化和催化反应。相比较而言，传统的光催化反应通常只涉及光吸收和激发过程，而光电催化反应则将光能转化为电子能，并利用电子在催化剂和电解质溶液之间的传递来实现化学反应。其有以下优势。①更高的能量利用效率：光电催化能够将光能高效地转化为电子能，并将电子能用于催化反应。相比较而言，光催化只利用光能进行反应；光电催化反应中，光能的转化为电子能提供了更多的反应能量，从而可以加速催化反应速率。通过优化光电催化材料的结构和界面特性，可以提高光吸收和电子传递效率，进一步提高反应速率。②更好的空间定位：光电催化反应中的光阳极和光阴极分别承担光吸收和电子传递的功能，使得反应发生在特定的电极界面上。这种空间定位有助于减少副反应和电子/能量的损失，提高催化反应的效率。

2.3.3　光生物法制氢

光生物法制氢是一种利用光合作用和生物催化剂的方法来产生氢气的技术。它结合了光合作用中植物或微生物的光能转化能力和酶的催化能力，通过光合有机物的分解产生氢气。

在光合生物制氢中，光能被光合作用中的植物或微生物吸收，驱动光合电子传递链的运作。通过光合作用产生的还原能源被酶类(如 NADPH)催化，将水分子分解为氢气和氧气。研究表明，栅藻属、绿球菌属和小球藻属都是可利用间接光解法制氢的高效产氢藻类菌株。厌氧条件下氢化酶从铁氧还蛋白中接受电子，作为电子供体将水转化为氢气。

例如，蓝藻或微藻可以从淀粉或糖原产生氢气。光合作用形成碳水化合物后，在黑暗条件下通过植物细胞代谢产生氢气，代谢过程中产生的还原型辅酶Ⅱ转移到质体醌池和光系统Ⅱ。有氧条件下电子传递链一直存在，氧气耗尽后细胞转为厌氧状态，通过诱导氢化酶将可用电子转移至光系统Ⅰ，产生氢气。

通过光发酵也可以利用厌氧光合微生物将有机底物转化产生氢气，这是一种安全有效的制氢方式。区别于直接光解法中电子直接被氢化酶利用后进行光合制氢，光发酵法中电子通过光系统Ⅱ进行光化学氧化，因此光发酵能够利用多种基质完成。而将光发酵技术与暗发酵技术耦合后能够提高制氢产量。耦合方式有两种：第一种是将暗发酵过程中产生的有机酸用于光发酵过程；第二种是将暗发酵与光发酵过程在包含两种类型微生物群落的单个反应器中完成。光暗发酵耦合过程中产生的有机酸能够被光发酵技术中的微生物转化为氢气，防止系统中有机酸的积累(图 2-9)。

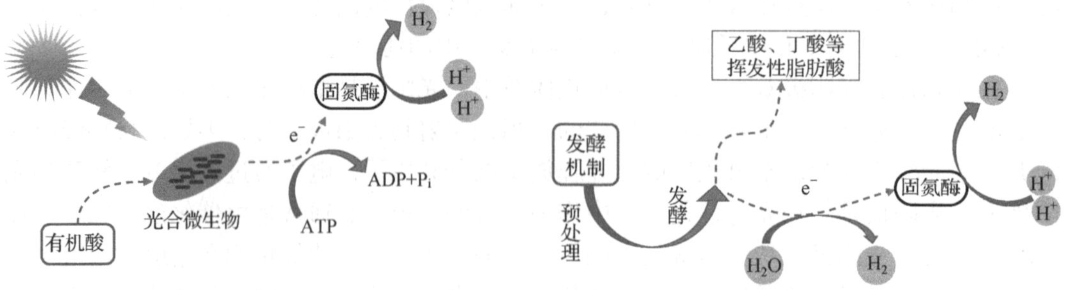

(a) 光发酵制氢原理　　(b) 暗发酵制氢原理

图 2-9　发酵制氢原理

光生物法制氢还具有高效能转化和环境友好性的特点。光合作用的高效能转化能力以及生物催化剂的选择性和活性使得光生物法制氢可以高效地将光能转化为化学能，并选择性地产生氢气。在反应过程中，几乎没有产生有害废物和污染物，对环境友好。

2.4　太阳能光催化产过氧化氢

过氧化氢(H_2O_2，俗称双氧水)，作为一种新兴能源和绿色氧化剂受到了广泛关注，其反应分解生成的水(H_2O)和氧气(O_2)，对环境无二次污染，日常中一般使用其稀溶液作为消毒剂。过氧化氢同时是一种重要的化工原料，可用于生产己内酰胺、环氧丙烷等化工原料，并在集成电路生产、造纸、污水处理、纺织印染、食品医药等领域大量使用。此外，随着化石燃料的快速消耗，研究者开始广泛关注绿色、可持续的清洁化学能源开发，而 H_2O_2 的能量密度达到了 3.0MJ/L (60wt% H_2O_2)，有望作为一种绿色、无污染、易储存和运输的新型电化学燃料。

目前，过氧化氢的工业生产方法主要为蒽醌法(图 2-10)，该方法以烷基蒽醌为中间体，在复合有机溶剂中通过 Pd 催化剂与氢气反应得到烷基氢蒽醌，而后再与空气中的氧气反应得到烷基蒽醌和过氧化氢。同时以 H_2O 和 O_2 为原料，以太阳能为能源的光催化合成 H_2O_2 技术得到了广泛的研究和关注。

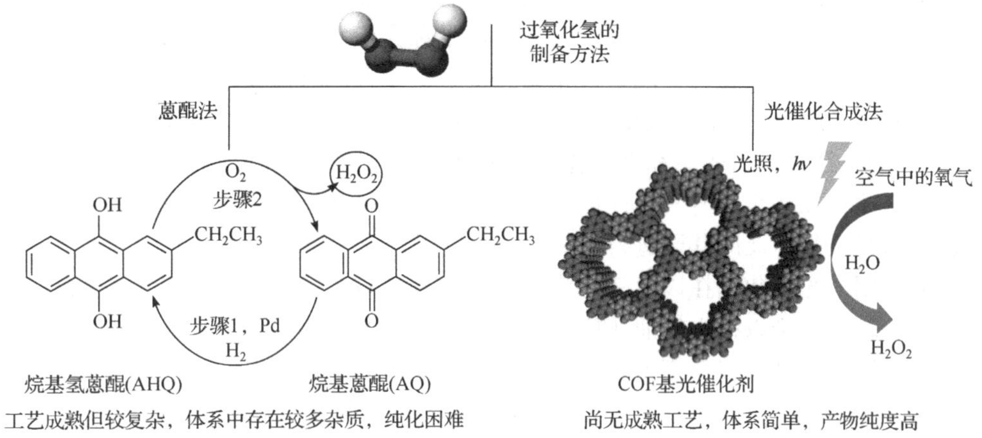

图 2-10　蒽醌法和光催化合成法制过氧化氢示意图

2.4.1　光催化水氧化产过氧化氢

在热力学上，H_2O 和 O_2 反应生成 H_2O_2 是一个非自发的反应，平均每生成 1mol H_2O_2 至少需要消耗 117kJ 能量：

$$2H_2O + O_2 \longrightarrow 2H_2O_2, \quad \Delta G^{\ominus} = 117\text{kJ/mol} \tag{2-7}$$

这个过程一般可以被认为由一个发生双电子还原的阴极反应和双电子氧化的阳极反应组成：

$$2H^+ + O_2 + 2e^- \longrightarrow H_2O_2, \quad 阴极, \quad E^{\ominus} = 1.09V \tag{2-8}$$

$$2H_2O \longrightarrow H_2O_2 + 2H^+ + 2e^-, \quad 阳极, \quad E^{\ominus} = 2.17V \tag{2-9}$$

首先通过一步质子耦合-电子转移过程还原产生·OOH 和氧化产生·OH 中间体，通过第二步的质子耦合-电子转移过程分别将·OOH 进一步还原生成 H_2O_2，而 2 个·OH 则是经过耦合反应后产生 H_2O_2。

$$O_2 + e^- + H^+ \longrightarrow \cdot OOH \tag{2-10}$$

$$\cdot OOH + e^- + H^+ \longrightarrow H_2O_2 \tag{2-11}$$

$$H_2O - e^- \longrightarrow \cdot OH + H^+ \tag{2-12}$$

$$2 \cdot OH \longrightarrow H_2O_2 \tag{2-13}$$

在光催化中，传统半导体光催化合成 H_2O_2 通常包括三个微观的关键步骤。

(1) 半导体捕获光子后使价带的电子受激发跃迁到导带产生光生电子的同时在价带产生光生空穴。

(2) 光生电子和光生空穴在辐射和内建电场的驱动下从光催化剂的体相向表面迁移。

(3) 催化剂表面的光生空穴和光生电子与界面吸附的 H_2O 和 O_2 分别反应生成 H_2O_2。

在实际的光催化过程中，当光催化剂被具有足够能量的光照射时，电子在价带中被激发并跃迁到导带，空穴留在价带中，光生电子和光生空穴迁移到光催化剂表面。在此过程中，载流子趋向于复合，能量转化为光或热。幸存的载流子迁移到催化剂表面，其中一部分分别还原 O_2 分子和氧化 H_2O 分子，而另一部分不可避免地重新结合。光催化产生 H_2O_2 的途径包括氧还原和水氧化。其中利用氧还原途径生产 H_2O_2 主要包含两步单电子氧还原途径和一步双电子氧还原路线。而由于水氧化途径所需要的条件苛刻，往往与氧还原途径或其他反应共同进行。

目前使用的光催化剂在以上三个步骤中均受到了较大的制约，使得光催化合成 H_2O_2 的综合效率较低，难以投入工业化应用。因此，开发制备高效、高稳定性的半导体光催化剂并明确反应机理和建立新型反应路径成为利用太阳能合成 H_2O_2 技术应用的关键。通过对光催化 H_2O_2 反应机理的分析，研究人员从增强光吸收、改善光生载流子动力学、促进表面光催化反应和抑制过氧化氢分解等方面提出了高效产 H_2O_2 光催化剂的关键因素和设计策略。

(1) 充分的光激发是光催化产生 H_2O_2 的前提，尽管紫外光的能量高于可见光，但它只占太阳光谱的5%左右，且容易诱导 H_2O_2 分解。因此，探索全光谱和可见光驱动的光催化 H_2O_2 的产出是非常必要的。

(2) 基于光生载流子分离和迁移的光催化动力学研究一直是提高光催化效率的研究重点。目前主要有两种方式用于加速缓慢的电荷流动：一种是缩短电荷从催化剂体相迁移到表面的路径，这可以通过构建超薄或多孔结构的形貌调控来实现；另一种是提高电荷分离和迁移的驱动力。

(3) 当分子在光催化剂表面的吸附和活化作用较弱时，多余的载流子会发生复合或造成光腐蚀，严重抑制光催化性能。因此，人们采取了大量措施来促进半导体光催化剂的表面催化反应。其改性原理通常是增加表面活性位点，表面活性位点不仅可以捕获电子和空穴，还可以吸附和活化反应物。

(4) H_2O_2 不稳定，如果在催化剂表面形成后没有及时解吸附，很容易继续与电子或空穴反应。因此，可以通过使用可见光或削弱光催化剂对 H_2O_2 的吸附能力来抑制 H_2O_2 的分解。

2.4.2　光催化有机物氧化产过氧化氢

通过优化反应条件，选择合适的溶剂类型和pH是高效光催化合成 H_2O_2 的先决条件。受限于双电子水氧化反应所需能量较高，直接氧化水分子的反应路径导致光催化速率较低。合适的溶剂如甲醇、乙醇、异丙醇、苯甲醇等有机分子牺牲剂不仅可以作为电子供体来消耗空穴并提供足够的质子，还可以促进光生载流子的分离，使更多的电子参与到 O_2 还原反应中。然而，引入牺牲剂虽然提高了反应效率，但副产物的出现不仅增加了产物分离难度，还增加了光催化产过氧化氢实际应用的难度。一些学者利用非极性有机溶剂与水之间互不相溶的特性，提出构建气/有机/水的三相反应体系，在该体系中，光催化产生的极性 H_2O_2 主要溶解在水相中，而牺牲剂被氧化后得到的有机物副产物也因为“相似相溶”溶解于有机相中。在反应完成后，利用简单的分液即可提取大部分的 H_2O_2 产物，且因为反应物和产物的分离，增加了 H_2O_2 的稳定性，避免生成的 H_2O_2 在光照下发生分解。

尽管光催化合成 H_2O_2 是一项绿色、前瞻性的技术，它可以直接利用太阳能为能源合成 H_2O_2，从而共同解决环境和能源问题。研究者已经探索了如形貌调控、掺杂、表面修饰和纳米颗粒沉积、构建复合材料和异质结等方法来提高光催化 H_2O_2 的产量。尽管光催化合成 H_2O_2 技术目前已经取得了显著的进步，但其催化效率仍不能满足工业生产的要求。因此，光催化合成 H_2O_2 技术仍需在机理研究、催化剂制备、反应体系设计、器件装置集成化等领域得到进一步研究，以期实现工业化、商业化的应用。

2.5 太阳能光催化产 C_1 和多碳产品

如今，由于化石燃料的过度开发与使用，大气中温室气体(CO_2 等)浓度急剧增加，诱发了一系列环境污染问题。如果没有限制 CO_2 排放的策略，CO_2 年排放量的稳步增加将导致 1990～2100 年全球平均地表温度和海平面同步升高。因此，迫切需要开发先进技术，通过可再生和环保的方式将 CO_2 转化为 CO 和各种有用的低碳燃料，降低大气中 CO_2 的浓度，实现“闭环”固碳方案。到目前为止，已经探索了许多将 CO_2 转化为碳氢化合物燃料的方法，包括催化、光催化、电催化和光电催化等。对于每种方法，激活线型 CO_2 分子都需要高效的催化剂和足够的能量输入，由于碳的高度氧化状态，线型 CO_2 分子具有热力学稳定性($\Delta_f G_{298K}^{\ominus} = -394.36\text{kJ/mol}$)。在这些潜在的减少 CO_2 的方法中，利用太阳能和多相光催化剂将 CO_2 与 H_2O 进行经济、可持续的光转化，即人工光合作用，可以很好地模仿自然光合作用，以更环保的方式完美地实现太阳能燃料和高价值化学品(如 CO、甲酸、甲烷和甲醇)的生产(图 2-11)。

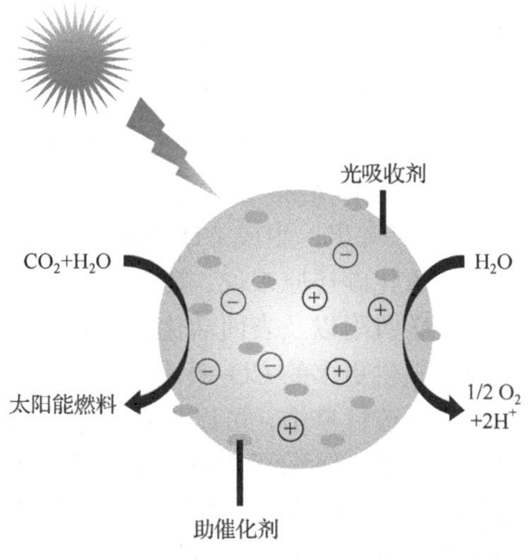

图 2-11 人工光合成太阳能燃料示意图

2.5.1 光催化二氧化碳还原

光催化二氧化碳还原的机理和水分解比较类似，在光照下半导体产生光生电子和空穴，迁移至催化剂表面的光生电子和空穴分别与吸附在催化剂表面的 CO_2 和 H_2O 分子发生还原氧化反应(图 2-12)。其热力学反应所需达到的电位如式(2-14)～式(2-19)所示：

$$2H_2O \longrightarrow 4H^+ + O_2 + 4e^-, \quad E^{\ominus} = +0.82V \tag{2-14}$$

$$CO_2 + 2H^+ + 2e^- \longrightarrow CO + H_2O, \quad E^{\ominus} = -0.53V \tag{2-15}$$

$$CO_2 + 2H^+ + 2e^- \longrightarrow HCOOH, \quad E^{\ominus} = -0.61V \tag{2-16}$$

$$CO_2 + 4H^+ + 4e^- \longrightarrow HCHO + H_2O, \quad E^{\ominus} = -0.48V \tag{2-17}$$

$$CO_2 + 8H^+ + 8e^- \longrightarrow CH_4 + 2H_2O, \quad E^{\ominus} = -0.24V \tag{2-18}$$

$$CO_2 + 6H^+ + 6e^- \longrightarrow CH_3OH + H_2O, \quad E^{\ominus} = -0.38V \tag{2-19}$$

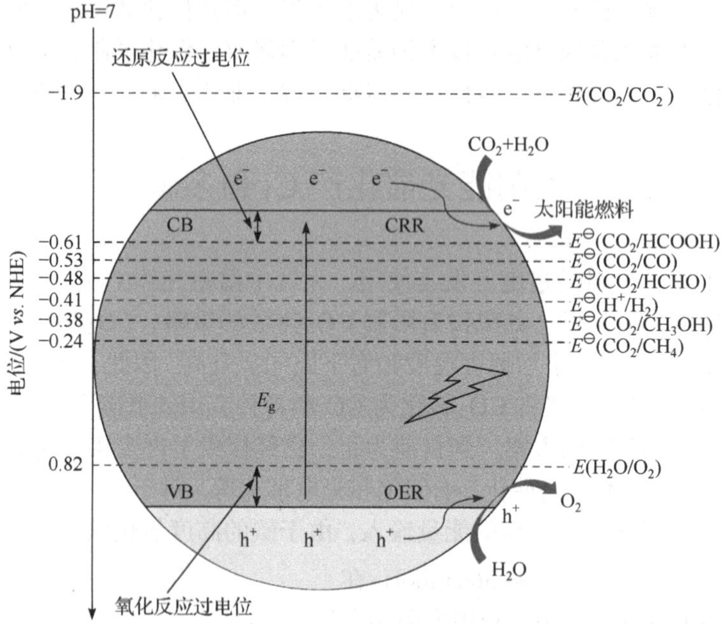

图 2-12　光催化 CO_2 还原反应机制

光催化 CO_2 还原机制

在光催化 CO_2 还原过程中水氧化这一步骤需要的能量非常高，这在热力学上是不利的。因此，目前很多光催化 CO_2 还原过程需要添加空穴牺牲剂。而要实现对 CO_2 的还原，则需要半导体光催化剂的能带结构满足反应所需要的能垒。从上述反应式(2-14)～式(2-19)可以看出，生成 CH_4 所需要的能量最低，而生成 HCOOH 所需能量最高。对于光催化二氧化碳还原来说，其光催化活性除了受光生电子-空穴对分离效率影响外，还受到二氧化碳吸附以及表面活化的影响。一般来说，多孔材料由于较大的比表面积与多孔结构可以提供更多的 CO_2 吸附位点。此外，通过一些有机小分子或者碱对半导体光催化剂表面进行改性修饰，可以与具有路易斯酸性的 CO_2 分子之间形成中间体，有利于半导体光催化剂对 CO_2 分子进行吸附活化。光催化二氧化碳还原的产物选择性对于实际应用也非常重要，一般来说，半导体的带边位置和助催化剂的尺寸对于 CO_2 还原的选择性有十分重要的影响。例如，石墨相 g-C_3N_4 的导带电位约为−1.2V，在光催化二氧化碳还原过程中可得到 CO、HCOOH、HCHO、CH_4 等产物，而金红石型 TiO_2 的导带电位约为−0.51V，光催化 CO_2 还原的主要产物则是 HCHO 和 CH_4。不同种类的助催化剂对光催化二氧化碳还原的选择性有不同的影响。一些常用的助催化剂包括贵金属(如 Pt、Ag、Au、Pd、Ru)和非贵金属(如 Bi、Cu、Fe、Co)基材料。助催化剂的活性位点可以与二氧化碳分子发生作用，形成中间体，进而影响产物的选择性。而助催化剂表面缺陷可以提供额外的活性位点，促进二氧化碳分子的吸附和转化，从而增强光催化二氧化碳还原反应的选择性。单原子催化剂是一类新型高选择性 CO_2 还原光催化剂，单原子催化剂能够提供高催化活性，因为每个催化剂位点都是活性中心，可以与反应物发生直接的相互作用。相比之下，纳米粒子催化剂可能存在一些无活性的表面区域，降低了催化活性。并且单原子催化剂具有独特的电子结构，可以调控反应的催化活性和选择性。通过调整催化剂位点的电子结构，可以实现对二氧化碳的高效转化。

2.5.2　光催化二氧化碳加氢

光催化二氧化碳加氢是利用光催化剂在光照条件下将二氧化碳与氢气进行化学反应，生成有机物，其中常见的产物是甲烷和甲醇等太阳能燃料，为化工和能源性行业提供替代性碳源，减少对化石燃料的依赖。从人工光合作用的总反应式 $H_2O + CO_2 + 光能 \longrightarrow 6O_2 + 化学品$ 来看，可以将这个化学反应式分为两个反应式：

$$H_2O \longrightarrow H_2 + 1/2O_2 \text{(全解水反应)} \tag{2-20}$$

$$CO_2 + H_2 \longrightarrow \text{化学品} \tag{2-21}$$

所以可以先通过光催化技术将水分解产生氢气和氧气，再使氢气与二氧化碳进行反应生成太阳能燃料。水分解产氢气是热力学爬坡反应，需要额外的能量注入。而 CO_2 加氢反应在热力学上是能够自发进行的。因此与自然光合作用结合起来可以看出，分解水反应可以吸收太阳光，与光合作用的光反应类似。而加氢过程则相当于光合作用的暗反应。因此整个过程是模拟自然光合作用利用光反应储能，利用暗反应将二氧化碳转化为太阳燃料。

人工光合作用利用太阳能将二氧化碳、氮气和质子转化为燃料、化学品和氨基酸等物质，未来发展方向可能包括合成生物学。光反应和暗反应过程在人工光合成中类似于自然光合作用中的过程，但通过光催化剂分解水产生氧气、质子和电子，进而利用这些产物进行各种化学反应。综合利用光反应和暗反应，再利用太阳能合成各种有机物质是人工光合成的目标。

太阳能燃料是利用太阳能生产的各种燃料的总称，包括气态燃料和液态燃料。在储存和运输上，液态燃料优势明显。液态太阳能燃料指通过将太阳能转化为水和二氧化碳来制备甲醇等燃料。科学家奥拉提出了“甲醇经济”理念，即将甲醇用作能源载体取代化石燃料，也可作燃料或合成其他化学品原料，如图 2-13(a)所示。该经济体系涉及多方面应用，如将天然气转化为甲醇，利用工业废气中的二氧化碳制备甲醇，并将甲醇应用于交通燃料和化学品生产等。关键问题之一是氢气来源，太阳能制氢可实现零碳排放。通过太阳能分解水制取氢气和捕获二氧化碳生产甲醇的过程形成碳循环，这一过程具有广阔的前景和社会意义。液态太阳能燃料的制备有望推动未来能源行业发展，以可持续的方式应对气候变化挑战。

液态太阳能燃料合成的关键技术包括高效太阳能分解水制氢和低成本二氧化碳催化加氢制备甲醇。作为化学储能形式，太阳能燃料解决了可再生能源间歇性和随机性问题，每吨甲醇太阳能燃料相当于储存约 10000kW · h 电能，提高了储能效率。此外，甲醇太阳能燃料是理想的储氢载体，有助于提高燃料电池技术，实现清洁能源生产和使用。

图 2-13(b)展示了液态燃料的生产供给路线，整个产业链包括二氧化碳捕获、太阳能分解水制氢、二氧化碳催化转化、储存、运输、分配等环节，最终实现循环利用。

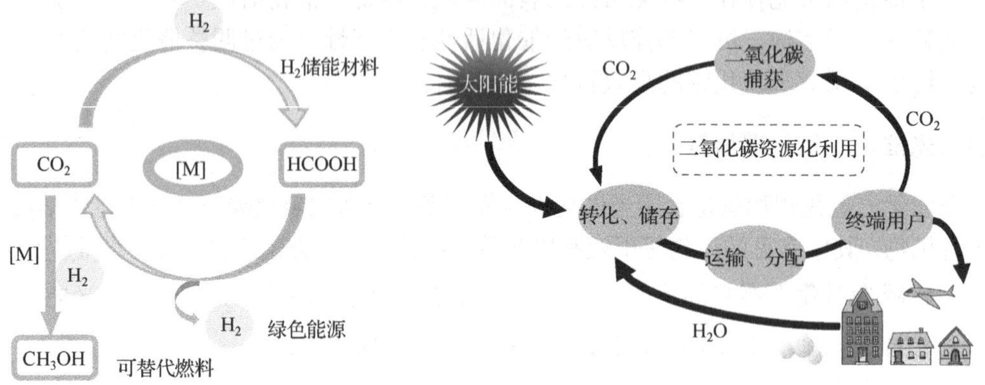

(a) 氢能与二氧化碳资源化利用的耦合　　(b) 液态燃料的“制、储、运、用”示意图

图 2-13　液态燃料的制备与利用

2.5.3　其他方式

光热催化二氧化碳转化是一种结合了太阳光的光化学和热化学作用的催化技术，已成为一个迅速发展和令人兴奋的研究领域。特别是，光热二氧化碳加氢提供了一种很有前途的方法来转换 CO_2 并储存由可再生能源产生的绿色 H_2。与其他催化模式相比，光热催化具有以下几个优点。与热催化相比，光热催化不仅可以减少化石能源的消耗，还可以改变催化剂在阳光照射下的电子结构，从而调节 CO_2 的还原选择性。虽然光催化可以在没有 H_2 的情况下转化 CO_2($CO_2 + H_2O \longrightarrow$ 化学物质)，但光热 CO_2 加氢具有独特的优势。一是阳光吸收率高。光热催化的光吸收剂是窄带隙或零带隙材料，可以吸收紫外光、可见光和红外光，达到近 100%的日光吸收。相比之下，光催化剂通常只吸收紫外光和可见光，相当于吸收太阳光的 50%。二是超高的二氧化碳转化率。光热催化 CO_2 转化率已超过 100mmol/(g · h)。相对而言，目前光催化技术的 CO_2 转化率限制在 1mmol/(g · h)。这种超高的 CO_2 转化率使光热 CO_2 加氢技术具有工业化的潜力。

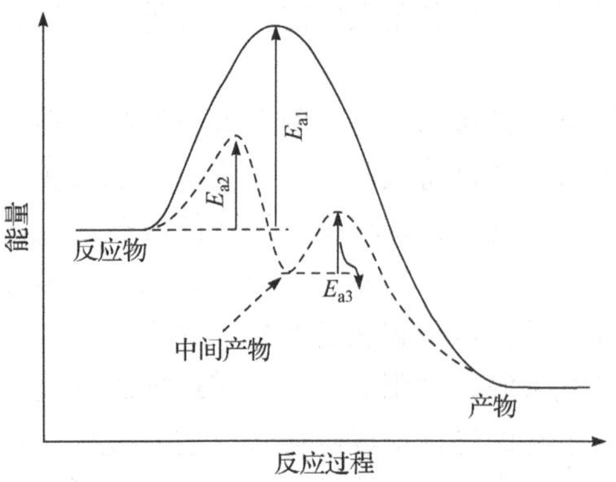

图 2-14　二氧化碳加氢热催化反应过程能量图

二氧化碳是一个 22 电子的分子，包含两个极性的 C═O 键(二氧化碳中的 C═O 键焓为 750kJ/mol)，具有极其稳定的化学性质。

直接裂解二氧化碳是非常困难的，需要大量的能量。因此，设计合适的催化剂是有效解决这一问题的关键。如图 2-14 所示，在没有催化剂(实线)的情况下，CO_2 还原过程需要克服巨大的活化能垒 E_{a1}，而添加催化剂(虚线)可以有效降低活化能、提高 CO_2 转化率。热催化 CO_2 加氢反应一般包括以下几个过程：①催化剂吸附 H_2 和 CO_2，吸附在催化剂表面的 H_2 会变成 · H；②当体系能超过反应活化能(E_a)时，CO_2 分子的 C═O 键打开，与 · H 反应生成反应中间体；③反应中间体与催化剂表面相互作用进一步转化为含碳化合物；④产物分子从催化剂表面脱附。一般来说，催化反应是由许多中间反应步骤组成的，而中间反应的每一步的发生都需要系统能量超过一个特定的 E_a 值。整个反应的速率决定阶段通常是中间体的产生。产物分子能否迅速脱离催化剂表面，使催化剂暴露后继续进行反应，也在一定程度上影响着反应速率。此外，各种催化剂对中间体的影响不同，从而导致产物选择性的差异。热能驱动的热催化 CO_2 还原技术在工业上经常用于大批量精细化学品的合成，具有很大的实用性。二氧化碳中 C═O 键的断裂需要足够的驱动力。在光催化中，半导体材料可以吸收能量等于或高于其带隙的光子，激发电子和空穴来激活二氧化碳分子。

光热催化是光化学与热化学相结合的高效催化技术。光热催化包括热辅助光催化和光辅助热催化两种模式。首先，在热辅助光催化模式下，热能来自光的部分转化或外部辅助加热，这使得光催化过程具有较低的活化能垒和增强的载流子/质量迁移率。热辅助光催化主要依靠光催化反应生成中间体来形成新的化学键，通过加速一些受温度影响较大的光催化过程，热能可以大大提高反应的效率。反应温度的变化是热能积累最直观的表现。温度升高对光催化反应的促进作用主要表现在两个方面：①光电子在热活化作用下会发生二次跃迁，有效抑制了光生电子-空穴对的复合；②充足的热量也能加速载流子迁移。

其次，在光辅助热催化中，光驱动热催化 CO_2 还原是指仅以太阳光为能源，利用催化剂的光热效应，将催化剂表面温度提高到热催化 CO_2 还原的反应温度，进而驱动反应发生。这在自然界中仍然是一种热催化反应。用于光驱动热催化 CO_2 还原的催化剂一般有三种类型：①Ag 和 Au 等离子体金属通过局部表面等离子体共振效应将太阳光的能量转移到晶格中，并以热的形式消散，从而提高催化剂的局部温度；②Pd、Pt、Ru、Rh、Ni 等非等离子体金属也具有光热效应，可实现较强的光热转换；③有些催化剂(特别是黑色样品)具有较强的光热转换能力，可以吸收大量的太阳光并将其转化为热能。光驱动热催化 CO_2 还原可以使反应在相对温和的条件下进行。与热催化 CO_2 还原相比，太阳能替代了高耗能的外部热源，只提高催化剂的局部反应温度，而不提高整个反应装置的温度，彻底解决了热催化中使用非清洁能源造成的能源成本高和环境污染问题。

与光驱动的热催化反应不同，光热协同催化的催化性能超过了单个热催化反应与单个光催化反应的简单相加。考虑到光热耦合机理的复杂性，研究者一般根据反应的主导驱动力将光热共催化分为光辅助热催化和热辅助光催化，分别进行研究，进而考察耦合过程。光辅助热催化反应的主要驱动力来源于热，但光在其中起着重要的作用。光的作用除了提高催化剂的温度外，还主要体现在对中间体和反应物的活化上，当作用于同一反应部位的光能和热能相互连接、共同促进反应时，称为光热协同催化。目前主要的光热二氧化碳加氢的反应如下。

(1) 逆水煤气变换反应。

$$CO_2 + H_2 \longrightarrow CO + H_2O, \quad \Delta H^{\ominus}_{298K} = 41.2kJ/mol \tag{2-22}$$

该方法可将 CO_2 转化为 CO。该反应为吸热反应，需要在较高温度下进行。而且该反应是合成甲醇和其他碳氢化合物的中间步骤，具有很大的研究价值。许多选择性光热催化剂，如 Pt 基催化剂、Ni 基催化剂、In_2O_3 等在此过程中，通常采用缺陷工程方法来提高催化剂的吸光能力和催化活性。

(2) 用 Sabatier 反应合成 CH_4。该反应在热力学上是有利的，但 CO_2 到 CH_4 的转化需要 8 个电子的转移，反应动力学受到严重限制。然而，该反应有望应用于天然气的合成，并有可能应用于火星大气中气体成分的调节。目前对光热催化 CO_2 加氢反应的研究主要集中在 CH_4 和 CO 的合成上。

(3) 二氧化碳加氢法合成甲醇。由于甲醇具有运输方便、使用广泛等优点，通过 CO_2 还原生产甲醇的效果非常显著。然而，通过光热催化将 CO_2 直接转化为甲醇的效率仍然处于较低水平，可以由 CO_2 还原合成($CO_2 + 3H_2 \longrightarrow CH_3OH + H_2O$, $\Delta H^{\ominus}_{298K} = -49.5kJ/mol$)。

通过 CO_2 光热加氢调整 C_{2+}碳氢化合物的形成，如乙烷、丙烷或更高的烷烃，是更有利的，但具有挑战性。C_{2+}碳氢化合物可通过间接途径(甲醇-中间体途径)或直接途径(通过逆水煤气变换反应由 CO_2 制 CO，然后通过费-托合成 CO 加氢制 C_{2+})得到。铁基催化剂由于优异的逆水煤气转换和费-托合成活性而成为最有前途的 CO_2 还原催化剂之一。

2.6　太阳能光催化合成氨

在自然界中，氮循环在维持生命中起着关键作用。大多数生命必需的生物分子，包括氨基酸、蛋白质和核酸，都含有氮。固氮酶将 N_2 还原为氨(NH_3)，从而为这些和其他各种含氮分子的生物合成提供了关键的组成部分。与自然界类似，氨是工业化学合成的关键组成部分，尤其是像化肥这样的大批量化学品。由于它可以很容易地凝结成液体状态，所以它也代表了一种高能量密度的运输燃料。目前，几乎所有氨都是通过 Haber-Bosch 法合成的。

在 Haber-Bosch 工艺中，气态氮和气态氢在高温(400～500℃)和高压(100～200atm，1atm=101325Pa)下在铁基催化剂上直接反应。除了化石燃料能源用于驱动反应，Haber-Bosch 法中氢来自蒸汽甲烷重整($CH_4 + 2H_2O \longrightarrow 4H_2 + CO_2$)或煤炭气化($C + 2H_2O \longrightarrow 2H_2 + CO_2$)过程，从而造成巨大的人为二氧化碳排放。光催化技术，其中使用阳光和半导体光催化剂将 N_2 还原为 NH_3(水作为质子源)，代表了一条非常有前途的、更可持续的氨生产途径。

N_2 分子包含一个由 N 原子轨道线性组合形成的三键。每个 N 原子有 5 个价电子，其中 2s 轨道上有一对自旋方向相反的电子，2p 轨道上有 3 个自旋方向相同的单电子。成键后，分子 2σ 轨道和 π 轨道上的电子在 N 原子之间共享(图 2-15(a))。N_2 分子是已知的最稳定的双原子分子，其 N≡N 三键的键长仅为 109.8pm，键强度为 941kJ/mol。N_2

的最高已占据分子轨道(HOMO)和最低未占据分子轨道(LUMO)之间存在较大的能隙(10.82eV)，同时该分子具有高电离势(15.85eV)和低电子亲和势(−1.9eV)，使其难以氧化或还原。因此，一般认为 N_2 是化学惰性的(图 2-15(b))。为了激活 N_2 还原为 NH_3，需要克服 N≡N 三键的高解离能。这种能量需求通常只能在相对极端的条件下满足，例如，在铁催化的 Haber-Bosch 工艺中使用的高温和高压，或者在温度可以达到几千摄氏度的雷击中。然而，催化技术可以使 N_2 在更温和的条件下活化，甚至是在固氮酶的作用下可以在环境条件下活化。光催化和电催化方法也允许在温和的条件下以非常适中的速率激活 N≡N 三键。基于上述考虑，N_2 还原为 NH_3 的光催化剂必须能够吸附和激活极惰性的 N_2 分子，从而使热力学上坡过程氮还原以合理的速率发生。目前反应物(N_2)向催化活性位点扩散过程中的动力学障碍，以及电子转移过程的限制，制约了氮还原反应(NRR)的反应速率。

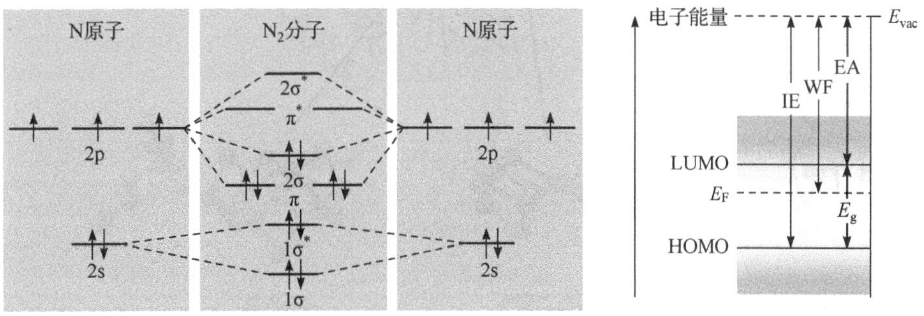

(a) N原子和N_2分子的轨道图　　(b) N_2的能量图

图 2-15　N 原子轨道和 N_2 分子轨道简化图

HOMO-最高已占据分子轨道；LUMO-最低未占据分子轨道；E_F-费米能级；E_g-能隙；IE-电离势；WF-功函数；EA-电子亲和势；E_{vac}-真空能级

从热力学和反应动力学的角度来看，N_2 在室温常压下的活化(如固氮酶有效地进行)是非常具有挑战性的。不幸的是，自然固氮过程太慢，无法满足现代社会对氨的生产需求。然而，固氮酶的催化位点为开发高通量且可持续的固氮催化体系提供了有用的指导。固氮酶包含两个关键蛋白(图 2-16)，即一个 Fe 基蛋白和一个 MoFe 基蛋白，它们协同作用将 N_2 转化为 NH_3，Fe 基蛋白将 ATP 水解为二磷酸腺苷(ADP)，在该反应中产生的电子被提供给 MoFe 基蛋白，其中 N_2 被还原为 NH_3。光催化合成氨的灵感来自这个自然过程。其中，光激发到半导体导带的电子将 N_2 还原为 NH_3(同时价带空穴氧化水并释放合成 NH_3 所需的质子)。由于太阳能在地球上的大多数地方都是可免费获取且储量丰富的，利用太阳能来驱动氮气固定(以及其他产生燃料的重要过程，如水分解和二氧化碳减少)是非常理想的。

Schrauzer 和 Guth 于 1977 年首次系统地研究了光催化合成 NH_3，他们使用天然材料和实验室合成的金属氧化物，发现无机 TiO_2 对氨具有相当的固氮活性。副产物肼也在气态氮和水的存在下形成。这项工作激发了一系列更全面的研究，如探索 TiO_2 晶相，以及表面缺陷和金属或金属氧化物修饰对 TiO_2 催化 N_2 转化为 NH_3 的光催化活性的影响。除钛基材料外，其他多种半导体氧化物材料(如 Fe_2O_3、WO_3、ZnO、Ga_2O_3)也被证明对 NH_3 合成有活性。尽管在过去的几十年里，基于实验室的光催化合成氨的研究取得了很大的

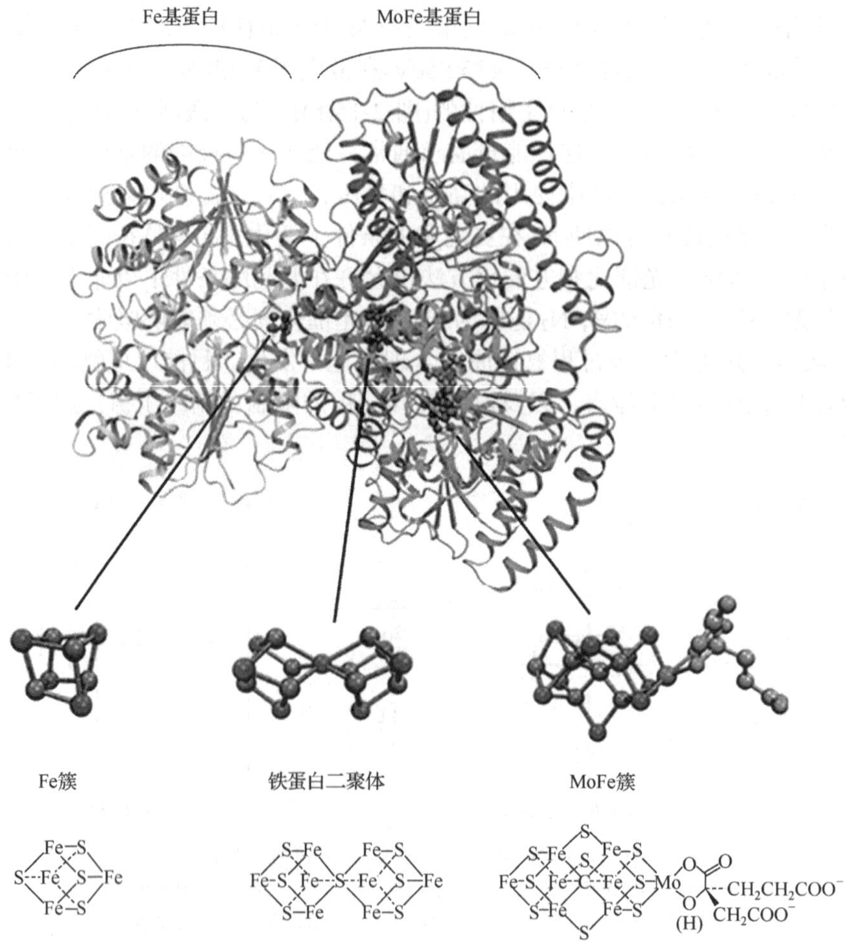

图 2-16　固氮酶的结构(由 Fe 基蛋白(Fe 簇)、MoFe 基蛋白(MoFe 簇)和铁蛋白二聚体组成)

进展，但报道的光催化合成氨的速率仍然不能满足工业应用。除了氨产率低之外，光催化剂操作稳定性差和太阳能-化学能转化效率低是光催化合成氨发展瓶颈。

一般来说，光催化剂是具有电子填充的 VB 和由能隙 E_g 隔开的无电子导带的半导体。在太阳光的照射下，价带中的电子吸收能量大于等于 E_g 的光子，并被激发到导带，在价带中留下空穴。光生载流子迁移到催化剂表面后引发还原反应(N_2 接受电子合成 NH_3)和氧化反应(H_2O 提供电子合成 O_2)。关于光催化合成氨的反应机理，不同于 Haber-Bosch 过程中需要高温才能裂解 N≡N 三键的解离机理，它是在温和条件下通过多步质子偶联电子转移逐步氢化 N_2 的缔合机理，如图 2-17 所示，具体过程如下：首先，N_2 在活性位点被化学吸附，通过质子偶联电子在溶液中被热生成的电子和质子还原，形成中间体 N_2H。其次，根据氢化顺序，有两种可能的途径：远端缔合途径和交替缔合途径。离光催化剂较远的 N 原子首先氢化合成 NH_3，另一个 N 原子随后转化为 NH_3。对于交替缔合途径，两个 N 原子交替氢化，连续释放两个 NH_3 分子。下面列出了与光催化合成氨相关的半反应电位，这有助于从热力学的角度理解合成氨反应。

$$N_2 + e^- \longrightarrow N_2^-, \quad E^\ominus = -4.57V \tag{2-23}$$

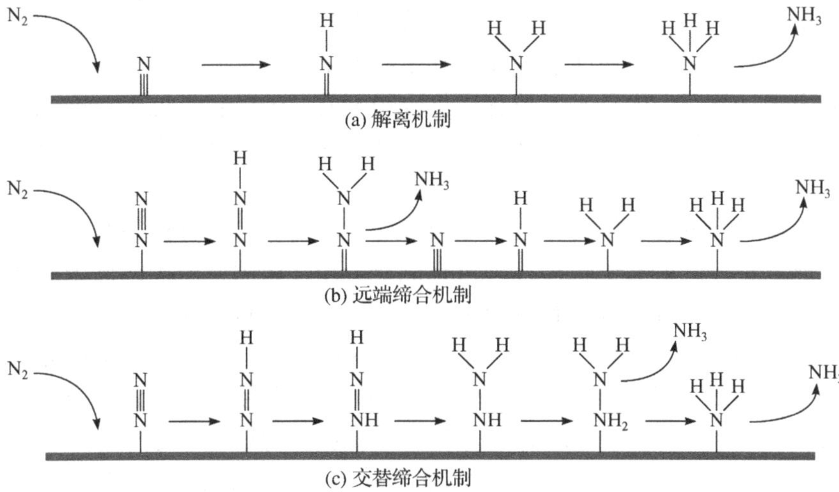

图 2-17　光催化合成氨过程

$$N_2 + H^+ + e^- \longrightarrow N_2H, \quad E^\ominus = -3.61V \tag{2-24}$$

$$N_2 + 2H^+ + 2e^- \longrightarrow N_2H_2, \quad E^\ominus = -1.51V \tag{2-25}$$

$$N_2 + 4H^+ + 4e^- \longrightarrow N_2H_4, \quad E^\ominus = -0.77V \tag{2-26}$$

$$N_2 + 5H^+ + 4e^- \longrightarrow N_2H_5^+, \quad E^\ominus = -0.64V \tag{2-27}$$

$$N_2 + 6H^+ + 6e^- \longrightarrow 2NH_3, \quad E^\ominus = -0.502V \tag{2-28}$$

$$N_2 + 8H^+ + 6e^- \longrightarrow 2NH_4^+, \quad E^\ominus = -0.135V \tag{2-29}$$

由式(2-28)可以看到，N_2 到 NH_3 的电位为−0.502V(相对于 RHE)，因此光催化剂的导带电位应该比−0.502V 更负。此外，与需要 6 个电子的氨合成反应相比，两个电子析氢反应在动力学和热力学方面具有更高的优先权，这意味着它是光催化合成氨中的主要竞争反应。另外，最大能垒位于电子转移过程的第一步或质子偶联电子转移中，这需要我们精确地设计活性位点以有效地激活 N_2。

2.7　太阳能光催化转换有机物

自然界一直都是化学家开发新反应以更高效、更有选择性地合成有机分子的灵感来源。从光合作用开始，叶绿素对可见光的吸收驱动光合转化，光化学在可持续性方面引起了人们的极大关注。事实上，在吸收光后，分子进入光激发态(电子从一个轨道进入更高的轨道)，这通常比分子处于基态时表现出更高且不同的反应性。由此产生的光激发物种可以通过单分子和双分子化学过程回落到基态，从而将有机分子转化为更复杂的分子。Ciamician 在 100 多年前建立了利用阳光作为可再生能源构建分子的基础。然而，由于两个主要的挑战，可见光驱动的有机化学发展缓慢。第一个挑战是对太阳辐射的操纵和精细控制，这对有效的光化学过程至关重要。随着时间的推移，光化学的兴起和成功与经济高效的照明技术的发展有关。第二个挑战是可见光谱中光子相对较弱的能量。为了促进光化学反应，有机分子应该能够吸收具有足够能量的可见光光子，将其一个电子从基态激发到激发态。然而，由于大多数有机化合物不能显著吸收可见光，因此需要高能量的紫外光，并且不能使用温和的红外辐射。20 世纪初，科学家已经发现了吸光发色团，它显著地解决了这一能量性能问题。这些物种——光敏剂或光催化剂可以在低能量的可见光光子和更需要能量的有机物种之间充当中继。事实上，通过提高激发态的能级，它们可以通过能量转移或单电子转移过程与有机分子相互作用，产生活性中间体，如自由基和自由基离子，随时可以进行有机转化，并促进可见光转化为化学能。主要基于金属基催化剂的开创性研究在 70 年代末证明了这种可见光诱导的光催化在有机化学中的适用性；然而，直到 2008 年以后，可见光催化才被广泛认为是一种强大的化学工具。经过多年的发展，科研人员已经揭示了许多非常规的键形成和合成方法。光催化现在是构建大量生物相关分子和复杂天然产物的强大策略。此外，将光催化与其他催化方法相结合，为有机化学武器库提供了新的转变。在开发具有更高稳定性、活性和性能的光催化剂方面还有很多工作要做，包括探索各种金属和金属-配体组合，以及新型有机发色团。

2.7.1　光催化羰基化反应制有机物

羰基化已成为一个用于构建 C—C 和 C—X 键，以获得羰基化合物，如醛、酮、酰胺、酯、羧酸及其衍生物等的强大工具。这些羰基支架是各种染料、农用化学品、药品和其他工业产品的强大组成部分。在这些羰基化策略中，容易获得的原料如一氧化碳充当 C_1 源，从而很好地落入原子和步骤经济过程的范围内。1974 年，Heck 等在钯催化羰基化领域做出了开创性贡献。后来，还建立了各种过渡金属催化的羰基化 C—C、C—X 偶联反应。然而，尽管有许多优点，但是这些 TM 催化的羰基化反应仍然存在一些缺点，如过渡金属价格昂贵且有毒性，以及 β-氢化物的消除导致的精细反应条件等。

另外，光作为一种诱导化学转化的清洁能源一直吸引着科学界，催化和光化学的结合是一个突破性的发展。20 世纪初，这一概念也被引入到光羰基化反应中。最初，光化学羰基化策略包括高能光催化，如原子转移羰基化(ATC)策略和高强度光辅助金属催化的羰基化反应。ATC 反应包括光辐照的自由基羰基化和碘原子转移。

在 ATC 策略中，在高能辐照下，生成的烷基进行 CO 加成，然后碘原子转移形成酰卤，酰卤用亲核试剂(NuH)最终猝灭形成所需产物，如图 2-18 所示。这种策略既不需要金属催化剂，也不需要任何有毒的自由基介质，这使得这种方法在绿色化学的背景下很有意义。在这些策略中，由于伯烷基自由基的离去基团能力降低(不太稳定)，所以伯烷基碘化物的反应速率较慢。因此，与仲碘和叔碘相比，碘的转移速率(通过与烷基碘化物反应由酰基自由基形成酰基碘化物)非常慢。此外，可以实现具有 β-H 的活性烷基卤化物的羰基化。ATC 方法部分解决了其他常见问题，如底物范围窄、反应时间长和高 CO 压力的必要性等。

可见光诱导的光氧化还原催化具有许多优势，如丰富的能量来源，以及通过单电子转移产生多种前所未有的反应性中间体的能力。通过 Ir 和 Ru 多吡啶配合物作为光催化

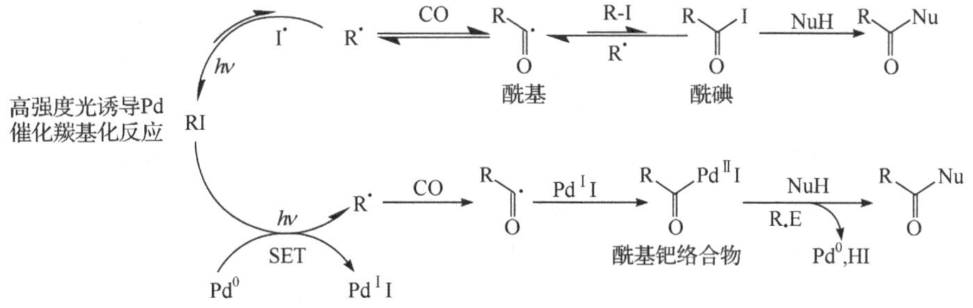

R=烷基、芳基；R.E=还原消除；SET=单电子转移；NuH=R′OH、R′NH_2等

图 2-18　光诱导原子转移和高强度光辅助 Pd 催化羰基化反应的反应机理

剂可应用于醛的光催化 α-烷基化和[2+2]环加成反应，可见光诱导的光氧化催化的概念变得更加流行。后来，各种有机光敏化剂，如玫瑰红、曙红 Y、罗丹明 B 和亚甲基蓝等，作为可见光辅助转化的光催化剂，对这一研究领域产生了显著的影响。这些光催化剂(PC)在其光激发态下比在基态下具有更好的还原/氧化性能。更重要的是，了解基质和光催化剂的再暴露电位有助于我们更好地理解光诱导电子转移反应的可行性。图 2-19 描述了可见光诱导的光催化羰基化反应的两种广泛的示例性途径。在可见光照射下，PC 被激发到其更高的激发态 PC•。在一种情况下，光激发的 PC•(具有比 RY 更高负氧化还原电位的

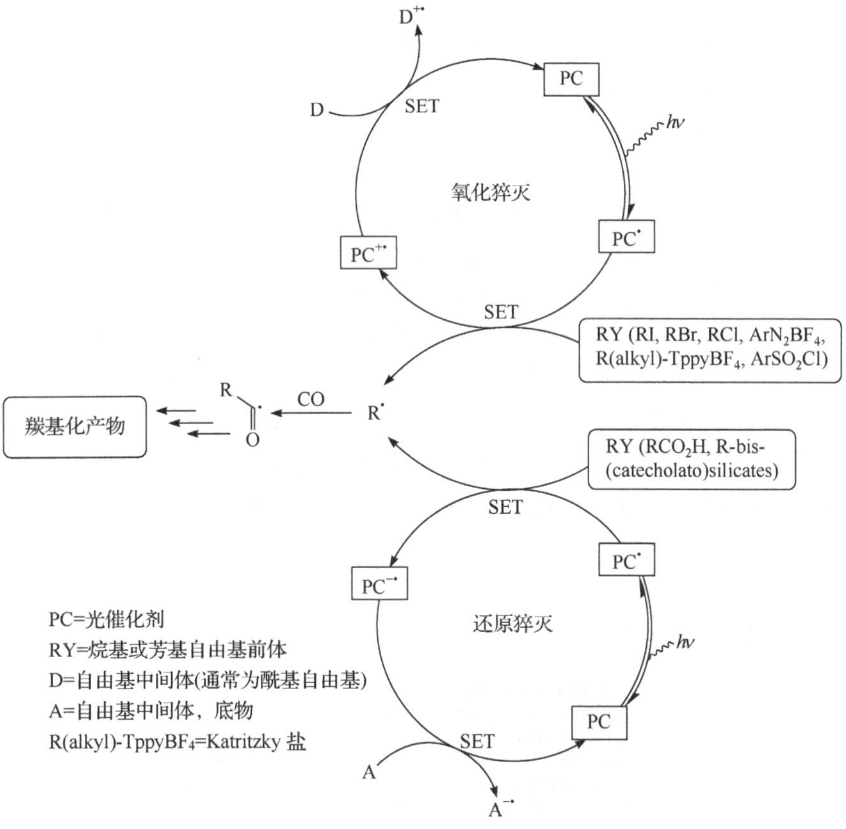

图 2-19　可见光诱导光催化羰基化

PC，$^{\bullet}$RY 如芳基/烷基卤化物、芳基二氮四氟硼酸盐、Katritzky 盐、磺酰氯)的氧化淬灭将还原电子剥夺分子 RY 以产生烷基/芳基自由基和 $PC^{+\bullet}$。接下来，$PC^{+\bullet}$被自由基中间体(通常是酰基自由基物种)还原为基态 PC，以关闭光催化循环。或者，在还原猝灭循环中(在 PC 具有比 RY 更高的正氧化还原电位的情况下，RY 如羧酸、有机硅酸盐)，富含电子的 RY 分子被 PC^{*}还原以产生烷基/芳基。因此，光催化循环是通过自由基中间体(可能在反应中产生)或底物氧化光催化剂 $PC^{-\bullet}$来完成的。在这两个循环中，CO 分子与烷基/芳基的结合形成了酰基物种，作为羰基化反应的关键中间体。

光化学羰基化策略由于其效率高、原子经济性、环境友好性和优异的选择性而得到了发展。这些光化学羰基化策略由两个阶段组成：高能光催化(原子转移羰基化策略和高强度光辅助金属催化的羰基化反应)和可见光辅助光氧化还原催化。最初，引入了高能光辅助金属催化的羰基化反应或 ATC(无金属)方法，用于使用各种过渡金属(Co、Pt、Pd、Rh、Ir、Hg、W)的羰基化策略。但这些策略仍然存在一些缺点，如对高 CO 压力的要求、催化剂的回收和底物范围窄等。最重要的是，高能辐射源的一个迫在眉睫的缺点是产生不需要的副产品和复杂的设备设置。相比之下，可见光诱导的光氧化还原催化羰基化反应由于其价格低、易得、生态友好、高效、底物范围广、不需要额外的设备和自由基介质而成为光化学羰基化的新研究热点。

2.7.2　光催化羧化反应制有机物

从合成化学的角度来看，CO_2是一种理想的 C_1 合成子，因为它易于获得、无毒、低成本。近年来，人们开发了更多的合成方法，将二氧化碳转化为有价值的精细化学品，如甲烷、甲醇、羧酸和碳氢化合物。其中，CO_2 转化为羧酸特别受到关注，羧酸是许多药物和天然产物中的常见单元。在 CO_2 固有热力学稳定性和动力学惰性的驱动下，格氏试剂、有机锂试剂和其他亲核试剂最初用于羧化。然而，这些试剂的高反应性总是导致官能团耐受性差，从而导致化学家将注意力转向寻找新的合成方案。在过去的几十年里，过渡金属催化已成为 CO_2 羧化反应中越来越重要的方案。

然而，这些方案通常需要化学计量的金属还原剂和苛刻的反应条件，这对环境有害，并限制了底物的范围，阻碍了在学术界和工业界的进一步应用。除了过渡金属催化外，电致发光还为 CO_2 还原羧化提供了一种很有前途的替代方案，但是牺牲阳极和较差的选择性限制了其应用。因此，非常希望开发更有效和对环境无害的方法来解决 CO_2 转化的上述限制。目前对于光催化羧化反应的应用主要有以下几个方面。

1. 烯烃的加氢羧化反应

它通过光催化剂的激发来促进烯烃与 CO_2 的反应，从而生成羧酸化合物，如图 2-20

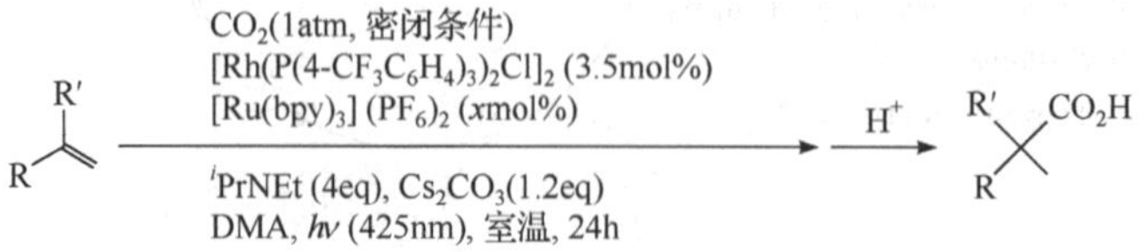

图 2-20　烯烃加氢羧化反应

所示。这一过程不仅利用了丰富的 CO_2 资源，还实现了烯烃的高效转化，具有重要的环境和经济意义。

2. 烯烃的双官能团化反应

这种方法高效且多功能，它允许在单一步骤中在烯烃分子上引入两个不同的官能团，如图 2-21 所示。这种反应不仅提高了合成效率，还拓宽了光催化羧化反应的应用范围。

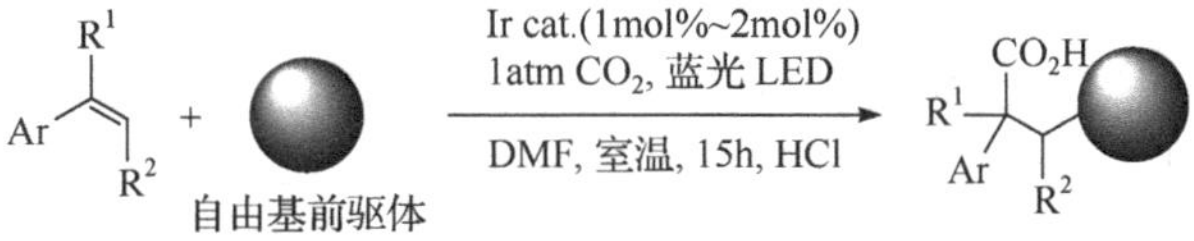

图 2-21　烯烃双官能团化反应

3. 炔烃的羧化反应

利用光催化剂将炔烃与 CO_2 结合，生成羧酸或羧酸衍生物，如图 2-22 所示。这一过程不仅利用了温室气体 CO_2 作为碳源，还实现了炔烃的高效转化，具有重要的环境和经济意义。

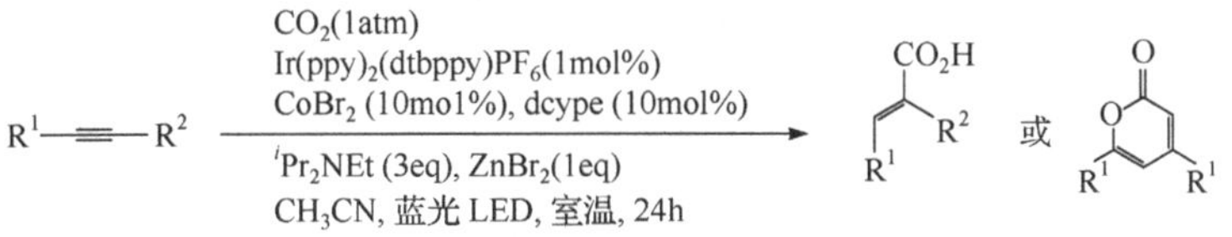

图 2-22　炔烃羧化反应

2.7.3　光催化偶联反应制有机物

过去一个世纪，光催化的发展和应用使得有机化学中的各种非传统成键反应成为可能。近年来，光催化合成开始复兴，以一系列新的激活模式为导向，引入了各种形式的新的成键方式和合成策略。光催化合成通过将光能选择性地转移到特别设计的光催化剂中，被光激发的光催化剂能够引导底物、试剂或者催化剂参与到传统的热控制反应无法实现的独特的反应路径里。开发绿色高效、原子经济性高的 C—C、C—X(杂原子)键构筑策略是有机合成化学领域重要的研究内容之一。在光催化领域，通过以光能为直接能量源，用以脱氢来形成如 C—C、C—X 键的反应和芳构化的反应受到了人们的关注。传统的构建 C—C、C—X 键的反应一般需要化学计量的金属(准金属)试剂和有机卤化物作为原料，并且伴随着化学计量的盐作为副产物。而在有机光合成领域，基于光催化的 C—H 官能化和芳构化的反应受到了人们关注。以光能为直接能量源，以光催化剂/催化剂构建的双催化体系催化 C—H 键脱氢形成 H_2 作为副产物，这类反应无须外加氧化剂，也不需要化学计量的牺牲剂，可以实现 C—C、C—X 键的生成或芳构化，具有原子经济性高、高效和环境友好等优势。

1. 活化 sp^3-碳的交叉偶联放氢反应

C—H 活化因其原子经济性和步骤经济性而得到广泛关注，C—H 活化官能团化反应在构建 C—C 键和 C—X 方面是最直接、高效和绿色的途径。但 sp^3-碳的反应惰性等限制使得 $C(sp^3)$—H 活化具有很大的难度和挑战性。光催化氧化偶联放氢反应是实现活化 sp^3-碳参与偶联反应的有效策略。通过光催化剂对底物上的杂原子(O、N 原子)或是富电子基团氧化，可以实现 sp^3-碳的活化(图 2-23)，从而可以与亲核试剂反应生成偶联产物，反应中只生成 H_2 作为副产物。

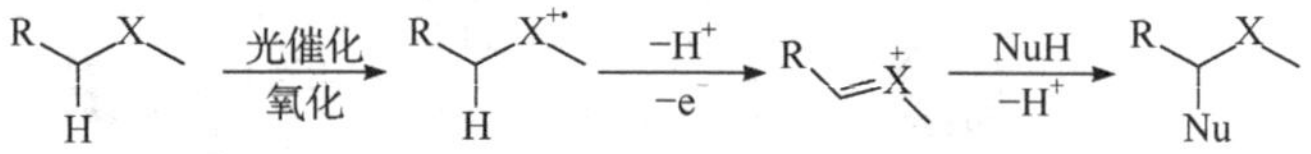

图 2-23 活化 sp^3-碳的交叉偶联放氢反应

2. 活化 sp^2-碳的光催化偶联放氢反应

对 sp^2-碳进行光催化氧化活化使之参与到偶联反应也是光催化偶联放氢反应的一个很重要的应用领域(图 2-24)。

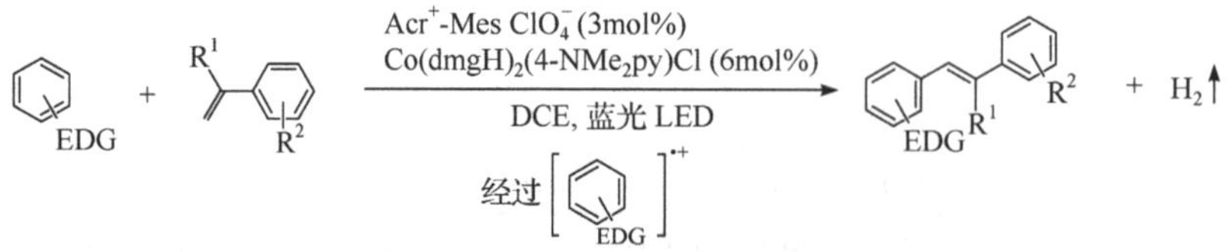

图 2-24 富电子芳烃和苯乙烯类物质的光催化偶联放氢反应

3. 活化杂原子的偶联放氢反应

通过对杂原子(O、N、S)进行光催化氧化从而生成具备亲电性的杂原子自由基，可以实现分子内的偶联放氢反应。同样地，这类反应不需要添加任何氧化剂。由于金属与氧元素的 HOMO 和 LUMO 之间较高的能垒，C—H 官能化形成 C—O 键在金属催化中受到的关注较少(图 2-25)。

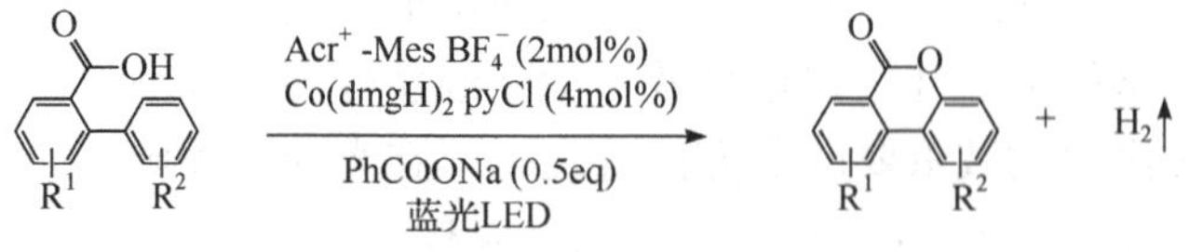

图 2-25 羧酸的光催化偶联放氢反应

2.8 太阳能光转化制其他高附加值产品

天然生物质是植物通过光合作用将 CO_2 和 H_2O 转化为有机物的自然产物。生物质能在生命周期中可实现碳循环平衡，同时，相较于依赖化石原料的传统化学生产工艺，生物质原料的应用可显著降低全产业链的碳排放强度，从而具备突出的环境友好性。基于上述优势，全球学术界与工业界正致力于拓展生物质的多维利用路径。特别是，通过氧化生物质及其衍生物，可以获得许多有附加值的化学品，如葡萄糖酸、乙酰丙酸、乳酸、甲酸和阿拉伯糖，这些化学品是药品、食品添加剂、化妆品和聚合物的前体。

生物质是由各种不同的多糖连接而成的，其中纤维素、半纤维素和木质素是主要成分。纤维素是由葡萄糖聚合得到的，半纤维素是葡萄糖和木糖的聚合物，木质素是由取代的酚形成的高度交联的聚合物。木质素可以用于获得生物燃料，葡萄糖可以通过氧化反应合成精细化学品，两者都可以通过还原形成氢。

2.8.1　木质纤维素转化

木质纤维素主要由木质素、纤维素和半纤维素三种主要成分组成。虽然它是地球上最常见的原料，但由于其顽固性结构，需要许多步骤进行转化以及可获得的产品种类繁多，将其用作原料存在一些实际缺陷。事实上，从反应混合物中分离和纯化不同的化合物是相当困难的。木质纤维素转化得到的产品如图 2-26 所示。

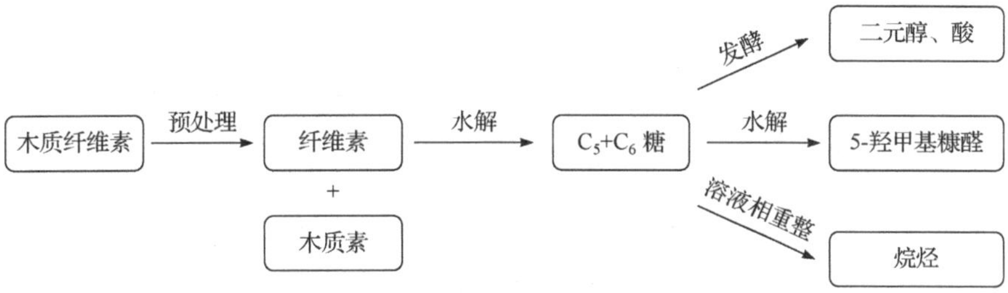

图 2-26　木质纤维素转化示意图

利用木质纤维素生物质的一种方便方法是光催化预处理以获得更简单的分子，再进行光重整制氢。第一步解聚合步骤形成可脱氢的己糖。利用 Pt-TiO_2 可在 403K 的温度下酸催化水解，在紫外照射下，纤维素在水中光重整制氢。酸水解将纤维素转化为碳水化合物(主要是葡萄糖)，碳水化合物作为牺牲剂促进 H_2 的产生。葡萄糖转化的产物如果糖、5-羟甲基糠醛(HMF)、阿拉伯糖和“红糖”也被生成。

2.8.2　碳水化合物转化

碳水化合物是一种结构比纤维素简单的生物质组分。碳水化合物这个词是“水合物”和“碳”两个词的组合，它们也称为“糖类”。在化学中，碳水化合物被定义为“具有光学活性的多羟基醛和酮或通过水解形成这些化合物的物质”。我们日常生活中最常见的碳水化合物有葡萄糖、果糖、蔗糖和麦芽糖。

葡萄糖是光合作用的主要产物，是自然界中含量最丰富的单糖，其选择性氧化可生成葡萄糖醛酸、甲酸、乙酰丙酸、乳酸、阿拉伯糖等有价值的化学物质(图 2-27)。不同化合物的分布取决于许多因素，如催化剂和溶剂的类型以及金属的存在。

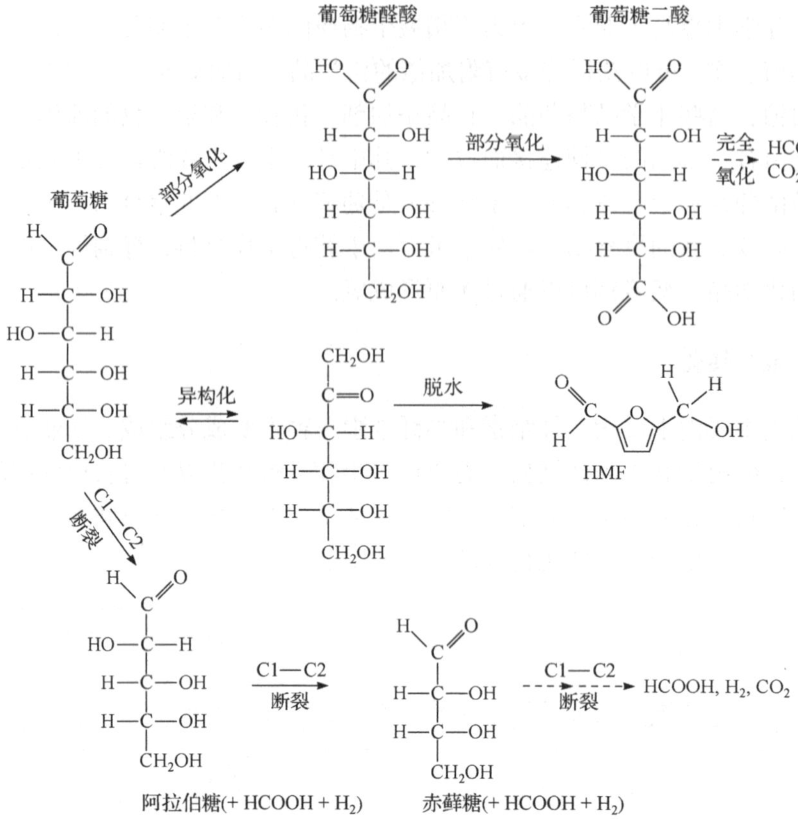

图 2-27　葡萄糖转化示意图

2.8.3　5-羟甲基糠醛转化

HMF 是一种由碳水化合物部分转化而来的高价值化合物，它可以作为合成更有价值化学品的起始底物(图 2-28)。

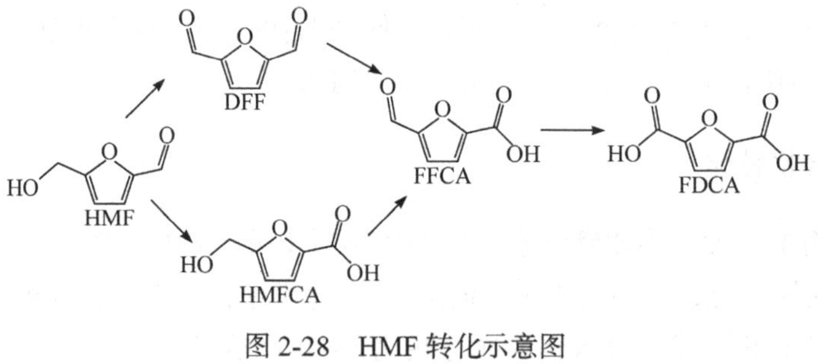

图 2-28　HMF 转化示意图

在没有 O_2 的情况下，HMF 可以通过光催化脱氢氧化成 2,5-二甲酰基呋喃(DFF)。DFF 的形成是通过 HMF 的厌氧光催化氧化实现的。首先，HMF 的羟基被吸附在催化剂表面，然后，光催化剂 VB 中的光生空穴会吸附 HMF 羟基上 α-C—H 的氢原子，导致碳中心自由基的形成。自由基进一步与光生空穴反应形成 DFF 的目标产物。同时，导带中的光生电子还原水生成 H_2。通过该策略，可以在没有 O_2 的情况下实现 DFF 和 H_2 的联产。

2.8.4　聚合物转化高附加值产品

塑料是一种合成材料，广泛性能和低成本使其成为几乎所有经济领域的理想选择，从简单的包装到高科技应用。然而，这种成功的背后是有代价的。自 20 世纪 50 年代开始大规模生产以来，全球每年生产超过 7800 万吨的塑料包装。其中，30%仍在使用，如在建筑行业。然而，大多数塑料在生命周期结束时最终成为废物。塑料垃圾对生态系统的健康产生了有害影响，特别是对海洋。此外，丢弃和燃烧塑料还导致了化石资源不可挽回的损失，这些资源嵌入在聚合物的化学结构中。

光催化方法赋予塑料废物新的生命，该方法将聚合物直接转化为增值的有机分子。这些方法在环境温度下操作，表现出高反应活性和选择性，并且相较于传统的热解聚，提供了更多可选择的反应途径。

近年来聚苯乙烯光化学解聚技术发展迅速，已成为传统热回收技术的有力替代方案。聚苯乙烯是世界上产量最大的塑料，广泛用于包装、隔热、电器和电子产品。由于其化学结构完全由稳定的 C—C 和 C—H 键组成，因此聚苯乙烯的回收非常具有挑战性。例如，聚苯乙烯的热解存在能量需求高、产物选择性低和产生大量废物的问题。因此，温和环保的回收技术提供了获得特定原料分子(理想情况下只有单一化合物)的途径，对于可持续发展的未来是不可或缺的。

本 章 小 结

光催化技术作为将太阳能转化为化学能的新兴技术，在能源转换及储存领域展现出了巨大的潜力。从光合作用到光催化分解水制氢，再到光催化二氧化碳还原和生物质转化等，光催化技术不仅有助于解决能源危机和环境污染问题，还为实现原子经济性高、环境友好的有机合成提供了新的途径。通过光催化剂吸收太阳能，将二氧化碳和水转化为有机物质，为可再生能源的利用和碳减排提供了新思路。光催化二氧化碳还原技术则通过利用光能将二氧化碳转化为有价值的有机物质，如甲烷、甲醇等，为减少大气中二氧化碳浓度提供了新的解决方案。从羰基化反应、环氧化反应、羧化反应到偶联反应，光催化提供了一种新的、环境友好的合成路径，避免了传统合成方法中的许多缺点，如高能耗、环境污染等。通过温和、环保的方式将木质纤维素生物质转化为高附加值化学品，或是将塑料废物转化为有用的有机分子，不仅有助于减少环境污染，还能实现资源的循环利用。因此，未来的研究需要进一步优化光催化剂的设计和制备，探索新的反应路径，提高光催化反应的效率和选择性，以实现光催化技术的广泛应用和商业化。随着科学技术的不断进步，光催化技术有望在能源、环境、有机合成等领域发挥更加重要的作用。

习　　题

1. 什么是可见光催化剂？请列举至少三种常见的可见光催化剂。

2. 半导体光催化反应的基本原理是什么？光催化在哪些领域会有潜在应用，请举例说明。

3. 在光催化研究和应用中，主要存在的科学问题和技术难题是什么？

4. 简述半导体光催化剂受紫外光激发后，电子和空穴可能的复合途径；并分别阐述这些途径对光催化活性的影响。

5. 根据式(2-3)计算带隙 E_g=3.0eV 的半导体材料的光吸收阈值波长，并分析其适合的光催化应用场景。

6. 贵金属负载改性提高光催化剂光量子效率，具体体现为哪几种途径(表现形式)？

7. 光合作用分为光反应和暗反应，解释光反应中光能如何转化为化学能，并说明暗反应中卡尔文循环的关键步骤。

8. 请列举至少三种提高光催化活性的方法。

9. 请简述光催化技术在能源转换与储存领域的应用。

第 3 章　电催化储能

3.1　电催化储能概述

电催化技术的发展历程是科学进步的缩影，它不仅体现了人类对能源转换和化学反应控制能力的提升，也反映了我们对环境保护和可持续发展的日益重视。以下是电催化的发展历史。

1. 早期研究与基础奠定(19 世纪末至 20 世纪初)

德国化学家 Wilhelm Ostwald 在 1894 年发表的《电催化和电解动力学》论文中，首次提出了电催化的概念，并探讨了电化学反应的动力学问题。Wilhelm Ostwald 因其对催化作用和化学平衡的研究获得了 1909 年的诺贝尔化学奖。在 Wilhelm Ostwald 之后，电化学理论得到了进一步的发展，包括电极过程动力学、电解质溶液理论等，为电催化技术的应用奠定了理论基础。

2. 燃料电池技术的兴起(20 世纪中叶)

20 世纪中叶，随着对清洁能源需求的增加，燃料电池技术开始受到重视。燃料电池通过电化学反应直接将燃料(如氢气)和氧化剂(如氧气)的化学能转化为电能，具有高效率和低污染的特点。为了提高燃料电池的性能，科学家开始研发新型催化剂，以降低反应活化能，提高反应速率和选择性。

3. 电催化技术的现代化发展(21 世纪初至今)

纳米技术的进步将电催化剂的设计推向了新的高度。通过控制催化剂的纳米结构，可以显著提高其活性和稳定性。随着对可再生能源(如太阳能、风能)的重视，电催化技术被用于将这些间歇性能源转化为可储存的化学能，如通过电解水制氢。同时电催化技术也被用于碳捕获和转化，通过电化学方法将二氧化碳转化为有用的化学品或燃料，有助于减少温室气体排放。电催化技术在电化学传感器和有机电合成等领域也展现出巨大潜力，为环境监测和药物合成提供了新的方法。

电催化技术的未来发展将继续聚焦于提高能源转换效率、降低成本、增强催化剂的稳定性和选择性。随着材料科学、纳米技术、计算化学等领域的进步，电催化技术有望在解决能源危机和环境问题方面发挥更加关键的作用。同时，随着全球对可持续发展的追求，电催化技术将在推动绿色化学和清洁能源技术的发展中扮演重要角色。

3.2　电催化全解水制绿氢一体化储能系统

目前，全球能源需求持续增长，但主要依赖的石油、天然气和煤炭等化石能源正在迅速消耗，供需矛盾突出，且造成严重的环境污染。全球正经历着能源与环境的双重挑战，世界各国都在积极寻求可持续的绿色能源解决方案。因此，积极研究开发清洁无污染、高效可持续的绿色能源，用以取代传统的化石能源是最佳的途径。对此，世界各国都投入了大量的人力、财力、物力来发展可再生能源，如风能、太阳能、水能、地热能和潮汐能等。然而，这些能源受到环境、气候等因素的影响表现出间歇性和波动性的特点，阻碍它们的广泛应用。因此，如果能将多余的可再生能源转化为可以稳定供能的清洁型化学能源储存起来，则可以很好地解决这一问题。氢能资源丰富、热值高、消耗后的产物为水，真正做到了零排放无污染，被视为理想的清洁能源。氢气可作为一种理想的绿色能源载体来储存间歇性可再生能源，实现氢能的高效转换和绿色循环，如图 3-1 所示。

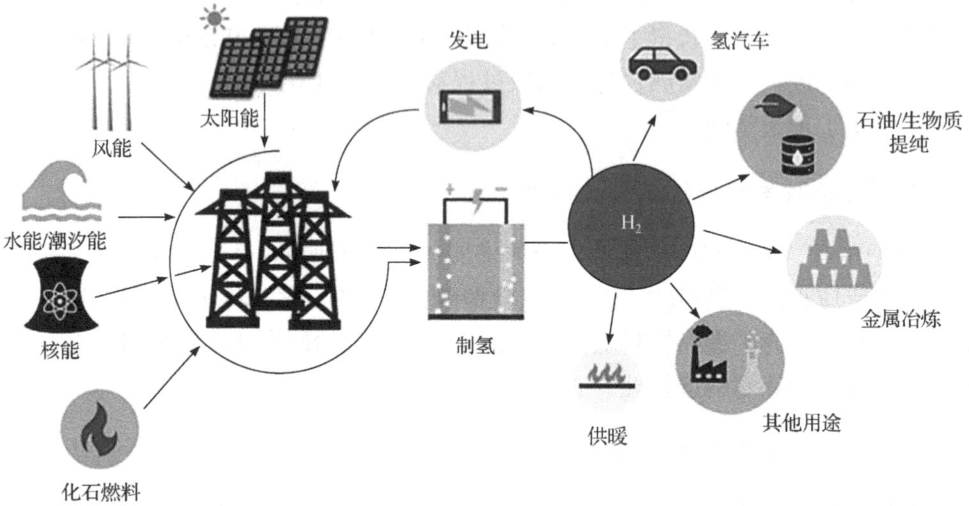

图 3-1　氢能可持续循环系统示意图

从全球清洁能源发展的经验来看，氢气被公认是清洁安全能源体系的重要组成部分。国际氢能委员会一直强调氢能在加速全球能源转型和应对气候变化方面的重要性。人们可以利用氢作为能量密集载体，将风能或太阳能等可持续能源转换和储存为氢气。另外，氢在转化为其他形式的能源时不会释放二氧化碳或其他污染物，可以有效解决环境污染问题。

绿色、可持续的氢能供应是发展氢能经济的关键，目前工业上有三种制氢方法，即蒸汽甲烷重整法、煤气化法和水电解法。前两种方法伴随着化石资源的大量消耗，而且会产生大量的二氧化碳导致温室效应。相比而言，电解水制氢则是利用电化学的方法，将水通过电能分解为氢气和氧气，实现了真正意义上的零污染制氢，而且产氢和产氧分别发生在两个独立的电极上，可直接获得高纯氢气和氧气。因此电解水制氢技术在能源利用和环境保护方面具有更大的优势。产物 H_2 不仅可用作燃料电池驱动的电动汽车能源，还可用作工业原料，具有很高的实际应用价值。利用可再生能源的电解水是实现可持续“碳中和”的重要一环。

然而，目前电解水的产能只占工业产氢的 3%～5%，主要是因为电解水作为一种耗能反应，与大多数电化学能源技术一样，必须优化成本、效率、可靠性和寿命以满足市场需求。电解水可分为两个半反应，分别是在阴极发生的析氢反应(hydrogen evolution reaction，HER)和在阳极发生的析氧反应(oxygen evolution reaction，OER)。这两个半反应都需要克服较高的能垒，所以能量转换效率较低。其中 HER 为两电子转移反应，而 OER 涉及四电子转移过程以及多种中间体的吸附和脱附过程，动力学缓慢，因此成为降低电解水总反应能量消耗的瓶颈。人们一直在寻找高效的电催化剂，以降低不同电解质环境下的过电位，改善动力学以及催化剂的长期稳定性。

然而，要实现氢能源在能源体系中的广泛应用，还需要克服其在生产、储存和运输等环节中面临的挑战。为了解决这一问题，电催化全解水制绿氢一体化储能系统作为一种前瞻性的技术方案，融合了氢生产与储能的关键环节，具有巨大的潜力和前景，为未来清洁能源体系提供可靠的能源解决方案。而在电催化全解水制绿氢一体化储能系统中高效稳定的电解水催化剂的开发是最关键的一环，电催化剂的性能将直接影响到整个系统的能量转换效率和经济性。本节将详细介绍电催化全解水制绿氢的基本原理，包括水分解反应机制、目前使用的电催化剂以及未来的发展展望。

3.2.1　电催化全解水制绿氢的基本原理

电催化水分解包含两个重要的电化学反应过程，即阴极的析氢反应和阳极的析氧反应。电解水制氢的装置如图 3-2 所示，主要由三个部分组成：电解质、阴极和阳极。

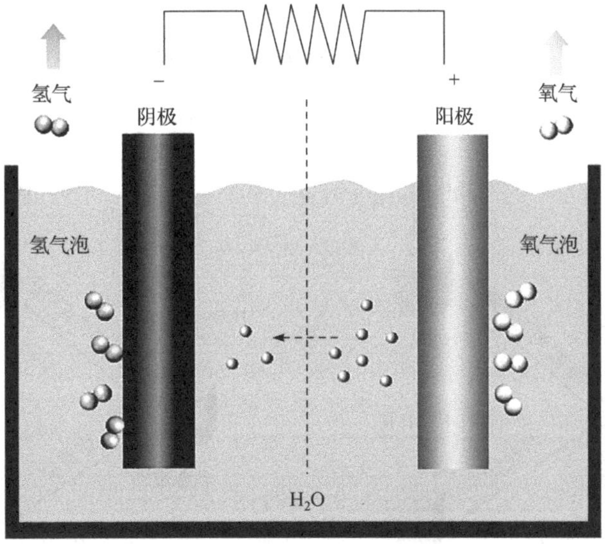

图 3-2　电解水装置结构示意图

对电极施加外部电压时，电流经过电解液形成回路，将水分子分解为氢气和氧气。

总反应方程为

$$H_2O(l) \longrightarrow H_2(g) + 1/2O_2(g) \tag{3-1}$$

理论上，阳极和阴极之间需要 1.23V 的电位差才能驱动整个反应。然而在实际的制氢过程中，由于反应中存在复杂的电子转移步骤和缓慢的动力学过程以及较大的电极内阻，需要额外的能量输入来克服反应所需要的能垒，所以实际的电解水反应需要更高的电位。实际电位比理论电位高出的那部分就称为过电位，为了减少电解水反应总能量消耗，必须降低过电位。电解水反应中高活性的催化剂能够显著降低反应能垒，加快反应动力学，提高电催化水分解反应的效率，减少电能的消耗，降低电解水制氢成本。所以开发低成本高效的水分解电催化剂就非常重要。

1. HER 的基本原理

HER 的催化活性与氢气的吸附自由能(ΔG_{H^*})有关。HER 可基于伏尔默-海洛夫斯基(Volmer-Heyrovsky)机制或伏尔默-塔费尔(Volmer-Tafel)机制发生(图 3-3)。在碱性(图 3-3(a))或酸性(图 3-3(b))介质中，HER 的演化步骤相似。HER 的第一步是在酸性介质中与 H_3O^+ 发生 Volmer 反应生成 H*，在碱性介质中与 H_2O 发生 Volmer 反应生成 H*(见式(3-2)和式(3-5))。第二步是速率决定步骤(RDS)，它取决于这些催化剂的活性(见式(3-3)、式(3-4)、式(3-6)和式(3-7))。例如，Pt 基催化剂，通过 Tafel 反应吸附两个 H*生成 H_2，而过渡金属催化剂通常使 H_2O(碱性)或 H^+即 H_3O^+(酸性)和 H*反应生成 H_2。反应路径不同的原因是 Pt 金属上的 ΔG_{H^*}接近于零，而过渡金属上的 ΔG_{H^*}非常高。

碱性条件下 HER 的步骤如下：

$$H_2O + e^- \longrightarrow OH^- + H^* \text{(Volmer)} \tag{3-2}$$

$$H^* + H_2O + e^- \longrightarrow OH^- + H_2 \text{(Heyrovsky)} \tag{3-3}$$

$$\text{或 } H^* \longrightarrow H_2 \text{(Tafel)} \tag{3-4}$$

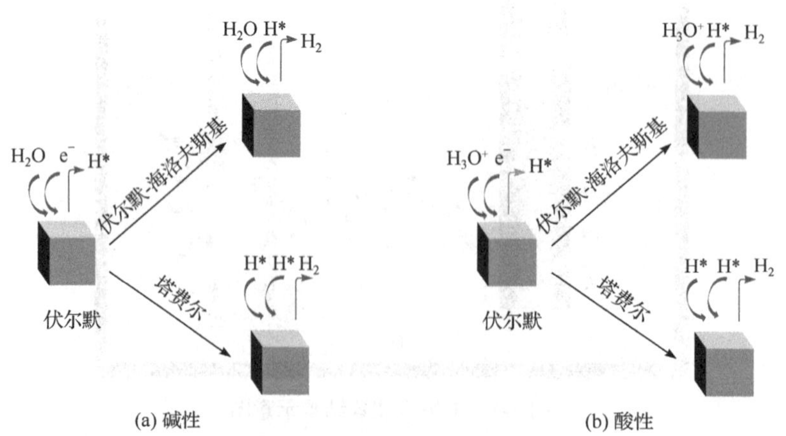

图 3-3　HER 的反应机理图

HER 反应机理

酸性条件下 HER 的步骤如下：

$$H^+ + e^- + * \longrightarrow H^* (Volmer) \tag{3-5}$$

$$H^* + H^+ + e^- \longrightarrow H_2 (Heyrovsky) \tag{3-6}$$

$$或\ 2H^* \longrightarrow H_2 (Tafel) \tag{3-7}$$

其中，*表示催化剂表面的活性位点。

2. OER 的基本原理

在电解水两个半反应中，HER 是一种相对简单的双电子传输过程，涉及电化学 H^+ 吸附和 H_2 解吸。相比之下，由于 OER 涉及复杂的四电子耦合转移过程，所以 OER 的速率相对缓慢，阳极过电位高和能量效率低，进而全解水转化效率受限。OER 在酸性和碱性条件下的反应机理是不同的，在酸性条件下是由水分子氧化产生氧气(式(3-8)～式(3-12))，而在碱性条件下是由 OH^-氧化产生氧气(式(3-13)～式(3-17))，如图 3-4 所示。不同 pH 条件下的具体反应途径如下。

酸性介质中：

$$H_2O + M \longrightarrow M—OH + H^+ + e^- \tag{3-8}$$

$$M—OH \longrightarrow M—O + H^+ + e^- \tag{3-9}$$

$$M—O + M—O \longrightarrow O_2 \tag{3-10}$$

或

$$M—O + H_2O \longrightarrow M—OOH + H^+ + e^- \tag{3-11}$$

$$M—OOH \longrightarrow O_2 + H^+ + e^- \tag{3-12}$$

碱性介质中：

$$OH^- + M \longrightarrow M—OH + e^- \tag{3-13}$$

$$M—OH + OH^- \longrightarrow H_2O + M—O + e^- \tag{3-14}$$

$$M—O + M—O \longrightarrow O_2 \tag{3-15}$$

或

$$M—O + OH^- \longrightarrow M—OOH + e^- \tag{3-16}$$

$$M—OOH + OH^- \longrightarrow O_2 + H_2O + e^- \tag{3-17}$$

其中，M 表示催化剂表面的活性位点，M—OH、M—O、M—OOH 表示不同的反应中间态。通过比较在碱性电解质中的析氧反应可以看出，在酸性电解质中需要多经历一步水分子电离过程，所以 OER 在碱性介质中容易进行。但是无论是在酸性条件下还是碱性条件下，都会形成以上三种反应中间态。值得注意的是，由 M—O 产生氧气的方式有两种：一种是通过两个吸附在催化剂表面的氧原子(M—O)直接结合生成 O_2；另一种是 M—O 与 H_2O 或 OH^-反应进而形成 M—OOH，通过 M—OOH 的自分解产生 O_2。

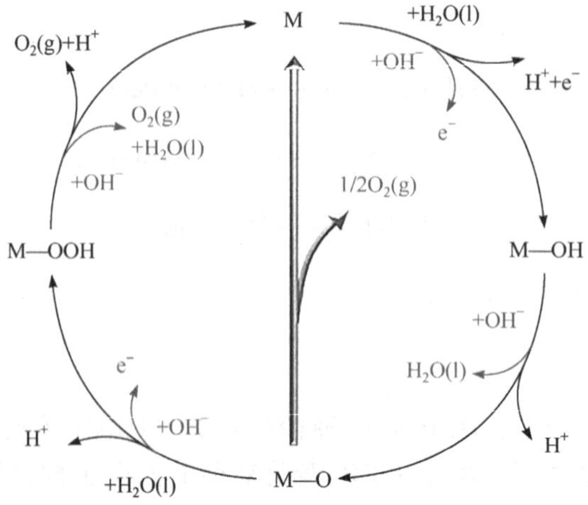

OER 反应机理

图 3-4　OER 的反应机理图

3. 电催化性能评价

在设计合成催化材料的研究过程中，主要通过电位(η)、塔费尔(Tafel)斜率和交换电流密度(j_0)、电化学活性面积(ECSA)、转换频率(TOF)、电化学阻抗谱(EIS)和稳定性等参数来评估催化材料的电解水性能。另外，这些参数还可以反映催化反应机理信息，从而深化对材料催化机理的理解。

1) 过电位

过电位(η)是评价目标电催化剂性能最重要的参数之一。理论上，电解水所需电位应该等于 HER(0V *vs.* RHE)和 OER(1.23V *vs.* RHE)的热力学平衡电位，但由于存在电极极化、浓差极化以及溶液界面阻抗等因素，所需电位往往超过理论值，这部分高出理论值的电压就称为电解水反应的过电位。在评价不同材料催化性能时，需要在同一电流密度下进行比较。在实际研究过程中，通常以固定某一电流密度下所对应的过电位进行性能对比，如 $10mA/cm^2$。这一指标来源于人工光合作用领域，开发人工光合作用装置的指标是 10%光能到氢能的转化率，对应于 $10mA/cm^2$ 的电流密度。除此之外，通过对比催化剂较大电流密度下(如 $100\ mA/cm^2$、$500\ mA/cm^2$ 甚至 $1000\ mA/cm^2$)的过电位数值，可以对催化剂的催化活性能否满足商业化应用做出一定的评价。

2) 塔费尔斜率和交换电流密度

Tafel 斜率是反映催化剂本征动力学的重要参数。催化剂极化曲线中的过电位(η)对电流密度(j)绝对值的对数线性拟合后得到 Tafel 图，基于 Bulter -Volmer 等式，塔费尔方程可简化为

$$\eta = a + b\ \lg|j| \tag{3-18}$$

其中，a 为 Tafel 方程的截距；b 为 Tafel 方程的斜率。由此可见，Tafel 斜率的数值大小可以反映电流密度随过电位数值变化的快慢：Tafel 斜率越小，催化反应速率越快，电流密度随着过电位增加而迅速增大，即更快的反应动力学。

交换电流密度(j_0)是另一个可以用来描述催化反应动力学快慢的参数。交换电流密度是指在热力学平衡状态下，即过电位等于 0V 时所对应的电流密度，通过 Tafel 方程获得。

交换电流密度可以用来评价催化反应进行的难易程度，j_0越大说明电极表面的反应速率越快，表示发生反应所需要的驱动力越小。

3) 电化学活性面积

ECSA 同样是评价催化剂性质的重要参数，能够直接反映出在催化剂表面活性位点的暴露数量，可以用来评价材料实际活性面积的催化活性，一般可以通过双电层电容值(C_{dl})对材料的 ECSA 数值进行计算比较。双电层电容是通过在非法拉第区域内测试不同扫速下的伏安循环(CV)曲线，用测试电压的中值所对应的平均电流值与扫描速率作线性曲线，斜率即为双电层电容。在非法拉第区域内，C_{dl}与目标催化剂的电化学活性面积成正比，可以由式(3-19)估算催化剂的 ECSA。

$$\mathrm{ECSA} = \frac{C_{dl}}{C_s} \tag{3-19}$$

其中，C_s为相同条件下对应的表面平滑样品的比电容，一般采用 40μF/cm^{2}或 60μF/cm^2。该计算所得的电化学活性面积可近似看作催化剂在电解液中暴露的比表面积。通常 C_{dl}的值越高，表明催化活性中心越丰富，材料的活性越好。

4) 转换频率

TOF 是评价材料本征催化活性的重要参数，指在单位时间内，单个暴露活性位点上发生的总反应数。在相同过电位下，TOF 的值越大，表明该催化剂的本征催化活性越强。TOF 的计算公式如下：

$$\mathrm{TOF} = \frac{jA}{\alpha F n} \tag{3-20}$$

其中，j 为通过线性扫描伏安图(LSV)在某一过电位下获得的电流密度；A 为工作电极的表面积；α 为转移电子数(mol^{-1})(HER 中 α=2，OER 中 α=4)；F 为在标准条件下的法拉第常数(约为 96485C/mol)；n 为催化剂活性位点摩尔数(mol)。实际上，获得准确的活性位点数量是很困难的。到目前为止，有三种方法被广泛用于确定活性位点的总浓度。第一种方法是通过 CV 法活化催化剂后，利用氧化还原峰面积积分来获得表面浓度。第二种方法基于负载催化剂中所有原子 100%参与的假设。第三种方法是如果催化剂表面平整光滑或者具有片状形态，假设其形成单层来评估 TOF。然而，如果催化剂中存在多种元素或者催化剂没有完全活化，第一种方法就会产生误差。此外，由于第二种方法包含催化惰性或掩埋位点，因此活性位点的数量常常被高估。对于没有片状形态的催化剂，或者当催化剂不完全平坦或其形态在恶劣的电化学条件下容易被破坏时，第三种方法也可能不准确。因此，应根据具体催化剂及其性能来选择方法。

5) 稳定性

稳定性是评价催化材料性能的另一个重要参数，其好坏对于一个材料的实际应用至关重要。一般通过两种测试方法考察催化材料的稳定性，一种是在恒电位下考察电流随时间变化(I-t 测试)或者在恒电流下考察电位随时间变化(V-t 测试)，测试曲线越平滑，则表明电流/电位随测试时间波动越小，催化剂的稳定性越好；另一种是对材料进行连续 CV 扫描，考察循环前后反应极化曲线的重合程度(即重合度)，测试前后极化曲线的重合度越高，则表明催化剂的稳定性和循环使用性越好。

3.2.2 电催化全解水制绿氢一体化储能系统概述

欧洲清洁氢能联盟认为，氢能在能源转型过程中的作用主要有：实现大规模、高效可再生能源的消纳，在不同行业和地区间进行能量再分配，充当能源缓冲载体以提高能源系统韧性，降低交通运输过程中的碳排放，降低工业领域的碳排放，代替焦炭用于冶金工业，降低建筑采暖的碳排放。

从效率上看，氢利用的首选是燃料电池，氢燃料电池技术的突破带动了氢的市场需求。以氢为燃料的质子交换膜(PEM)燃料电池技术逐渐成熟，正在朝着产业化方向发展。2014 年日本丰田汽车公司开始销售氢燃料电池汽车(Mirai)，累计销售超过 1×10^4 辆；韩国现代汽车公司的燃料电池汽车销售数量也相当。在亚洲汽车市场的率先推动下，世界燃料电池汽车市场开始蓬勃发展，2019 年世界燃料电池汽车保有量约为 2.52×10^4 辆，年销售量约 1.24×10^4 辆。鉴于燃料电池乘用车在商业化初期面临加氢困难等问题，我国规划提出将燃料电池首先应用于商用车，这一发展路径获得业界广泛认可，目前已有超过 6000 辆燃料电池商用车投入运行。

氢能在非道路运输方面的应用正在推广。2018 年，法国阿尔斯通集团生产的燃料电池列车在德国投入运营，英国、荷兰等国家也在积极发展氢动力列车。2019 年中国中车集团有限公司在广东佛山开始运行燃料电池有轨电车，同时开展氢燃料列车方案的探索研究。

家庭热电联供和工业应用也增加了对低碳氢的需求。低碳工业对氢的需求量最大，尤其是炼油、化工、钢铁制造等行业，采用低碳氢替代高碳氢的方案/计划将是在短期内扩大需求、减少温室气体排放的契机。国际上正进行低碳氢用于炼油、甲醇及氨生产的试验。电解水制氢在钢铁行业的应用规模正在加快扩展，在无须对现有直接还原炼钢炉进行重大改造的条件下，氢气可替代 35%的天然气使用；同时还提出了氢气与天然气混合应用的过渡性策略，以加快推进利用纯氢直接还原炼铁的进度，这对氢的储运方式将产生重要的影响。

1. 电解水制氢的示范进展

在市场化进程方面，碱水电解(AWE)作为最为成熟的电解技术占据着主导地位，尤其是一些大型项目的应用。AWE 采用氢氧化钾(KOH)水溶液为电解质，以石棉为隔膜，分解水产生氢气和氧气，效率通常为 70%～80%。一方面，AWE 在碱性条件下可使用非贵金属电催化剂(如 Ni、Co、Mn 等)，因而电解槽中的催化剂造价较低，但产气中含碱液、水蒸气等，需经辅助设备除去；另一方面，AWE 难以快速启动或变载、无法快速调节制氢的速度，因而与可再生能源发电的适配性较差。我国 AWE 装置的安装总量为 1500～2000 套，多数用于电厂冷却用氢的制备，国产设备的最大产氢量为 1000 Nm^3/h。国内代表性企业有中国船舶重工集团公司第七一八研究所、苏州竞立制氢设备有限公司、天津市大陆制氢设备有限公司等，代表性的制氢工程是河北建投新能源有限公司投资的沽源风电制氢项目(4MW)。

由于 PEM 电解槽运行更加灵活、更适合可再生能源的波动性，许多新建项目开始转向选择 PEM 电解槽技术。过去数年，欧洲联盟、美国、日本等纷纷推出了 PEM 电解水制氢产品，促进了 PEM 电解槽的应用推广和规模化应用。Proton Onsite 公司、Hydrogenics 公司、Giner 公司、西门子股份公司等相继将 PEM 电解槽规格提高到兆瓦级。其中，Proton Onsite 公司的 PEM 水电解制氢装置的部署量超过 2000 套(分布于 72 个国家和地区)，拥有全球 PEM 水电解制氢 70%的市场份额，具备集成 10MW 以上制氢系统的能力；Giner 公司单个 PEM 电解槽规格达 5MW，电流密度超过 3A/cm^2，50kW 水电解池样机的高压运行累计时间超过 1.5×10^5h。

当前，国际上在建的电解制氢项目规模增长显著。2010 年前后的多数电解制氢项目规模低于 0.5MW，而 2017～2019 年的项目规模基本为 1～5MW；2020 年日本投产了 10MW 项目，加拿大正在建设 20MW 项目。德国可再生能源电解制氢的“Power to Gas”项目运行时间超过 10 年；2016 年西门子股份公司参与建造的 6MW PEM 电解槽与风电联用电解制氢系统，其年产氢气 200t，已于 2018 年实现盈利；2019 年德国天然气管网运营商 OGE 公司、Amprion 公司联合实施 Hybridge 100MW 电解水制氢项目，计划将现有的 OGE 管道更换为专用的氢气管道。2019 年，荷兰启动了 PosHYdon 项目，将集装箱式制氢设备与荷兰北海的电气化油气平台相结合，探索海上风电制氢的可行性。

2. 电解水催化剂

在当今全球能源结构转型和气候变化问题日益严峻的背景下，发展可再生能源及其高效储能技术成为科研和工业界的重要目标。特别是绿色氢气，作为一种清洁的能源载体，其在能源储存、交通运输、工业生产等多个领域的应用前景广泛。电催化全解水技术作为电催化全解水制绿氢一体化储能系统的关键一环，其效率很大程度影响到整个系统的效率和经济性，而电催化全解水的效率在很大程度上取决于电催化剂的性能，因此，高效的电催化剂对于提升整体水分解效率乃至整个电催化全解水制绿氢一体化储能系统的整体效能和经济效益起着核心作用。随着材料科学和电化学的发展，研究者在寻找更高效、成本更低的电解水催化剂方面取得了显著进展。

1) 贵金属氧化物

贵金属氧化物(如 IrO_2 和 RuO_2)催化剂被认为是强大的 OER 电催化剂，RuO_2 晶体结构如图 3-5 所示。然而，在高阳极电位下，RuO_2 在酸性和碱性电解质中都高度不稳定。尽管 IrO_2 可以维持较高的阳极电位并且比 RuO_2 更稳定，但它仍然存在类似的稳定性问题。早在 1983 年，Kötz 等应用 X 射线光电子能谱技术(XPS)获得 OER 处理下 RuO_2 表面成分的信息。RuO_2 首先转化为 $RuO_2(OH)_2$，然后通过双电子步骤去质子化转化为 RuO_4。不稳定的 RuO_4 会进一步溶解到溶液中，导致 RuO_2 变质，或解离成 O_2 和 $RuO_2(OH)_2$。IrO_2 也存在类似现象。为了提高这些贵金属氧化物的稳定性，载体材料可以提供电子催化剂-载体相互作用，这有利于催化剂的耐久性。Jang 等制备了负载于锑掺杂氧化锡上的 IrO_x(IrO_x/ATO)，由于

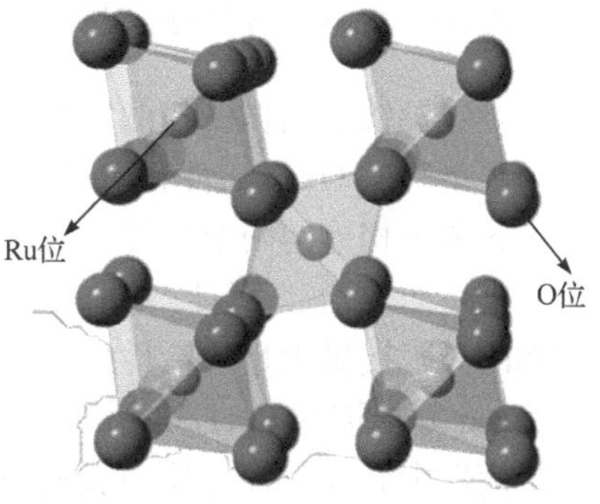

图 3-5　RuO_2 晶体结构示意图

催化剂和载体之间的强相互作用，ATO 载体减轻了 Ir^{n+}的溶解，电化学稳定性和电荷转移动力学得到增强。石墨烯封装的 RuO_2 具有强大的界面 Ru 中心，比商业 RuO_2 具有更高的稳定性。富电子界面作为电子储层向 RuO_2 提供电子，防止了 RuO_2 的过度氧化和腐蚀。

但是由于贵金属氧化物催化剂储量稀少、价格高昂、容易毒化等，所以严重制约了大规模应用。相比之下，过渡金属催化剂价格低廉、储量丰富、稳定性好，同时具有媲美甚至超过贵金属氧化物催化剂的催化性能。因此，研究高效稳定的过渡金属电催化剂取代贵金属氧化物催化剂是目前电催化全解水制绿氢一体化储能系统中亟须解决的关键问题。

2) 过渡金属氧化物

过渡金属氧化物是最常用的 OER 电催化剂。在这一部分中，我们将简要介绍最近报道的过渡金属氧化物(包括钙钛矿氧化物和尖晶石氧化物)的电催化性能和设计策略。

(1)钙钛矿氧化物。

钙钛矿氧化物凭借其结构的灵活性、良好的氧化还原行为，已成为重要的混合金属氧化物家族。元素周期表中大约 90%的金属元素都可以形成钙钛矿结构，通过用各种元素合理替代金属位点，为定制和调整其物理和化学性质提供了极大的灵活性。钙钛矿氧化物的通式为 ABO_3，由 A 位的碱金属、碱土金属或稀土金属阳离子和 B 位的过渡金属阳离子组成，其晶体结构如图 3-6 所示。

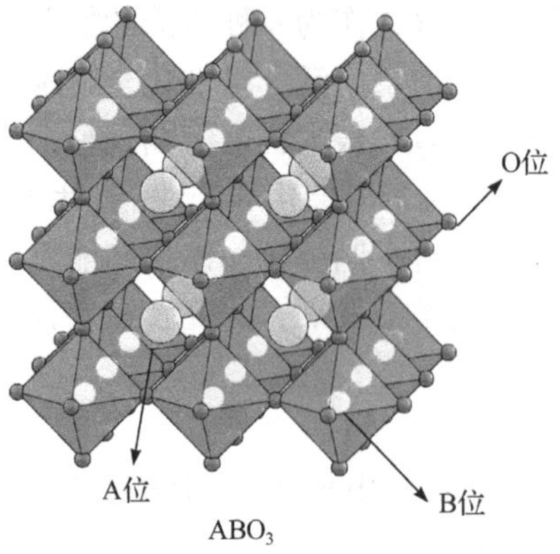

图 3-6　ABO_3 晶体结构示意图

在过去几十年里，钙钛矿氧化物在电催化 HER 和 OER 领域引起了广泛关注。钙钛矿氧化物可以通过调节制备过程中的煅烧温度，调节活性位点的数量和催化剂的本征活性。Lin 等在 800℃下制备的 $SrCo_{0.5}Fe_{0.5}O_{3-\delta}$ 本征活性的增强源于良好的电子结构，导致 Co^{4+}/Fe^{4+}—O 键的高共价性，使晶格氧更容易参与氧化反应。此外，增加的表面积暴露出更多的活性位点，增强了质量活性。Zhu 等制备了 P 掺杂钙钛矿氧化物 $SrCo_{0.95}P_{0.05}O_{3-\delta}$(SCP)，具有四方结构。由于良好的导电性和大量的 O_2^{2-}/O^-物质，SCP 比 $SrCoO_{3-\delta}$(SC)表现出更高的 OER 活性。Wang 等发现掺杂多个 A 和/或 B 阳离子会导致钙钛矿结构的扭曲，在一定程度上有利于 OER。双钙钛矿氧化物 $NdBaMn_2O_{5.5}$ 表现出更高的 OER 活性和更高的结构畸变。密度泛函理论(DFT)计算表明，与最近的相邻 Mn 离子相连的两个相邻氧原子之间 O—O 距离最短，这个距离足以让氧原子相互作用并直接形成 O_2。而且，$NdBaMn_2O_{5.5}$ 中存在大量的四角锥体，这种开放结构可以为反应物的吸附提供大量的活性位点。

Dai 等报道的 $SrTi_{0.7}Ru_{0.3}O_{3-\delta}$ 钙钛矿氧化物具有不寻常的超交换效应，它通过原子级协同活性中心在碱性介质中表现出优异的 HER 性能。通过第一性原理计算的见解，揭示了 STRO 中多个活性中心之间本质上的协同相互作用，以准确催化碱性 HER 的不同基本步骤；也就是说，Ti 位点有利于几乎无障碍的水解离，Ru 位点有利于 OH*解吸，非金属氧位点(即氧空位/晶格氧)促进最佳的 H*吸附和 H_2 解吸。

(2) 尖晶石氧化物。

尖晶石氧化物家族因其低成本和有前景的 OER 活性而得到广泛研究。典型的尖晶石氧化物可以用分子式 AB_2O_4 描述，其中 A 是二价阳离子，B 是三价阳离子。晶格中的两个晶体位点，包括八面体(O_h)和四面体(T_d)位点，产生不同类型的尖晶石结构，其晶体结构如图 3-7 所示。Co_3O_4 尖晶石氧化物由于良好的 OER 性能而被广泛研究。Wei 等报道了五价 V 掺杂的 Co_3O_4，由于晶格畸变和缺陷以及暴露更多的活性位点，其在活性和稳定性方面都表现出比原始 Co_3O_4 更好的 OER 性能。

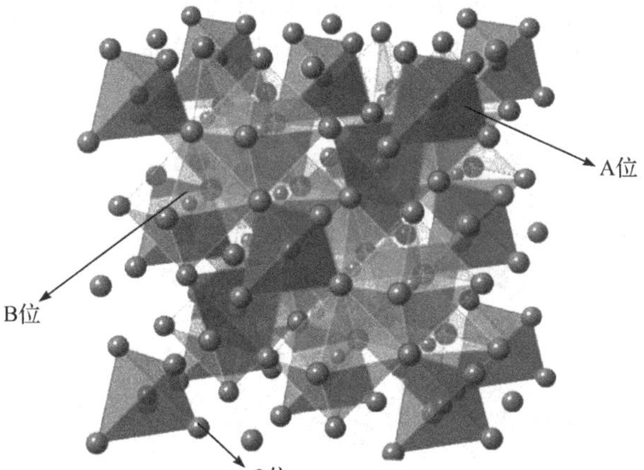

$A(T_d)B(O_h)_2O_4$

图 3-7 AB_2O_4 晶体结构示意图

同时多金属尖晶石氧化物已被证明比单金属氧化物表现出更好的 OER 活性。在各种多金属尖晶石氧化物中，MFe_2O_4(M=Co、Ni、Cu 等)是最令人感兴趣的催化剂。Lu 等通过 MOF 前驱体一步直接热解制备多孔 $CoFe_2O_4$/C 复合材料，并将其应用于 OER。然而其有限的活性位点和内在活性极大地限制了其 OER 性能。此外，制备具有丰富氧空位和大表面积的二维超薄 $CoFe_2O_4$ 纳米片显著增强了其催化活性。$ZnCo_2O_4$ 是另一种具有代表性的尖晶石氧化物。当 $ZnCo_2O_4$ 固定在柔性碳纺织品上时，这种三维复合材料表现出优异的 OER 性能，在 $10mV/cm^2$ 时具有 196.4mV 的小过电位。Huang 等引入纳米晶体 CeO_2 后，可以改变 Co_3O_4 的局部键合环境，这使得 Co^{3+}物质很容易被氧化成具有催化活性的 Co^{4+}物质，绕过了决定电位的表面重建过程。Co_3O_4/CeO_2 显示出与 Co_3O_4 相当的稳定性，因此打破了活性/稳定性的平衡。这项工作为酸性析氧反应建立了一种高效的催化剂。

3) 过渡金属氢氧化物和羟基氧化物

$Ni(OH)_2$ 是研究最广泛的过渡金属氢氧化物之一，但其 OER 催化性能尚不能满足实际应用。Zhao 等发现当 Co、Fe 和 Ni 结合形成三金属氢氧化物时，可以实现比单金属和双金属氢氧化物更好的 OER 活性。Ni 基氢氧化物中由于 Co 和 Fe 的电子推/拉效应，Fe 从 Ni/Co 中吸引部分电子，Ni/Co 位点的电子亲和势增加。相反，Co 将其部分电子推向 Ni，并增加了作为质子吸附位点的 O^{2-}的数量，有利于更快的电荷转移。通过调整 Co/Fe

掺杂剂的含量，$Ni_{0.8}Co_{0.1}Fe_{0.1}O_xH_y$催化剂表现出 239mV 的低过电位和 45.4mV/dec 的塔费尔斜率。

层状双氢氧化物(LDH)是一类离子层状化合物，由带正电的主体层、层间阴离子和溶剂分子组成。LDH 层内的每个羟基都朝向层间区域且可以与层间阴离子和水分子形成氢键。可以通过引入多种 3d 过渡金属灵活调节其组成，其晶体结构如图 3-8 所示。其中 NiFe LDH 被认为是碱性溶液中最有效的 OER 催化剂。但在 OER 过程中 OH^-在层间的缓慢扩散导致 NiFe LDH 因局部酸性环境而溶解。将多层 NiFe LDH 剥离成原子级薄的纳米片可以改善这种扩散,从而增强催化稳定性。Zhang 等进一步在单层 NiFe LDH 纳米片中引入丰富的孔隙，产生高浓度的氧和阳离子空位，协同作用提高 NiFe LDH 的电正性，使得 H_2O 的吸附和 M—OH 的键合强度增强，赋予了 NiFe LDH 较低的过电位。

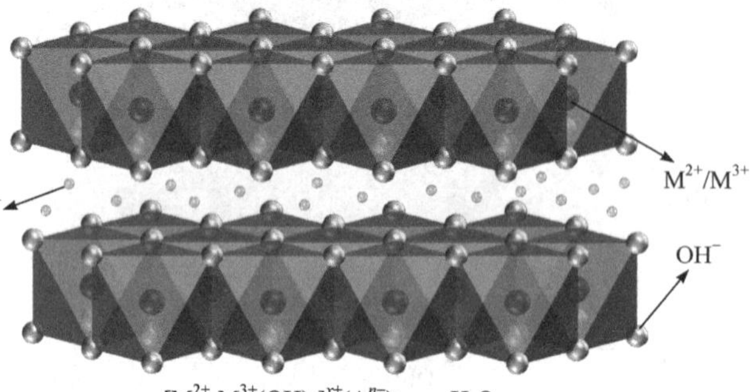

图 3-8　层状双氢氧化物晶体结构示意图

尽管这些过渡金属氢氧化物和 LDH 可以实现较高的 OER 性能，但许多报道的工作证明，它们中的大多数将由于电氧化而发生结构重建，形成羟基氧化物，从而成为 OER 的真正活性位点。NiOOH 被认为是一种非常有前途的 OER 催化剂。NiOOH 的活性可以通过两种方式提高：在 NiOOH 中添加 Fe 或通过老化将γ-NiOOH 转化为活性更高的β-NiOOH。当 Fe 含量低于 25%时，通过将 Fe 掺杂到 NiOOH($Ni_{1-x}Fe_xOOH$)中，相对于纯 Ni 和 Fe 母体羟基氧化物，可以实现非常显著的 OER 活性增强。由于氧中间体在纯 NiOOH 上的吸附太弱，而在 FeOOH 上的吸附太强，将 Fe 引入 NiOOH 后其电子环境发生改变，导致其结合能向最佳值转变。然而，NiOOH 中掺入过多的 Fe 会导致形成活性较低且电导率较差的 FeOOH。为了实现优异的活性和耐久性，Feng 等合成了 FeOOH/Co/FeOOH 杂化纳米管阵列。内部钴金属核作为高导电层以促进电子转移。此外，Co 和 FeOOH 之间的强电子相互作用降低了中间体形成的能垒，从而提高了 OER 活性。FeOOH 的配位调节是提高其电导率和活性的一种有效方法。其中 Co 掺杂的 FeOOH 由于具有最佳的中间体结合能而表现出最好的催化活性和增大的电导率。与 FeOOH 相比，Co-FeOOH 在 1.56V 时的电流密度增加了近 271 倍。

Dastafkan 等开发了 $Ni(OH)_2$@Ni-N/Ni-C 异质层次纳米结构，将碱性介质中传递 $10mA/cm^2$ 和 $100mA/cm^2$ 的过电位分别降低了 102mV 和 113mV，这是因为 $Ni(OH)_2$ 和 Ni-N/Ni-C 相之间的碱性析氢反应具有相间协同作用，可降低氢吸附-解吸的能垒并提升羟基中间体形成的能垒，从而促进电荷从 $Ni(OH)_2$ 到 Ni-N/Ni-C 的重新分配以及 H_{ads} 和 OH_{ads} 中间体在 Ni-N/Ni-C 上的共吸附。

4) 过渡金属硫属化物

过渡金属硫属化物(TMXs)，包括过渡金属硫化物(TMSs)、硒化物(TMSes)和碲化物(TMTes)在 OER 领域引起了极大的关注。由于其更快的电荷转移动力学，过渡金属硫属化物在电化学方面往往比对应的氧化物更有利。与单金属硫属化物相比，多金属硫属化物表现出更丰富的氧化还原反应和更高的电导率。不同金属位点的掺入可以在优化反应中间体吸附和解吸的自由能方面发挥重要作用，从而获得更高的催化活性。Cai 等合成了掺氧非晶 CoS_x 多孔纳米立方体，其在碱性/中性介质中表现出优于基准 RuO_2 的 OER 活性。由于形成了由大量缺陷组成的多孔结构，并产生更活跃的 Co—S 键，从而显著增强 M—O 吸附并促进 OER。Yuan 等合成了在导电 FeNi 合金箔上的 Fe 掺杂 Ni_3S_2 纳米片阵列(Fe-Ni_3S_2/FeNi)，其具有比 Ni_3S_2 更多的金属态，加速了电子转移，Fe-Ni_3S_2 对 H_2O 的吸附能较低，同时 O_2 从 Fe-Ni_3S_2 表面更容易解吸，从而提高了 OER 活性。

与 TMSs 类似，高电导率的 $CoSe_2$ 也是 OER 的理想候选材料。$CoSe_2$ 可以以稳定的立方黄铁矿型和亚稳定的斜方白铁矿型存在，细微的结构差异会影响其催化性能。Wang 等使用 Ar/O_2 等离子体成功同时诱导剥离、产生氧空位和从立方 $CoSe_2$ 到斜方 $CoSe_2$ 的相变。这些因素的协同作用显著提高了 OER 活性，在 $10mA/cm^2$ 下的过电位仅为 251mV。通过掺杂可以进一步提高 $CoSe_2$ 的 OER 活性。Dai 等发现通过添加 Cu^{2+} 离子可以诱导从斜方 $CoSe_2$ 到单斜 Co_3Se_4 的结构转变。由于这种转变，RDS 的吉布斯自由能显著降低。此外，硒化镍也被作为 OER 催化剂进行研究，电导率和水吸附能力是影响其 OER 活性的两个关键因素，与催化剂的电子自旋态密切相关。Chen 等通过引入结构畸变，将超薄 $NiSe_2$ 纳米片中 Ni^{2+} 的自旋态调整为离域态，与块状对应物相比，OER 活性和电导率显著增大。

与 TMSs 和 TMSes 相比，只有少数研究关注 TMTes 作为 OER 催化剂。纳米晶 $CoTe_2$ 被证明具有催化 OER 的能力。此外，它的性能优于 CoTe，这是因为其上中间体的结合强度和横向相互作用不同。Xue 等将 NiTe 纳米阵列与 NiS 纳米点耦合，形成了 NiTe/NiS 异质结。与 NiTe 相比，界面丰富的 NiTe/NiS 在 $10mA/cm^2$ 表现出超低过电位，仅为 209mV，塔费尔斜率为 49mV/dec。中间体在 NiTe 上的吸附过于强烈，NiS 的掺入会导致电子密度重新分布，从而优化中间体的结合能。

当使用一系列 TMXs 作为 OER 催化剂时，在 OER 过程中会发生硫源的浸出，而 TMXs 作为预催化剂不可逆地转化为(氧)氢氧化物，这是真正的催化活性物质。如果转化过程缓慢或形成的(氧)氢氧化物层足够致密，可以防止 TMXs 核进一步氧化，则可以形成核-壳结构，其中导电的内核促进电子转移，而外壳作为真正的活性位点。Yang 等合成了垂直排列的 CoTe 纳米阵列作为 OER 催化剂，测试结果表明在 OER 过程中 CoTe 发生了表面重建，在 CoTe 表面形成了一层薄的钴(氧)氢氧化物层，得益于核-壳结构的形成，OER 活性显著提高，达到 $100mA/cm^2$ 具有 350mV 的低过电位。同时在转化过程中会产生较大的表面积、大量的纳米孔和一定量的缺陷。所以 TMXs 可以作为模板来生产具有多孔结构和丰富缺陷的(氧)氢氧化物，其通常比传统方法制备的化合物表现出更高的 OER 活性。

Cheng 等构建了基于 Ni-苯二甲酸(BDC)的 MOF 纳米片阵列(S-NiBDC)。得益于 p 带中心更接近费米能级以及较强的电子转移能力，S-NiBDC 在碱性电解质中表现出 310mV 的低过电位以达到 1.0A/cm^2 并具有高稳定性。基于详细的机理分析和结构表征，推测新构建的三角形“Ni_2-S_1”基序是改进的 HER 活性区域，并且 S 的引入增强了 Ni—O 键的共价性，稳定了 S-NiBDC 结构。实验观察和理论计算表明，“Ni_2-S_1”中心的 Ni 位点明显加速了水的活化动力学，而 S 位点很容易捕获 H 原子作为最佳的 HER 活性位点，从而提高了整体 HER 活性。

5) 过渡金属磷化物

元素周期表中几乎所有的过渡金属元素都能与磷反应生成过渡金属磷化物。不同的组成元素和化学计量比会产生不同的结构和理化性质，从而导致不同的 OER 性能。对于大多数富含金属的金属磷化物来说，由于其金属特性，它们表现出更好的导电性。此外，在不形成层状结构的情况下，过渡金属磷化物(TMPs)的几何结构可以使更多的晶体表面暴露出来，为 OER 提供更多的活性位点。

尽管原始 TMPs 具有有利理化性质和适合的 OER，但应考虑进一步提高内在活性、暴露丰富的活性位点并创造有利的局部环境。通过引入外来元素进行元素掺杂可以调节催化剂的电子结构，从而使其物理化学性质和活性发生显著变化。Zhang 等制备了具有均匀一维结构的 $Co_{1.33}Fe_{0.67}P_x$ 纳米棒，以说明多金属在提高 OER 方面的协同效应。对于原始 Co_2P，达到 10mA/cm^2 的过电位为 372.2mV，掺入 Fe 后过电位减小为 293.4mV。在高电位的 OER 条件下，Fe 被氧化成 Fe(Ⅳ)，其上吸附的 M—OH 被去质子化，生成稳定的 M—O。$Co_{1.33}Fe_{0.67}P_x$ 中 Fe 和 Co 的平衡比例最大化了 Co 和 Fe 之间的协同合作。除了 Co 和 Fe 之外，Cr、Ni、Mo 和 V 元素也被成功引入到各种 TMPs 中，并被认为是良好的掺杂剂。

事实上，许多 TMPs 在 OER 过程中充当预催化剂，真正的活性位点来自表面形成的(氧)氢氧化物，这与 TMXs 中观察到的现象类似。因此，阳离子调节实际上调节了衍生的(氧)氢氧化物的电子结构。中空导电 Fe-Co-P 合金纳米结构应用于 OER，并证实 Fe-Co-P 上原位生成的 FeOOH 具有高活性。Yan 等将 Cu 掺杂到 CoP 中，与原始 CoP 相比，掺杂 Cu 的 CoP 显示出显著提升的本征活性和电导率。Cu-CoP 在 OER 过程中转化为 Cu-CoOOH，并充当真正的活性位点。DFT 计算表明，Cu-CoOOH 上 M—O 形成的能垒显著降低，这有效降低了 RDS 的能垒，进而促进 O_2 的析出。具有出色 OER 活性的三元多孔 $Ni_{0.75}Fe_{0.25}P_2$ 纳米片证实了固有 TMPs 与表面原位形成的(氧)氢氧化物之间的协同效应。

Shao 等制备的 Ir NCs 在酸性和碱性介质中均表现出比商用 Pt/C 和 Ir/C 更优异的析氢反应(HER)和析氧反应(OER)活性。特别是，所制备的 Ir NCs 表现出显著的电解水分解性能，在碱性和酸性电解质中分别在 1.42V 和 1.43V 的超低过电位下达到 10mA/cm^2 的电流密度。优异的电催化活性归因于 Ir NCs 表面原子利用率的增加和本征活性的提高。Yu 等制备了封装在泡沫镍上原位生长的 N、P 共掺杂分级碳(FeNiP-NPHC)中的 FeP/$FeNi_2P$。构建 FeNiP-NPHC 三相异质结界面可以有效调节 d 带中心和电子结构，从而提升 HER 性能。

6) 过渡金属氮化物

过渡金属氮化物(TMNs)具有较强的耐腐蚀性和良好的导电性，所以被认为是很有前途的 OER 催化剂。Zhang 等通过 N_2 等离子体处理获得的 CoN 纳米线在 10mA/cm^2 表现出 290mV 的过电位。在 OER 之前，观察到 CoN 表面形成了一层 CoOOH，并进一步氧化形成 CoO_2 作为真正的活性位点，这与 TMPs 中观察到的相变机制类似。同样，Chen 等合成的金属 Co_4N 多孔纳米线也表现出很高的 OER 活性，其表面首先部分氧化成 CoOOH，并进一步氧化成 CoO_2。与单金属氮化物相比，双金属氮化物具有更多优点。Jia 等制备的粒径为 100nm 的 Ni_3FeN 纳米粒子表现出显著的 OER 活性。在 Ni_3FeN 上观察到 H_2O 吸附增强，这提高了电子向 H_2O 的转移效率。Xu 等将 Ni_3FeN 负载在还原氧化石墨烯(rGO)上时，其表面电子结构通过从 Ni_3FeN 到 rGO 的电子转移来调节，从而产生中间体的最佳结合能和优异的 OER 性能。精心设计的具有微调界面电子结构的异质结可以引入 TMNs 中。Zhu 等合成的 Co-Ni_3N 异质结构阵列显示出明显的 OER 活性增强，与 Ni_3N 相比，TOF 活性提高了 19 倍。界面上这两个不同结构域之间的电子转移得到促进，导致 OER 活性增强。

Lao 等设计了功能化碳负载 Ru 异质结构电催化剂，其含有丰富的 Ru-N(O)-C 部分，以实现快速析氢反应。Ru-N(O)-C 部分的配位化学，以及 Ru 物种的几何结构和电子结构可以通过适当的退火处理进行精确调节。具体来说，钌基催化剂在已报道的电催化剂中具有最高的比活性，并且在过电位(η)为 100mV 时转换频率值达到 32s^{-1}，这也超过了现有技术水平。异质结构电催化剂的界面工程不仅在 Ru-N(O)-C 部分的帮助下促进 H_2O 的吸附和解离，而且还进一步优化了 H 在金属 Ru 上的吸附行为，从而加速了析氢动力学。

3. 储运方式

国际可再生能源署发布的《实现 1.5℃气候目标的全球氢能贸易：氢能载体技术回顾》报告，通过对比压缩气态氢气与氨(远洋或沿海长距离的氨运输一般采用冷冻型氨运输船)、液氢和液态有机氢载体等不同的氢能运输方式对成本产生的影响，对未来氢能运输的技术路线做出预判。运氨船可以运输更远的距离，且适合各种大小规模的项目；管道运输受距离限制较大，只适合 1～2000km 的运输；液氢储罐能量密度更占优势。

《氢能产业发展中长期规划(2021—2035 年)》指出，以安全可控为前提，积极推进技术材料工艺创新，支持开展多种储运方式的探索和实践；提高高压气态储运效率，加快降低储运成本，有效提升高压气态储运商业化水平；推动低温液氢储运产业化应用，探索固态、深冷高压、有机液体等储运方式应用；开展掺氢天然气管道、纯氢管道等试点示范；逐步构建高密度、轻量化、低成本、多元化的氢能储运体系。

氢利用的重要前提是将氢的绿色制取与终端用户通过安全可靠、经济便捷的方式联系起来，这就需要解决氢的储运问题。氢的储运方式有高压储氢、液氢、材料储氢、有机化合物储运氢、管道输氢等，其中高压储氢、液氢、管道输氢均需加压氢气，因而具有较高压力的 PEM 电解水制氢具有与储氢需求匹配的天然优势。

利用现有的天然气管道，将氢气加压后输入，使氢气与天然气混合输送；在用氢端，从管道提取天然气/氢气混合气，进行重整制氢，这是快速储运氢的新方向。PEM 电解水制氢的产氢压力通常大于 3.5MPa，很容易提升至 4MPa，因而 PEM 电解生产的氢气无须额外的加压过程即可直接注入天然气管网。德国已有天然气管网 20%混氢的工程案例。法国 GRHYD 项目在 2018 年开始向天然气管网注入含氢气(掺混率为 6%)的天然气，2019 年氢气掺混率达到 20%。英国在 HyDeploy 项目中实施了零碳制氢，2020 年向天然气管网注入氢气(掺混率为 20%)，验证了电解水制氢注入气体管网的技术可行性。更为理想的情况是新建纯氢管道，欧洲多国启动了输送纯氢管网的初步规划论证，但开工建设尚需时日。

3.2.3　电催化全解水制绿氢一体化储能系统的发展前景

1. 电化学储氢技术展望

目前，国内外开展了多种储能技术的研究与探索。按储存介质进行分类，电能的储能技术主要分为物理储能、热储能、电化学储能、电气储能以及化学储能等。在物理储能中，抽水蓄能与压缩空气储能的储能规模大、技术相对成熟，但二者占地空间大，均对选址有一定的要求。抽水蓄能受水文、地质条件限制，压缩空气储能则需要利用现有的矿井、洞穴。飞轮储能具有响应速度快、寿命长等特点，但是其能量密度低、自放电率高、投资成本高。储热、储冷等热储能技术由于热(冷)能不易长时间储存、不易长距离运输等限制，多用于用户侧储能，以便就近消纳。电化学储能技术是应用最为广泛的储能技术，具有容量大、成本低、模块化等特点，其中以锂离子电池为主，但是安全性、废旧电池回收利用等问题是制约其发展的重要因素。超级电容、超导等电气储能则由于技术、容量等因素的限制，占比有限。相比于以上储能技术，基于电解水制氢的氢储能技术，把电转化为氢进行能量储存，具有占地空间小(MW 级制氢设备占地<100m^2)、储存能量高(可达上百吉瓦 · 时)等特点。作为储能载体的氢，具有清洁低碳、储存时间长、运输距离远、消纳利用渠道多元化等优势。因此，基于电解水制氢的氢储能技术具有广阔的应用前景，受到很多专家学者的关注。随着可再生能源技术的大规模应用，基于电解水制氢的氢储能技术在电力行业的重要性日益凸显，在多个场景下均有广泛的应用前景。电解水制氢可以与集中式光伏/风电等电站配合使用，减弱可再生能源波动性对电网的冲击，有利于可再生能源的消纳。氢储能与分布式发电的结合，有利于解决分布式能源接入配电网的消纳问题。此外，在偏远地区或海岛，风能、太阳能较为充足，可通过电解水制氢技术制取氢气并储存。当可再生能源发电不足时，通过氢燃料电池发电为负载供电，形成一套微电网系统，实现独立供电。

随着我国风、光、水等可再生能源的快速发展，预计电解水制氢技术与应用将进入稳步上升期。为此建议：结合西北、西南、东北、沿海等地区可再生能源丰富的天然禀赋，加大利用可再生能源来进行电解水制氢的示范力度；结合商业化推广，全面降低电解水制氢的成本，适应可再生能源规模化发展态势；在西北、西南、东北、沿海等地区进行大规模的电解水制氢装备应用，将高压氢掺混后送入天然气管网，用氢地区则从天然气管道中取氢；天然气中的氢浓度为 5%～20%时用氢地区采用膜分离方法从混合气中提取氢，氢浓度低于 5%时采用混合气重整制氢方法，由此既不增加 CO_2 排放，也具有长距离输氢的技术可实现性。

2. 电催化剂的发展展望

电催化将在那些需要将可再生能源转化为可储存化学燃料(如氢气)或使用清洁能源的可再生能源系统的许多技术中发挥重要作用。OER 和 HER 在水分解、可充电金属空气电池和电催化全解水制绿氢一体化储能系统中扮演着重要的角色。因此，高效水分解电催化剂的开发至关重要。

其中，贵金属氧化物、钙钛矿氧化物、尖晶石氧化物等催化剂虽然都表现出优异的电催化能力，但贵金属氧化物催化剂的高成本和稀缺性限制了其应用，钙钛矿氧化物催化剂和尖晶石氧化物催化剂的导电性不令人满意。于是人们探索了具有优异导电性的过渡金属硫化物催化剂、氮化物催化剂和磷化物催化剂，这些体系在催化方面也表现出了广阔的前景。但许多研究人员已经证明，这些催化剂表面上原位形成的薄氧化物层或(氧)氢氧化物层应该是真正的活性位点，而催化剂本身则充当预催化剂和导电支架。因此，氧化物和(氧)氢氧化物被认为是可以直接用作电催化剂的良好替代品。

高效的电催化剂应具有高电导率并具有适度的氧中间体吸附能。为了修改结构和电子结构并提高催化剂的本征活性，引入了几种设计策略。掺杂杂原子是一种有效的方法，它可以调节电导率、中间体吸附能和金属-氧共价性；在晶格中引入空位也可以改变催化性能，因为空位的结合可以暴露更多的活性位点并调节电催化剂的电子结构，促进电子的传输；合理设计多元异质结构可以通过强界面相互作用(包括电子耦合效应和界面协同效应)来提高电催化活性；此外，选择一些基底来负载催化剂，因为它们不仅有利于电子转移，而且还提供大的比表面积，以暴露更多的催化活性位点并增强稳定性。利用这些合理的设计策略有望进一步提升催化剂的活性和稳定性。

尽管这些过渡金属基电催化剂在加速催化反应方面取得了重大进展，但具有高活性和稳定性的电催化剂的商业化仍然是一个巨大的挑战。进一步提高能效还需要付出更多的努力，并在以下几个方面提出一些观点和未来的方向。

(1) 通常，对于大多数报道的 OER 催化剂，仅在碱性条件下发挥作用。因此，开发能够在所有 pH 下有效工作的 OER 催化剂至关重要。然而，对于实用的碱性电解槽，为了实现高能效，它们总是在高温(70～100℃)、高压力(>10bar，1bar=0.1MPa)和高电介质浓度(浓 KOH)下运行。对于大多数已开发的过渡金属基 OER 催化剂来说，在这些极端条件下保持稳定性仍然具有挑战性。

(2) 大多数过渡金属基催化剂在 OER 条件下会发生相变，包括结构、价态、配位环境等。目前大部分研究工作采用非原位技术，对 OER 过程中的结构演变和重建的理解还不够深入。因此，利用原位技术检测中间体及其吸附/解吸行为对于深入理解 OER 机理至关重要。在这方面，原位拉曼光谱、原位 X 射线光电子能谱、原位 X 射线衍射技术和原位 X 射线吸收光谱等技术有潜力实现对电催化过程中催化剂结构的原位监测。原位技术与理论计算和电化学测量相结合，可以更有效地揭示反应机理，指导 OER 电催化剂的合理设计。

(3) 除了催化剂的效率和稳定性外，还应采用廉价、简单的催化剂合成工艺来满足经济要求。克服这些障碍将促进能源设备的发展，并为能源收集和利用提供可持续的解决方案。

在过去的几十年里，过渡金属基电催化剂的发展取得了很大的进展。我们相信，在对反应机理的深刻理解的基础上，过渡金属基电催化剂的进一步探索将会更加丰富，电催化剂的发展将进一步推动电催化全解水制绿氢一体化储能系统在实现能源转型和可持续发展目标中发挥重要作用。未来的研究应继续聚焦于提升催化效率、降低系统成本、增强系统集成和管理能力，以及优化储存和运输方案，共同推动绿色氢气技术的实际应用和产业化进程。

3.3 电催化二氧化碳还原制 C_1 和高价值的多碳产物(C_{2+})

电化学 CO_2 还原(electrochemical CO_2 reduction，CO_2RR)是以可再生电力为能源，将 CO_2 转化为有价值的化学品，是一种非常有前景的绿色固碳手段，因为这可以实现碳循环的闭合和间歇性可再生能源的储存。目前的研究仍处于基础研究阶段，主要致力于提高 CO_2RR 生产效率和选择性性能指标。这些研究主要包括催化剂的开发与设计、本征动力活性的影响、传质效应的影响、电解质的影响、pH 的影响、温度的影响、压力的影响和电解池器件的创新与开发。除此之外，对于 CO_2RR 相关机理的研究也是科学家聚焦的热点。

3.3.1 电催化二氧化碳还原储能系统的基本原理

电催化 CO_2 还原反应化学方程式可以用以下公式表示：

$$CO_2 + H_2O + e^- \longrightarrow 产物 + O_2 \tag{3-21}$$

CO_2RR 的阴极反应为 CO_2 在工作电极上与水反应生成所需要的高值产物，阳极反应为电解水析氧反应，其中，阴极常常伴随着电解水析氢反应。

CO_2RR 一般为气相、液相和固相三相反应：气相反应中 CO_2 为气体反应物；液相为电解液，为反应提供所需的 H 和 O；固相为催化剂制备的工作电极，也是 CO_2 发生还原反应的区域。在二氧化碳还原反应(CO_2RR)进程中，可以获得诸多不同的还原产物。具体而言，这些产物涵盖了一氧化碳(CO)、甲酸盐($HCOO^-$)或其酸式形态甲酸(HCOOH)、甲烷(CH_4)、乙烯(C_2H_4)，以及乙醇(C_2H_5OH)等，表 3-1 为不同还原产物在 pH=7 的水溶液中可能存在的半反应的电极电位(相对于标准氢电极，SHE)，从表中可以看出不同的反应的电极电位差距极小，并且与 HER 的反应电位也很相近。因此，不同的产物需要选择各自对应的催化剂种类，并需要伴随着各自对应的反应电位来提高法拉第效率和能量利用率。

表 3-1　不同还原产物水溶液中可能存在的 CO_2RR 的电极电位

CO_2RR 可能发生的半反应	电极电位 (V *vs.* SHE，pH = 7)
$CO_2 + 2H^+ + 2e^- \longrightarrow HCOOH$	−0.610
$CO_2 + 2H^+ + 2e^- \longrightarrow CO + H_2O$	−0.530
$CO_2 + 4H^+ + 4e^- \longrightarrow HCHO + H_2O$	−0.480
$CO_2 + 6H^+ + 6e^- \longrightarrow CH_3OH + H_2O$	−0.380
$CO_2 + 8H^+ + 8e^- \longrightarrow CH_4 + 2H_2O$	−0.240
$2CO_2 + 12H^+ + 12e^- \longrightarrow C_2H_5OH + 3H_2O$	−0.329
$2CO_2 + 12H^+ + 12e^- \longrightarrow C_2H_4 + 4H_2O$	−0.349

CO_2RR 主要涉及以下几个步骤。在二氧化碳还原反应(CO_2RR)的初始阶段，CO_2 分子或 CO_3^{2-} 离子会首先被吸附到催化剂的表面上，从而实现其活化。随后，这些被吸附的 $*CO_2/*CO_3^{2-}$ 物种会与传递来的电子或质子发生相互作用，导致 C—O 键的断裂，进而生成与反应密切相关的各类中间体，该步骤通常被认为是 CO_2RR 过程中的决定性步骤。例如，产物为 CO 的时候需要生成*CO 中间体，产物为 HCOOH 的时候需要生成*COOH 中间体。随后，这些反应中间体会经历重新排列与组合的过程，以生成最终的还原产物。最终，这些产物会从催化剂表面解吸并扩散到电解质中。由于不同产物在形成过程中所涉及的电子转移数目存在差异，因此，这一过程对于产物的选择性和反应效率具有重要影响。这种电子转移数目的多样性也是 CO_2 还原反应复杂性和挑战性的体现之一，它们所需要的电位也不尽相同。CO_2RR 过程具有多种电子转移途径(图 3-9)，为了控制目标产物的高法拉第效率，有必要研究催化反应的机理并识别相应的活性位点，以此来推测生成目标产物所需要的电子转移途径并针对该途径进行催化剂设计。

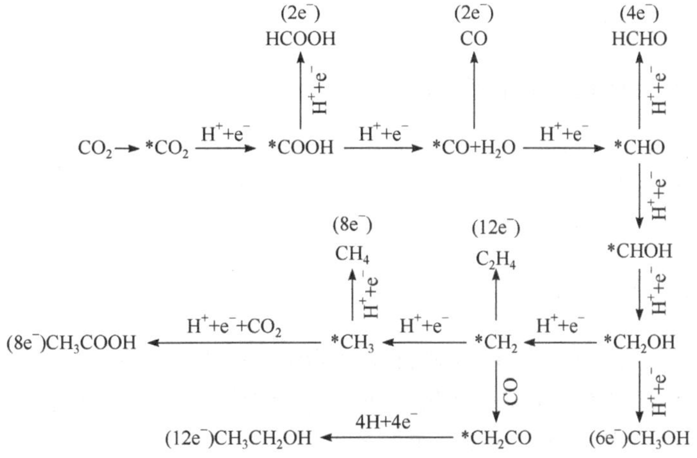

图 3-9　CO_2RR 可能的电子转移途径

由于电子转移途径不同，CO_2RR 的还原产物多样且复杂，包括气体产物和液体产物。因此，需要针对气体和液体产品采用相应的研究技术来确认产品成分。通常，气相色谱(GC)和高效液相色谱(HPLC)分别用于鉴定气体和液体产品的成分。此外，质谱(MS)和核磁共振(NMR)波谱是产品分析的有效工具。通过将产物成分信息与电化学性能相结合，可以计算出法拉第效率(Faraday efficiency，FE)和产物选择性，这是 CO_2RR 的两个关键参数。

影响 CO_2RR 结果的实验参数过多，包括但不限于电极、电解池、温度和压力等因素。不同的实验条件会涉及多方面实验数据的偏差，如气相和液相的产物分析、电流密度、电位等关键数据。这些测试目前没有统一标准的测试规范，因此很难可靠地横向对比不同实验得到的结果。目前常见的评价指标如下。

(1) 选择性。法拉第效率，指稳态反应下，转移到特定产物的电荷量占总转移电荷量的百分比。本书特指生成甲酸转移的电荷量占总转移电荷量的百分比。

(2) 催化活性。电流密度和过电位共同决定反应活性。同一电位下，电流密度越高，催化活性越高；同一电流下，电位越低，催化活性越高。

(3) 稳定性。在 CO_2RR 体系中，催化剂持续稳定工作的时长，直到失去或大幅降低催化活性，一般通过电流密度和法拉第效率的具体数值进行评价。

除此之外，还有部分 CO_2RR 评价指标，因 CO_2RR 的评价指标目前没有一个完整的体系，所以还有很多评价指标未被广泛应用，如能源效率(energy efficiency，EE)，能源效率是目标产物中保留的能量与系统总能量输入的百分比，为了降低电力成本并提高 CO_2RR 的经济效益，高能源效率原则上是不可或缺的。除此之外，反应过电位也是评价 CO_2RR 的重要指标，反应过电位本质上与阴极 CO_2RR 和阳极 OER 相关，在实验上，它是三电极系统中平衡电位和测量电位(通常使用 iR 校正)之间的差值。作为具有强 $C{=}O$(750kJ/mol)键的线型分子，CO_2 具有热力学稳定性，并且很难进行电化学转化。在这种情况下，电催化剂通过降低动能能垒以降低过电位，在活化 CO_2 方面发挥着极其重要的作用。总体来说，复杂的多步质子或电子转移伴随着势垒的变化，除了催化剂，打破这种能垒的动力就是电源或者说是反应电位。事实上，在实验或者工业上常常伴有超出反应电位的额外电位。

3.3.2　电催化二氧化碳还原储能系统的发展历程

对于 CO_2RR 而言，目前的研究仍处于基础研究阶段，主要致力于提高 CO_2RR 生产效率和选择性性能指标。这些研究主要包括催化剂的开发与设计、产物的调控、传质效应的影响、电解质的影响和电解池器件的创新与开发。

1. 催化剂的开发与设计

CO_2RR 的早期研究表明，许多金属如铅(Pb)、汞(Hg)、铟(In)、铋(Bi)、镉(Cd)和锡(Sn)，可以将 CO_2 转化为甲酸盐。研究发现，Ni 作为催化剂也能够将 CO_2 还原为碳氢化合物，但需要在高过电位下，且法拉第效率非常低。此外，CO 与 Ni 的强结合会导致 Ni 表面中毒，将 Ni 做成单原子或与其他金属合金化，可以有效地破坏 Ni 与 CO 的吸附。

尽管目前研究发现 Ni 可作为电催化 CO_2 还原为碳氢化合物的催化剂，但被大家普遍认同的，仍以 Cu 基催化剂为主。

铜(Cu)基催化剂是迄今为止唯一一种可以形成双碳(C_2)产物的单金属催化剂，这奠定了其在 CO_2RR 领域的特殊地位。但是，Cu 对某种特定产物的选择性很差，导致其还原产物分布广，涵盖了从 $2e^-$的还原产物一氧化碳到 $12e^-$的还原产物乙醇。

因此，近年来人们致力于探究 Cu 基催化剂在反应过程中的 C—C 偶联机制及影响因素，并对 Cu 基催化剂进行针对性的结构设计和实验合成。但是，Cu 基催化剂仍然遭受剧烈和不可预测的重构，这经常导致性能损失，并掩盖了反应对催化剂几何结构的固有敏感性。Cu 基催化剂的研发和应用仍停留在实验室阶段，要实现从实验室探索到工业化应用的跨越，仍面临着许多严峻的挑战。

(1) 对产物的选择性差。Cu 基催化剂与*CO 相对适中的结合能使其产物种类众多，而对特定产物的选择性差。尽管目前大部分研究关于对特定 C_1 产物的选择性已经基本满足商业化需求(FE>80%)，但是对于价值更高、应用更广的 C_2 产物甚至 C_{2+}产物的选择性则远远无法达到标准。虽然有报道称对 C_2 产物的 FE>80%，但其针对的仅是 C_2 产物的集群，而非某一特定的 C_2 产物。包括 Cu 基催化剂在内的所有电催化剂对 CO_2RR 的产物选择性很大程度上取决于各种反应中间体与电催化剂的结合强度。因此，在实验结果和理论计算的基础上对反应机理进行深入探究，有望为高选择性 Cu 基催化剂的设计提供思路。

(2) 稳定性差。从目前的报道来看，鲜有可以持续催化大于 100h 的 Cu 基催化剂。电催化 CO_2RR 过程中，电解质的种类和生成的液体产物引起电解质 pH 变化也是影响电催化剂稳定性的关键因素之一。通过对 Cu 基催化剂进一步改性，并制定有效策略来延长电解槽在电解过程中的稳定性至关重要。

(3) 成本过高。实验室探索过程中对 Cu 基催化剂的改性制备重点关注产物选择性和稳定性，而对实现工业化应用所需的成本关注较少。尤其是 Cu 基催化剂与 Pt、Pd、Au 等贵金属合金化改性后，虽然能够显著提高其各项性能，但其因昂贵的制备成本仅能停留在实验室阶段。未来，应进一步致力于开发具有快速反应动力学和高选择性的低成本、高产率 Cu 基催化剂。

虽然电催化 CO_2RR 技术目前仍处于起步阶段，开发高效低成本的 Cu 基催化剂也面临着巨大挑战，但随着在该领域知识的不断丰富，表征技术的逐渐发展，研究人员的不懈探索，基于 Cu 基催化剂的电催化 CO_2RR 技术未来将有望在解决能源和环境问题方面发挥重要作用。

除了过渡金属催化剂，贵金属催化剂在 CO_2RR 中也被用于制取 CO。金(Au)和银(Ag)被认为是能将 CO_2 高选择性转化为 CO 的高选择性催化剂。与 Au 相比，Ag 的价格更低，活性也与 Au 相差不大，因而具备更好的经济优越性。为了减小 Ag 基催化剂高选择性催化 CO_2 到 CO 所需的过电位(η)，研究人员研究了各种策略，如形貌-纳米结构调控、尺寸调控、缺陷工程、表面配体功能化和双金属合金化等。但是，Ag 基催化剂仍然受较高过电位和较低电流密度的制约而难以大规模应用。

单独的金属催化剂活性较低，所以针对提高金属催化剂活性提出许多策略，如分子催化剂。分子催化剂可根据其相态特性被分类为均相分子催化剂和非均相分子催化剂。在均相分子催化剂中，有机金属配合物扮演着至关重要的角色。当这些配合物溶解在有机电解液(如乙腈、二甲基甲酰胺等)中时，它们能够将 CO_2 有效地转化为 C_1 和 C_2 产物。然而，值得注意的是，均相分子催化剂在电极与 CO_2 之间的氧化还原反应中，主要作为媒介存在；实际上，只有极少部分位于溶液扩散层的催化剂直接参与了催化过程。均相分子催化剂的利用效率较低，且容易受到电解质和电极环境变化的影响，虽然其在 CO_2RR 的催化机理研究中具有一定的应用价值，但实现工业应用仍存在较大差距。

相较于均相分子催化剂，非均相分子催化剂(也称负载型分子催化剂)则通过将有机金属配合物负载到导电材料(如炭黑、碳纳米管、石墨烯等)上，或者通过自组装方式生成金属有机框架(MOFs)和共价有机框架(COFs)等结构。这种负载和自组装的方式显著地改善了电极与催化剂界面之间的电接触，从而提高了催化剂的利用效率，并简化了后续的分离步骤。目前，研究人员已经报道了众多基于过渡金属与卟啉、酞菁等衍生物形成的负载型分子催化剂在 CO_2RR 研究中的应用实例。为了进一步提升分子催化剂在电极上的负载量，研究者还利用 MOFs 来负载活性分子配合物，并随后与导电材料相结合，以期能够对 CO_2RR 产生更为积极的影响。然而，需要指出的是，分子催化剂整体导电性能欠佳仍然是制约其提升 CO_2RR 效率的重要因素。

碳基材料催化剂能很好地改善分子催化剂导电性差的问题，并且碳基材料催化剂因其可接触表面积较大和良好的结构稳定性而通常被用作电极。当杂原子掺杂到碳结构中时，它们的物理和化学性质可以显著定制，从而赋予它们良好的催化功能。因此，杂原子掺杂碳基材料(H—CM)是 CO_2RR 中十分有前途的催化剂。H—CM 由于高电导率、大比表面积、良好的结构稳定性和可调节的催化位点，可能成为高效 CO_2 转化的有前景的电催化剂。

碳基材料的研究主要包括结构效应、掺杂效应和 H—M 协同效应(M 代表金属原子)三个方面对 CO_2RR 的电化学性能的影响。对于结构效应和掺杂效应，主要是无金属 H—CM。为了实现 H—M 协同效应，金属和 H—CM 的复合材料也包括在内。

迄今为止，已经研发出了针对 CO_2RR 的具有不同碳材料和杂原子的各种 H—CM，这些碳材料包括石墨烯、石墨烯量子点、碳纳米管、多孔碳和碳纤维等。

鉴于石墨烯所具备的独特物理与化学特性，自其于 2004 年首度被应用起，便在电化学领域引发了广泛的探讨与研究。特别地，当石墨烯经过杂原子掺杂处理后，其展现出作为二氧化碳还原反应电催化剂的显著潜力。

杂原子掺杂的碳纳米管是另一类在 CO_2RR 中广泛应用的 H—CM 材料。采用液体化学气相沉积法制备的 N 掺杂碳纳米管，展现出将 CO_2 高效转化为 CO 的能力。其优异的低过电位和高电位选择性，主要归功于材料的高电导率、优先的吡啶 N 活性位点、降低的 CO_2 活化自由能以及增高的析氢能垒。此外，相较于石墨烯，碳纳米管因其较高的曲率而对还原产物产生显著影响。

除了石墨烯和碳纳米管之外，其他碳材料也可用于 CO_2RR，如多孔碳、碳纤维和金刚石。此外，在离子液体中添加微量水可以有效提高电流密度而不降低 CH_4 选择性。其优异的性能主要归功于纳米纤维结构以及关键中间体与碳纳米纤维的高结合能。表面杂原子掺杂金刚石也可以被认为是一种有前途的 CO_2RR 电催化剂，因为它在水溶液中具有宽的电位窗口以及源自固有金刚石结构的高耐用性。

在碳材料中引入杂原子可以显著改变其电子结构并赋予其优异的催化功能。不同类型的杂原子(B、N、P、S、F 等)及其不同的构型对 H—CM 的 CO_2RR 性能有显著影响。除了单元素掺杂外，由于不同杂原子的协同作用，多杂原子共掺杂也可以显著提高 CO_2RR 性能。

H—CM 以其较大的比表面积和可调的活性位点而著称，而金属基催化剂则展现出良好的催化活性，尽管其稳定性有待提升。通过将这两种成分进行有效结合，可以充分利用它们各自的优势并弥补相互间的不足，从而产生显著的协同效应，并大幅提升 CO_2RR 的电化学性能。根据复合材料的合成路径，大致可将其分为两大类别。第一类是通过将金属原子嵌入碳晶格中形成 M—H 键(即 M—H—CM)的金属原子复合物。第二类则是金属或其化合物以负载形式存在于 H—CM 上的络合物(即 M@H—CM)。由于金属原子与杂原子间存在着强烈的相互作用，M—H—CM 有望展现出卓越的电化学性能。

H—CM 对电化学反应的催化活性与掺杂剂密切相关，掺杂剂可以打破碳的电荷中性并诱导电荷重新分布。H—CM 的形态和结构决定了 CO_2RR 的电化学性能。不同的维度(3D 块体、2D 片材、1D 管和 0D 量子点)和孔隙分布(微观、介观、宏观和分层孔隙)导致不同的可接触表面积和电解质传输能力。任何缺陷和曲率都会改变碳材料的电子特性并导致电催化性能的变化。因此，H—CM 形态的改变可以有效提高 CO_2RR 的性能。在 H—CM 中，掺杂杂原子的种类与构型对其催化作用起着至关重要且直接的影响。各异的杂原子能够引发电子结构及自旋态密度的特定改变，进而为 H—CM 赋予独特的催化性能。为实现高效的 H—CM，采取恰当的掺杂手段成为有效策略，这些手段涵盖单一掺杂、共掺杂以及配置优化调整。将 H—CM 与其他高活性材料进行结合，能够充分发挥这两种组分的各自优势，进而提升整体的电催化性能。而要实现高性能，关键在于确保活性材料在分子和原子水平上的均匀分散。这种分布方式是提高电催化效率的重要策略之一。H—CM 对 CO_2RR 的催化机制和活性位点的研究非常重要，可以指导高效材料的设计和制备。然而，检测精确的催化机制仍然具有挑战性。因此应开发先进的实验技术以获得更多实时数据，特别是原位检测中间体。此外，还应发展更合理的理论模型和方法，以更好地反映实际应用。

2. 产物的调控

根据产物中碳原子的数量可分为 C_1 产物、C_2 产物以及 C_{2+} 产物。C_1 产物主要包括一氧化碳(CO)、甲酸(HCOOH)、甲烷(CH_4)、甲醇(CH_3OH)等。目前 CO_2RR 所有还原产物中，CO 和 HCOOH 因其反应简单，均为两电子转移过程，因此有望实现工业化应用。CH_4 是天然气的主要成分之一，具有较高的燃烧热(56kJ/g)，但 CO_2RR 制备 CH_4 属于 18 电子转移过程，反应难度大，目前仍属于实验室研究阶段，无法高效稳定地制备 CH_4。甲醇是 CO_2 电还原的最有价值的 C_1 产物，因为其能量密度高，易于在常压下储存，并可直接用于燃料电池。不幸的是，电还原 CO^{2-} 到 CH_3OH 的转化受到多电子转移的缓慢动力学的影响，因此仍面临巨大挑战。

C_2产物包括乙酸(CH_3COOH)、乙醇(CH_3CH_2OH)、乙炔(C_2H_2)等产物，与C_1产物相比，C_2产物具有更高的能量密度和经济价值，可进一步用作合成长链碳氢化合物燃料的原料。目前，直接电催化CO_2还原生成C_{2+}产物选择性较低，难以大规模应用。

3. 传质效应的影响

工作电极的宏观结构在CO_2RR性能方面也有一定的影响，尤其是在提高气体传质效率和提高电化学活性等方面。一般来讲，实验室所制备的电化学催化剂都是粉体材料，在Nafion溶液(黏合剂)的辅助下负载在高导电性的载体上面，也有部分材料直接生长在泡沫镍、泡沫铜和碳布等导电基底上。然而，这无法满足尽可能多地暴露催化活性位点以及反应界面快速传质和电子转移的要求。因此，目前开发先进的具有不同结构的高效电极材料迫在眉睫。近年来，具有可调节多孔结构和大面积暴露催化活性位点的3D结构电极在质量传输和电子转移方面表现出优异的能力，这吸引了大批研究人员对其在电化学催化反应中的应用进行探索。特别是在日益广泛应用的流通型电解池中，3D结构电极的优势越发凸显。一些经过精心制备和深入研究的电极在CO_2还原反应(CO_2RR)中展现出了令人瞩目的性能。例如，气体扩散电极(GDE)、经离子聚合物修饰的气体扩散电极、3D自支撑膜电极、3D流通电极以及3D氮/磷共掺杂碳气凝胶电极等，均在提升CO_2RR效率方面发挥了显著作用。这些电极的优异性能不仅得益于其独特的3D结构，还与制备过程中的精细调控和材料的创新选择密切相关。

4. 电解质的影响

电解质由于其pH效应和离子效应，在电化学反应中也扮演着相当重要的角色。电解质还可以通过与电极表面的中间体和产物的相互作用来驱动催化剂重组并产生CO_2RR所需要的活性物质。但是常规电解质在整个CO_2RR循环系统中属于消耗品，这对于CO_2RR实现新的碳循环来说一定程度上属于副作用。目前应用相对普遍的电解质一般都是无机电解质，也存在部分有机电解质被研究，如含PF_6^-的盐类(如KPF_6)、离子液体(如[EMIM][BF_4])、有机溶剂(如甲醇、乙腈)等，但这些电解质价格昂贵且因为是有机物所以导电性较差，因此要大规模地工业应用确实不切实际。主流的无机电解质主要包括氢氧化钾(KOH)、氢氧化钠(NaOH)、碳酸氢钾($KHCO_3$)和碳酸氢钠($NaHCO_3$)。

5. 电解池器件的创新与开发

电催化剂对于CO_2RR好比心脏，好的电解装置就相当于强壮的四肢。CO_2RR测试一般是在H形电解池中进行，传统的H形电解池易于制备、操作简单(图3-10)。然而，在反应过程中气体传质受到了很大程度的限制，CO_2和电解液以及催化剂所在的工作电极难以直接接触，这一原因导致电流密度有限，制约了其进一步的实际应用。随着针对电催化还原二氧化碳研究的快速发展，对二氧化碳还原的电催化剂的性能也提出了更高的要求。在先前的研究中，通过使用流通池装置和相对稳定的三相反应界面，提高了气体质量传输效率和工作电极上的快速电子转移，因此CO_2RR可以实现相当大的电流密度和法拉第效率。在这种情况下，提高CO_2RR性能的装置尤其是流动型电解池装置的升级备受关注。在这种情况下，最近新研发出了一些高效的 CO_2RR 装置，包括膜电极组件(MEA)电解池、多层膜电极组件电解池和碱性聚合物电解质膜(APEM)电解槽。

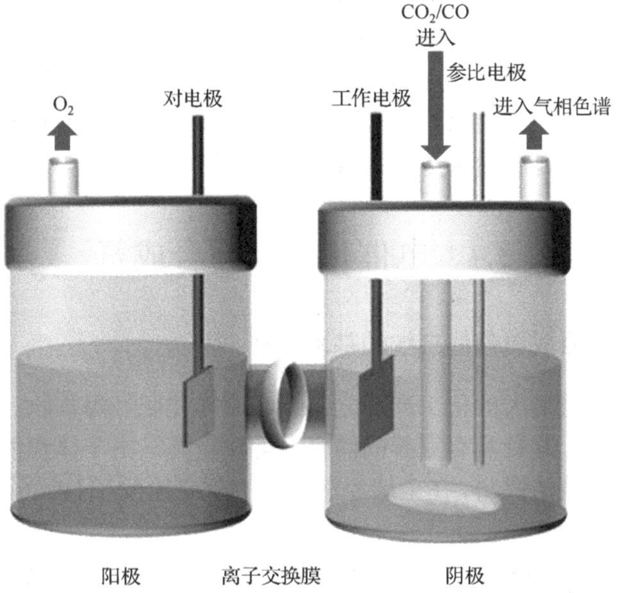

图 3-10　H 形电解池示意图(由 CO_2 直接进入阴极电解槽溶入电解质后发生反应)

3.3.3　电催化二氧化碳还原储能系统的发展前景

尽管 CO_2RR(二氧化碳还原反应)技术在转化废弃的二氧化碳(CO_2)为有价值的 C_2 产物方面显示出显著的优势，但仍存在一些缺点和局限性。

(1) 能量效率较低。CO_2RR 是一个能量密集的过程，通常需要外部能源(如电能)来驱动反应。然而，由于 CO_2 分子的化学稳定性，其还原过程通常需要较高的能量输入，所以整体能量效率较低。这意味着在实际应用中，需要消耗大量的能源来产生 C_2 产物，从而增加了生产成本。

(2) 催化剂成本高。高效的 CO_2RR 催化剂通常需要使用稀有金属或贵金属，如铜、银等，这些金属的成本较高。此外，催化剂的制备和再生过程也可能涉及复杂的步骤和高昂的成本。因此，催化剂的高成本是限制 CO_2RR 技术广泛应用的一个重要因素。

(3) 产物选择性挑战。尽管可以通过优化催化剂和反应条件来提高 C_2 产物的选择性，但 CO_2RR 过程中仍然存在多种竞争性反应路径，导致产物种类复杂且难以控制。这增加了产物分离和纯化的难度，降低了整体的经济效益。

(4) 反应条件苛刻。虽然 CO_2RR 可以在较温和的条件下进行，但某些高效催化剂和反应体系可能需要特定的温度、压力和电解质条件。这些苛刻的反应条件增大了技术应用的复杂性和操作难度，也限制了其在大规模工业生产中的应用。

(5) 技术成熟度不足。目前，CO_2RR 技术仍处于研究和发展阶段，技术成熟度相对较低。虽然已经取得了一些重要进展，但仍需要进一步研究和优化才能实现商业化应用。这包括提高催化剂的稳定性和寿命、优化反应条件、提高能量效率和降低成本等方面。

(6) 长期经济可行性待验证。尽管 CO_2RR 技术在理论上具有将废弃 CO_2 转化为有价值产物的潜力，但其长期经济可行性仍待验证。这取决于多个因素，包括原料成本、能源成本、催化剂成本、产品市场需求和价格等。只有当这些因素都达到一定的水平时，CO_2RR 技术才能在实际应用中展现出其经济优势。

综上所述，CO_2RR 技术在转化 CO_2 为 C_2 产物方面虽然具有显著的优势，但仍存在一些缺点和局限性。为了克服这些挑战并实现商业化应用，需要持续地研究和技术创新来优化催化剂、反应条件和整个工艺过程。

3.4　电催化氮还原合成氨

3.4.1　电催化氮还原合成氨储能系统的基本原理

氨作为世界上产量最大的化工产品之一，在制作化肥、爆炸物、塑料、纤维等众多领域的应用非常广泛，并且具有完善的储存、运输设施。由于体积能量密度大，NH_3 也被认为是理想的富氢清洁燃料，在全球经济中占有重要地位。目前，全球氨产量约为 2.53 亿吨/年。

氨的合成是在 430～480℃和 100atm 的条件下通过 Fe 或 Ru 表面的 N_2 和 H_2 进行的。常温下，在这些催化剂上合成氨是一个非常困难的过程，因为在 25℃时，N—N 键断裂的能垒约为 1000kJ/mol。目前氨主要来源于 1908 年哈伯等提出的哈伯-博施法(Haber-Bosch 法，简称 Haber 法)合成氨工艺：在高温高压条件下利用 Fe 基催化剂将高纯度的 N_2 和 H_2 转化为 NH_3(图 3-11)。但 Haber 法合成氨工艺耗能多，污染严重，整个过程的能耗占世界年能耗总量的 1%，使用的高纯氢来源于化石燃料的天然气重整，每年的 CO_2 排放量高达 4.5 亿吨。随着时代的进步与发展，节能降耗、绿色环保成为生产生活中的重要趋势。Haber 法工艺的能耗及环境问题日渐尖锐，为了实现“双碳”目标，现有诸多研究致力于绿色可持续性的合成氨工艺路线的开发，因此寻找一种绿色环保、低能耗的合成氨方法对国民经济的可持续性发展具有重要意义。在众多合成氨的工艺路

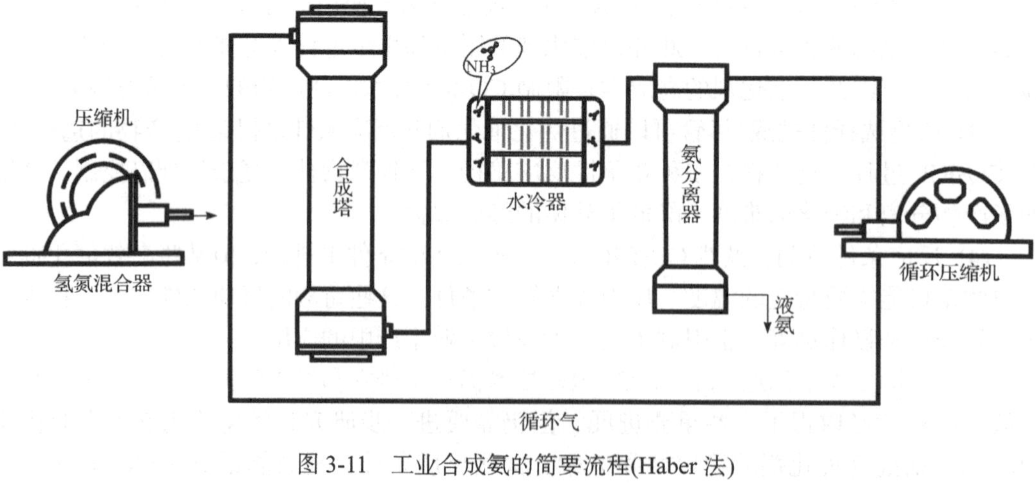

图 3-11　工业合成氨的简要流程(Haber 法)

径中，比较可行的有酶催化、多相催化、光催化、电催化等(图 3-12)，其中电化学合成氨法是最具有潜力的方法，它具有绿色环保、节能降耗的特点，可以直接在常温常压下进行，并且直接利用水作为氢源，可使热力学非自发的合成氨反应在电能的推动下不受或少受热力学平衡限制，实现氨的常温常压合成，因而成为近年热门的研究领域。

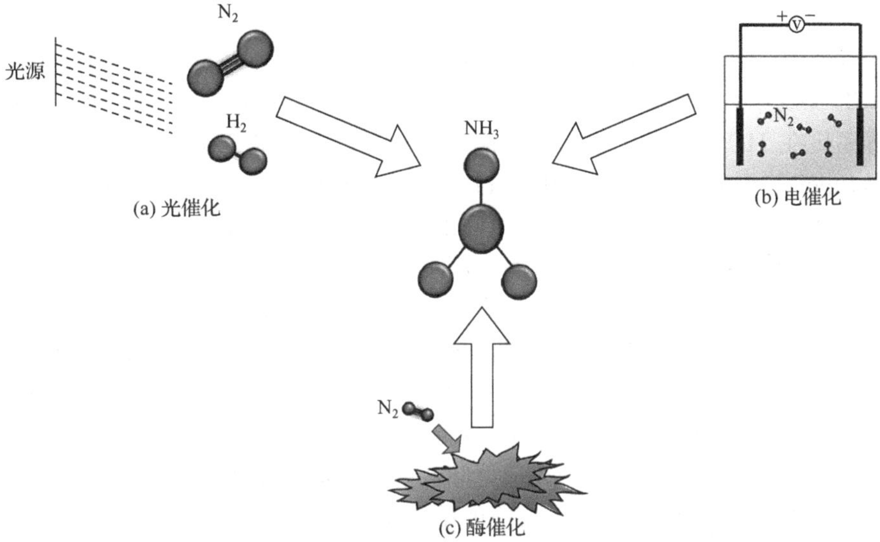

图 3-12　合成氨的可行性途径

电化学氮还原反应(NRR)的总反应方程式为

$$N_2(g) + 3H_2(g) \rightleftharpoons 2NH_3(g), \quad \Delta H^{\ominus} = -45.9\text{kJ/mol} \tag{3-22}$$

不同溶液环境中所发生的阴阳极反应不同，酸性及碱性环境的电极反应如式(3-23)～式(3-26)所示。简单来说，N_2分子被吸附在电极表面，然后被外部电路提供的电子还原，同时质子加入形成氨。

酸性环境的电极反应如下。

阳极：

$$3H_2O \rightleftharpoons 6H^+ + 3/2O_2 + 6e^- \tag{3-23}$$

阴极：

$$6H^+ + N_2 + 6e^- \rightleftharpoons 2NH_3 \tag{3-24}$$

碱性环境的电极反应如下。

阳极：

$$6OH^- \rightleftharpoons 3/2O_2 + 6e^- + 3H_2O \tag{3-25}$$

阴极：

$$N_2 + 6H_2O + 6e^- \rightleftharpoons 2NH_3 + 6OH^- \tag{3-26}$$

1. 热力学及动力学过程分析

由于 N_2 分子具有很强的稳定性，氮气通常用于提供惰性气氛，也用作反应炉气氛的载气。N_2 分子的惰性不止来源于 N≡N 键的高解离能(941kJ/mol)，因为乙炔(HC≡CH，962kJ/mol)和一氧化碳(CO，1070kJ/mol)中三键的解离能更高，然而，它们都比 N_2 活泼得多。

在 N≡N 中，第一个键的解离需要 410kJ/mol，几乎是 N≡N 总的解离能的一半，而在 HC≡CH 中，第一个键的解离只需要 222kJ/mol。这一显著差异表明，在 N_2 中完全把三个键解离比在 HC≡CH 中要困难得多。此外，N_2 分子缺乏永久偶极子，其质子亲和势(493.8kJ/mol)甚至低于甲烷(543.5kJ/mol)，它还具有负电子亲和势和高电离势，其最高占据分子轨道和最低未占据分子轨道之间的大能隙(10.82eV)阻碍了电子转移反应。因此，N_2 分子很难被激活，即使在强酸的作用下，N_2 分子也不可能在正常条件下直接质子化。在热力学上，式(3-22)有利于 N_2 完全加氢生成氨，但它不是自发发生的。在多相催化合成氨中，化学吸附的中间络合物提供了另一种反应途径，其中能垒明显较低，并且可以被热能克服。然而在实践中，仍然需要大量的能量输入。二氮烯(803kJ/mol)和联氨(853.2kJ/mol)的质子亲和势明显高于 N_2，表明它们比 N_2 更容易质子化。此外，联氨的最高占据分子轨道和最低未占据分子轨道之间的能隙(7.44eV)也远低于 N_2。因此，在动力学上最具挑战性的是涉及 N_2 的氢化反应的第一步，而不是后面的步骤。在理论上，当外部施加一个负电压时，可以驱动 N_2 在常温常压下还原成 NH_3，通过设计催化剂可以降低第一步氢化反应的能垒。

对于涉及一种以上中间体的催化反应，热力学方法也揭示了中间体之间存在能量关系，称为缩放关系。例如，在析氧反应和其还原反应中，*OH 和*OOH 中间体的吸附能的差始终为(3.2±0.2)eV，高于理想催化剂的吸附能差 2.46eV；这种能量差的存在是因为这两种中间体以相同的方式与催化剂表面协调。因此，析氧和还原反应所需的最小过电位为 0.25～0.35V。

同样，对于 N_2 还原反应，NH_2 和 N_2H 的结合能也不是独立的，由于反应中间体之间不利的能量缩放(energetic scaling)，预计最小过电位约为 0.4V。为了开发更好的电催化剂，必须打破这种缩放关系。可能的措施包括开发能够以不同方式结合这两种中间体的催化剂，以及寻找避免其中一种中间体的反应途径。

2. 电催化氮还原反应的机理

氮气在非均匀表面被还原成氨气的反应有两种不同的反应机理：解离(dissociative)机理和非解离(associative)机理。在非均相催化剂上，N_2 还原为 NH_3 的反应机理有三种路径：解离路径、联合末梢路径和联合交替路径，如图 3-13 所示。

在解离路径中(图 3-13(a))，氮气分子首先在催化剂表面分解成吸附的氮原子，然后将吸附的氮原子逐步氢化形成氨。大多数实验研究表明，在 Haber-Bosch 过程中氨的合成是通过解离途径进行的。

结合路径是指 N_2 分子首先吸附在催化剂表面，然后连续加氢，连续裂解 N≡N 三键。最终 N—N 键的断裂伴随着氨的释放。根据氮原子被氢化的先后顺序，结合路径可以进一步分为联合末梢路径和联合交替路径两种可能的路径。

在联合末梢路径中(图 3-13(b))，远离催化剂表面的氮原子首先被氢化并以氨的形式释放，在催化剂表面留下一个被吸附的氮原子，该氮原子进一步氢化形成氨。对于联合交替路径(图 3-13(c))，两个氮原子依次氢化，直到最终 N—N 键断裂并释放氨。

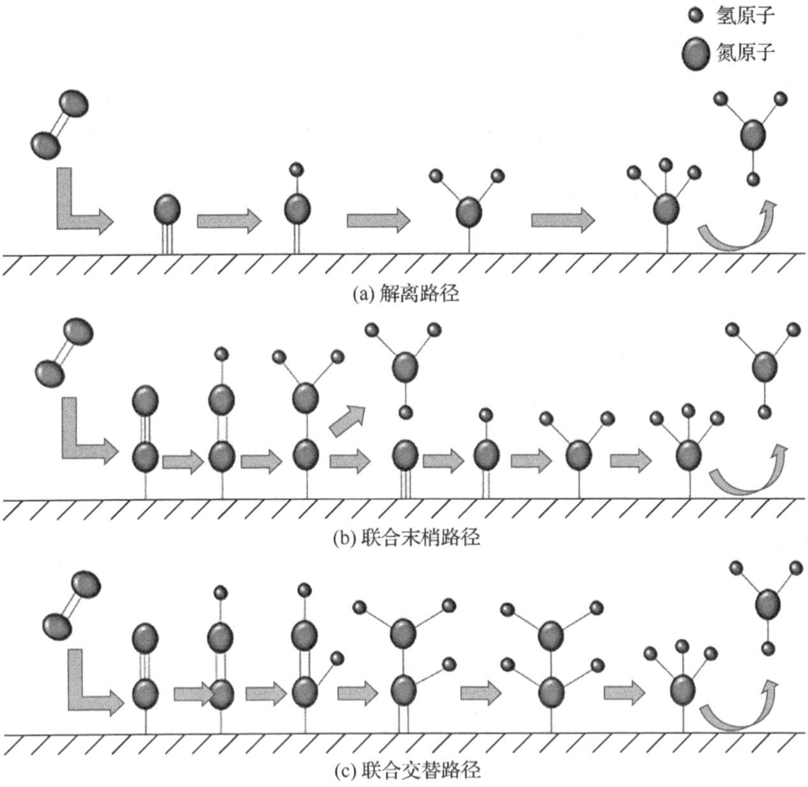

图 3-13　电催化还原合成氨机理示意图

3.4.2　电催化氮还原合成氨储能系统概述

1. 电催化氮还原合成氨性能评价参数

衡量电催化合成氨过程的性能一般采用法拉第效率 FE(%)和产氨速率 r_{NH_3} 两个参数，其中法拉第效率表征选择性，产氨速率表征反应的活性；它们的计算公式分别如式(3-27)、式(3-28)所示：

$$FE_{NH_3}=\frac{8\times F\times C_{NH_3}\times V}{17\times Q} \tag{3-27}$$

$$r_{NH_3}=\frac{C_{NH_3}\times V}{t\times m_{cat}} \tag{3-28}$$

其中，F 为法拉第常数，数值约为 96485C/mol；C_{NH_3} 为测量得到的 NH_3 浓度；V 为阴极电解质的体积；Q 是通过电极的总电荷量；t 是还原时间；m_{cat} 是催化剂的负载质量。

通过式(3-27)、式(3-28)可以看出，两者的计算都依赖于对电化学反应产生的氨的精确测定。NH_3的定量测定不像其他常见气体(如N_2、O_2、H_2和CO等)那样简单，这些气体几乎不溶于水，可以很容易地使用气相色谱法进行定量测定。相比之下，氨是一种小的极性分子，在24℃时极易溶于水(482g/L)，因此NH_3的定量测定通常在水溶液中进行。例如，使用一种溶液来吸收氨，并使用各种技术来确定溶液中氨的浓度。但在实际操作中，测量结果会受到测试系统中基底中的氨和对氨合成的非电化学贡献的影响，这两者都可以通过一组控制实验来确定。

水溶液中的氨主要以铵根离子(NH_4^+)和未电离氨(NH_3)两种形式存在，其平衡关系如式(3-29)所示。两种形式的相对浓度依赖于温度和pH，如式(3-30)和式(3-31)所示。

$$NH_3(aq)+H_2O(l) \rightleftharpoons NH_4^+(aq)+OH^-(aq) \tag{3-29}$$

$$pK_a = 0.09018 + 2729.92 \times (273.15 + T)^{-1} \tag{3-30}$$

$$\text{非电离氨的百分数}(\%) = 100 \times (1 + 10^{pK_a - pH})^{-1} \tag{3-31}$$

其中，pK_a为铵根离子的解离常数的负对数；T为温度(℃)。

随着溶液pH的降低或温度的升高，溶液中离子化氨的比例也会增加。在测定氨的总浓度时，需要调节溶液的pH，使式(3-29)中的平衡向铵离子或未电离的氨转移，其浓度随之确定。

2. 一般测试电催化还原合成氨储能系统性能的流程

通用的测量电化学还原氮合成氨的流程如图3-14所示。

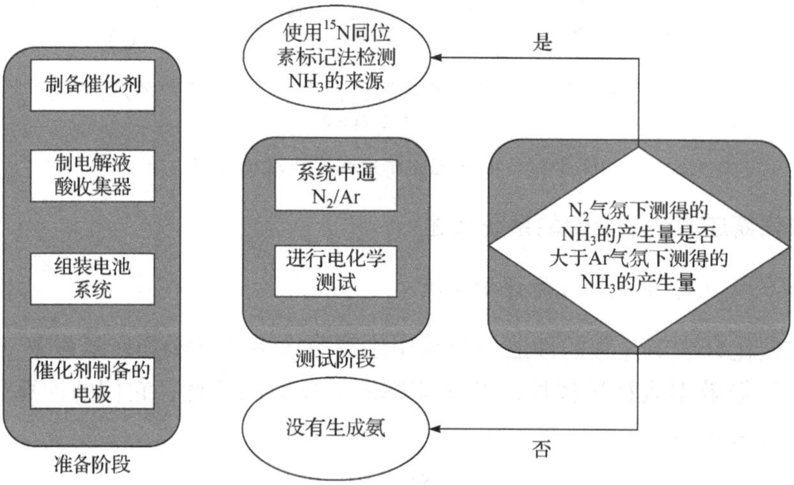

图3-14 通用的测量电化学还原氮合成氨的流程

在准备阶段，需要保证催化剂的制备是可重复的，还要注意电极是否有氮源，如果有，需要得到基底氮源的含量。在测试阶段，需要分析产生的氨是不是通过电化学反应合成的。对于每种催化剂，在每种条件下，均应在Ar和N_2中进行一组非电化学和电化学实验。应重复进行实验，以保证NH_3的测量是可重复且可靠的。

一旦用图3-14中的方法确定了有希望商业化的催化剂，就应该使用^{15}N标记的N_2

进行同位素研究，以验证 N_2 实际上被还原为氨。同位素研究中测量的氨的量应该与使用未标记的 N_2 实验中测量的量一致。

值得注意的是，商用 ^{15}N 标记的 N_2 可能含有微量被 ^{15}N 标记的氨，这些氨会转化为硝酸盐或亚硝酸盐离子等氮氧化物污染物，以及一氧化二氮。因此，必须通过酸性溶液，然后通过蒸馏水捕集器来净化。即使同位素标记法证实了 NH_3 的合成，在理想情况下，也应该进行全套电化学或非电化学的 Ar 和 N_2 对照实验。此外，与使用单一方法相比，通过多种不同的 NH_3 检测方法也可以提供更可靠、更令人信服的结果。

在进行化学测试前，应首先确定装置中的不定氨和其他含氮化合物，如果测量的污染水平在产生的氨的一个数量级内，则应评估不定氨或其他含氮化合物的来源。最后进行同位素标记的 $^{15}N_2$ 研究，合成的氨应与先前所测得的 NH_3 的量相当。

测定总的氨浓度的分析方法和仪器包括但不限于：奈斯勒试剂法、吲哚酚蓝法、水杨酸盐法、离子色谱法、氨气测电极和铵离子选择电极、荧光法、电导率法、滴定法和酶法。值得注意的是，傅里叶变换红外光谱(FTIR)和 ^{1}H NMR 也被用来检测氨；特别是 ^{1}H NMR 活性同位素标记法已广泛应用，其中把用 ^{15}N 标记的 N_2 作为原料气，以确认所产生的氨中 N 的来源。

联氨(N_2H_4)是 N_2 还原反应的常见副产物，通常采用瓦特和克里斯的方法测定。具体来说，测量在含有联氨的稀盐酸溶液中加入对二甲氨基苯甲醛后呈现的黄色。由于大多数实验研究发现氨是唯一的 N_2 电还原产物，因此一般对联氨的影响不作进一步讨论。

3. 电催化氮还原合成氨储能系统的研究进展

催化剂的催化性能主要受催化剂电子特性的影响，而电子特性可通过调整带状结构(如 d 带位置、带边状态或光学吸收)来增强和完善。因此，鉴于电场、应变或掺杂等方法对电子特性的影响，这些方法已被开发并广泛用于优化催化效率。然而，这些方法始终存在固有的局限性。例如，在纳米尺度上精确控制应变的大小或掺杂剂的浓度或空位密度是比较困难的；并且对催化性能的调节往往有限，而且范围很小。此外，施加和维持应变或电场所需的能量巨大，而且一旦移除外场，调制效果就会消失。

低温(<100℃)电催化氮还原合成氨可以充分利用聚合物电解质膜燃料电池和水电解池中成熟的膜电极组装技术，这种方法可以提供一种利用可再生电力的小规模合成氨合成方案，从而成为一种无碳产生氨的途径。然而，由于缺乏能够有效和选择性地将 N_2 转化为 NH_3 的电催化剂，该领域的主要发展受到严重阻碍。到目前为止，大多数的研究工作都集中在通过使用新的电极或电解质材料来提高法拉第效率 FE_{NH_3}。

通常使用的电化学电池大致可以分为四类，如图 3-15 所示。图 3-15(a)显示了单室电池的结构，其中所有三个电极(工作电极、参比电极和对电极)都放置在相同的电解质溶液中。在对电极上发生的反应可以是析氧反应(OER)或氢氧化反应(HOR)。

图 3-15(b)显示了 H 形电池的结构，与单室电池不同的是对电极与工作电极和参比电极分开。电解池由离子导电膜(如钠离子膜)或多孔膜(如玻璃熔块)隔开，每个室可以填充不同的溶液。使用 H 形电池不仅可以防止两种溶液的混合，而且可以消除对电极上电化学反应的干扰。

N_2 在溶液中的还原并不理想，因为 N_2 在大多数溶剂中的溶解度极低。为了解决这个问题，一种理论可行的方法是在三相边界上对 N_2 进行还原生成 NH_3，其中三相分别是电催化剂、电解质和 N_2 气体或含有 N_2 的气体混合物。在这种情况下，另一半反应(析氧或氢氧化)可以在溶液(图 3-15(c))或气相(图 3-15(d))中进行。图 3-15(d)所示的电化学电池类似于使用 H_2 和 O_2 的聚合物电解质膜燃料电池。

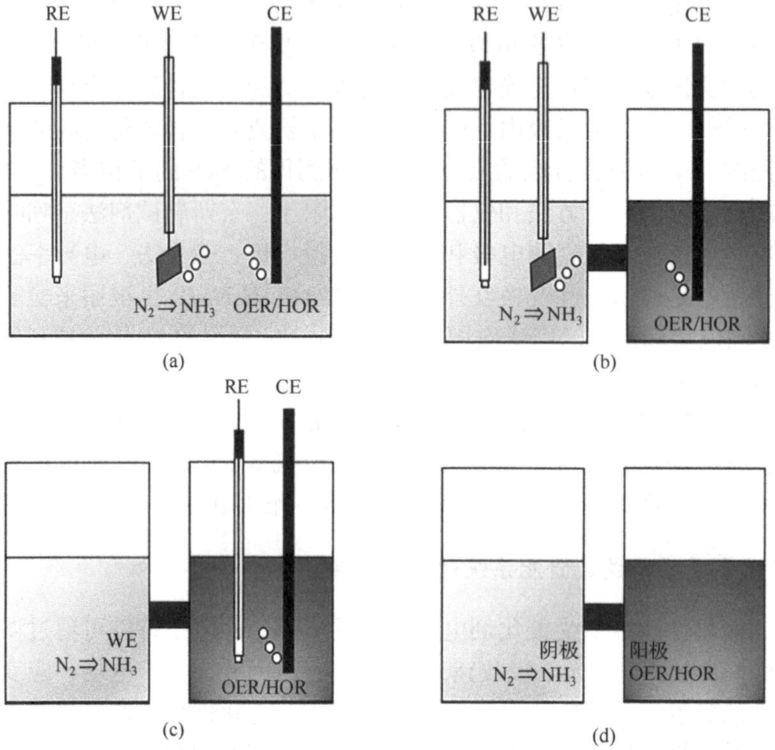

图 3-15　四种常用的电化学电池

RE-参比电极；WE-工作电极；CE-对电极；HOR-氢氧化反应；OER-析氧反应

近几年用于电催化还原氮合成氨的电催化剂如表 3-2 和表 3-3 所示。

表 3-2　近几年电催化还原氮合成氨的实验研究(100℃以内)

阴极/工作电极	电解液	气体	阳极/对电极	温度/℃	NH_3 生产速率/(mol/(s · cm²))	法拉第效率/%
Fe	6mol/L KOH	N_2	不锈钢	45	5.3×10^{-14}	1
Ru-Ti	0.5mol/L H_2SO_4	N_2/H_2	Pt 化钛膨胀金属	30	1.2×10^{-10}	
Rh-Ti	0.5mol/L H_2SO_4	N_2/H_2	Pt 化钛膨胀金属	30	1.5×10^{-11}	
超薄 Rh 纳米片	0.1mol/L KOH	N_2	碳棒	25	1.2×10^{-10}	0.217
Ag 纳米片	0.1mol/L HCl	N_2	碳棒	25	4.62×10^{-11}	4.8
Ru 单原子分布在 N 掺杂 C 上	0.05mol/L H_2SO_4	N_2	碳棒	25	5.0×10^{-10}	29.6

续表

阴极/工作电极	电解液	气体	阳极/对电极	温度/℃	NH_3生产速率/(mol/(s·cm^2))	法拉第效率/%
Pd/C	0.1mol/L 磷酸盐(pH=7.2)	N_2	Pt 布	25	2.2×10^{-11}	8.2
Pt/C	30 wt% KOH	N_2	Pt/C	25	9.6×10^{-11}	0.18
四面体 Au 纳米棒	0.1mol/L KOH	N_2	碳板	25	2.7×10^{-11}	4.02
空心 Au 纳米笼	0.5mol/L $LiClO_4$	N_2	Pt 网	20	6.4×10^{-11}	15.0
嵌入 TiO_2 的 Au 亚纳米团簇	0.1mol/L HCl	N_2	Pt 箔	25	3.5×10^{-10}	8.11
Au/CeO_x-RGO	0.1mol/L HCl	N_2	Pt 箔	25	2.7×10^{-8}	10.10
Au/N 掺杂纳米多孔石墨碳膜上	0.1mol/L HCl	N_2	Pt	25	5.9×10^{-10}	10.5
Au 分散在 C_3N_4 上	5mol/L H_2SO_4	N_2	Pt 板	25	2.8×10^{-11}	11.1
钛网上 VN 纳米片阵列	0.1mol/L HCl	N_2	碳棒	25	8.40×10^{-11}	2.25
碳布上的 MoN 纳米片阵列	0.1mol/L HCl	N_2	碳棒	25	3.01×10^{-10}	1.15
Mo_2N 纳米棒	0.1mol/L HCl	N_2	碳棒	25	78.4[μg/(mg cat·h)]	4.5
MoO_3 纳米片	0.1mol/L HCl	N_2	碳棒	25	4.80×10^{-10}	0.8
Nb_2O_5 纳米纤维	0.1mol/L HCl	N_2	碳棒	25	43.6[μg/(mg cat·h)]	9.26
钛网上 Fe_3O_4 纳米棒	0.1mol/L Na_2SO_4	N_2	碳棒	25	5.6×10^{-11}	2.6
立方亚微米级 SnO_2 粒子	0.1mol/L Na_2SO_4	N_2	碳棒	25	1.47×10^{-10}	1.2
多壳空心 Cr_2O_3 微球	0.1mol/L Na_2SO_4	N_2	碳棒	25	5.0×10^{-11}	6.78
Cr_2O_3 纳米纤维	0.1mol/L HCl	N_2	碳棒	25	4.6×10^{-11}	8.56
钛网上的 MnO 颗粒	0.1mol/L Na_2SO_4	N_2	碳棒	25	1.11×10^{-10}	8.02
Mn_3O_4 纳米立方体	0.1mol/L Na_2SO_4	N_2	碳棒	25	3.8×10^{-11}	3.0
钛板上的 TiO_2 纳米片	0.1mol/L Na_2SO_4	N_2	碳棒	25	9.16×10^{-11}	2.5
TiO_2 纳米粒子-还原氧化石墨烯杂化物	0.1mol/L Na_2SO_4	N_2	碳棒	25	9.9×10^{-11}	3.3
$Bi_4V_2O_{11}$/CeO_2 杂化物	0.1mol/L HCl	N_2	Pt 箔	25	7.6×10^{-10}	10.16
Mo_2C 纳米点/超薄碳纳米片	0.5mol/L Li_2SO_4	N_2	Pt 箔	25	11.3×10^{-11}	1.1
MoS_2 纳米片阵列	0.1mol/L Na_2SO_4	N_2	碳棒	25	8.08×10^{-11}	1.17
CoP 空心纳米笼	1.0mol/L KOH	N_2	Pt 箔	25	8.8×10^{-11}	0.03
聚合氮化碳	0.1mol/L HCl	N_2	Pt 箔	25	2.6×10^{-10}	11.59
ZIF -8 衍生的 N 掺杂纳米多孔碳	0.1mol/L KOH	N_2	碳棒	25	9.4×10^{-10}	10.2
ZIF -8 衍生的 N 掺杂多孔碳	0.05mol/L H_2SO_4	N_2	Pt 箔	25	2.6×10^{-10}	0.9

续表

阴极/工作电极	电解液	气体	阳极/对电极	温度/℃	NH_3生产速率/(mol/(s · cm²))	法拉第效率/%
N 掺杂碳纳米尖峰	0.25mol/L $LiClO_4$	N_2	Pt	25	1.6×10^{-9}	11.56
金刚石的石墨烯	0.05mol/L H_2SO_4	N_2	Pt 箔	25	1.6×10^{-10}	10.8

表 3-3　近几年电催化还原氮合成氨的实验研究(100℃以上)

阴极/工作电极	电解液	气体	阳极/对电极	温度/℃	NH_3生产速率/(mol/(s · cm²))	法拉第效率/%
多孔 Ni	LiCl-KCl-CsCl	N_2	多孔 Ni	400	3.3×10^{-9}	72
多孔 Ni	LiCl-KCl-CsCl	N_2	玻璃碳	300	2.0×10^{-8}	23
合金网	Fe_2O_3/NaOH-KOH	N_2	Ni 网	200	2.4×10^{-9}	35
Ru/Cs+MgO/Pd-Ag	CsH_2PO_4/SiP_2O_7	N_2	Pt	250	9.0×10^{-10}	2.6
Pt/C	CsH_2PO_4/SiP_2O_7	N_2，H_2O	Pt/C	220	2.3×10^{-10}	0.05
Ru/C	CsH_2PO_4/SiP_2O_7	N_2，H_2O	Pt/C	220	1.9×10^{-11}	0.06
Ni 网	Fe_3O_4/NaOH-KOH	N_2，H_2	Ni 网	210	6.5×10^{-10}	9.3
Ni 网	Fe_3O_4/NaOH-KOH	N_2，H_2	Ni 网	200	4.4×10^{-9}	14.2
Pd	$SrCe_{0.95}Yb_{0.05}O_3$	N_2，He	Pd	570	4.9×10^{-9}	78
Ag-Pd	$Ba_{0.98}Ce_{0.8}Y_{0.2}O_{3-\delta}$+0.04ZnO	H_2	Ag-Pd	500	2.36×10^{-9}	42
K，Al 修饰 $Fe\text{-}BaCe_{0.9}Y_{0.1}O_3$	$BaCe_{0.9}Y_{0.1}O_3$	N_2，H_2	Pd	650	6.7×10^{-10}	0.3

目前,电化学合成氨无法商业化的主要问题在于目前可用的 N_2 还原电催化剂的低活性和选择性。在大多数电化学系统中，析氢反应占主导地位，大多数电子和质子趋向于进行析氢反应，而不是将 N_2 还原为 NH_3，导致法拉第效率低。通常，在非常低的电流密度下可以获得较高的法拉第效率；然而，过低的电流密度会导致 NH_3 的生产速率很低，而电流密度的增加通常会导致法拉第效率的降低，因为电催化剂表面主要是析氢反应，没有活性位点可用于 N_2 还原。

虽然到目前为止还没有标准来确定商业应用所需的最小氨生产速率和法拉第效率，但根据美国能源部计划，电催化还原氨合成氨工艺商用化所需要达到的性能目标为：法拉第效率需要达到 90%，同时要求催化剂具有较高的稳定性，即在反应 1000h 后其催化效率仅下降 0.3%为合格。

3.4.3　电催化氮还原合成氨储能系统的发展前景

研究表明，电催化氮还原合成氨储能系统在能源储存和转换领域具有潜在的重要性和广阔的发展前景。该系统通过利用电能来合成氨，并将其作为氢源或者直接作为能量储存。这不仅表明氨可作为新型能源的潜质，还表明了其可以作为一种高效的储能方式应用于能源发展应用中。

由于氨具有高密度的能量储存特点，在能源储存过程中，电催化氮还原合成氨储能系统可以将电能转化为化学能并储存在氨中，并在需要时将其释放出来提供能量。在众多清洁型能源中，氢气由于其反应产物只有水被认为是最具有潜力的能源之一，而通过电催化氮还原合成氨储能系统直接产生的氨可作为氢气的载体直接促进其运输和储存，进一步促进了氢能的广泛利用。

在能源利用率方面，电催化氮还原合成氨储能系统与传统的哈伯-博施过程相比具有更高效的特点，该系统能够在更温和的条件下实现氨的合成，进而减少能源的消耗和碳排放量。这也表明在相同的能源输入条件下，电催化氮还原合成氨储能系统可以产生更多的有效能从而提高整体的能源利用效率。此外，电催化氮还原合成氨储能系统还能够利用如风能或太阳能等可再生能源生产清洁的氨，并实现能源的储存和转换，这将大幅降低对化石燃料的依赖并提高能源的利用效率。

电催化氮还原合成氨储能系统不仅被认为是一种环保的方法，可以替代已有百年历史的哈伯-博施工艺，而且是一种很有前途的以化学键形式储存可再生能源的途径。近年来，科学界一直注重于提高 N_2 电还原反应的速率和效率，在这部分投入了大量的研究工作，取得了巨大的进展；探究出了 N_2 还原反应的基本热力学和机理，并介绍了氨的分析方法。理论研究表明，与析氢反应相比，N_2 在过渡金属表面的还原始终需要更多的负电位(即它们具有更大的过电位)，这说明了目前的研究仍然缺乏可以观察到 N_2 在过渡金属表面还原的实验。然而，一些过渡金属单原子催化剂和过渡金属化合物(如氮化物)预计对氨的选择性比氢气高得多。实验研究的温度范围从室温到 750℃。

综上而言，电催化氮还原合成氨储能系统作为可持续发展的一部分，可以有效减少温室气体的排放并推动能源转型和碳中和，其不仅可以用于能源储存和转换，还可以应用于农业、化工等领域并促进氨的多样化利用。在农业领域，氨因作为肥料的重要成分而导致需求量巨大，电催化氮还原合成氨储能系统则可以通过利用可再生能源生产更多清洁的氨，持续为农业提供肥料来源。在化工领域，氨也是许多重要化工产品的原料之一，该系统的应用将有助于推动化工行业的绿色成功转型。

虽然电催化氮还原合成氨储能系统面临一些挑战，如催化剂的稳定性、成本和效率等方面的改进，但随着科技的进步和对清洁能源的需求增加，相信这一领域将会取得更多突破，为能源领域带来更多创新和发展。

3.5　电催化尿素降解和直接尿素燃料电池

3.5.1　电催化尿素降解和直接尿素燃料电池的基本原理

尿素是一种低成本的氮肥，也是人体新陈代谢的天然产物。然而，农业径流和城市废水中的高浓度尿素会导致富营养化、有害藻类水华和缺氧死区，对水生环境和人类健康造成严重威胁。为了解决这一问题，电催化尿素降解和直接尿素燃料电池作为潜在的环保解决方案具有重要意义。

电催化尿素降解是一种电化学过程，其中尿素在电催化剂的作用下分解成无害产物，如氮气和二氧化碳。这个过程不仅可以减轻环境压力，还能通过生成电子来产生电能或储存在电池中。直接尿素燃料电池则利用尿素作为燃料，通过电化学反应产生电能和无害的产物。

电催化尿素降解电催化剂反应示意图如图 3-16 所示，其反应机制通常涉及以下步骤：吸附、氧化、水解、脱水和进一步氧化。首先，尿素分子吸附在电催化剂表面。然后，尿素分子被电催化剂氧化，生成中间产物，如异氰酸(HNCO)和氨(NH_3)。最后，异氰酸与水反应形成碳酸(H_2CO_3)。碳酸不稳定，会分解成二氧化碳(CO_2)和水。同时，氨进一步氧化成亚硝酸盐(NO_2^-)和硝酸盐(NO_3^-)。

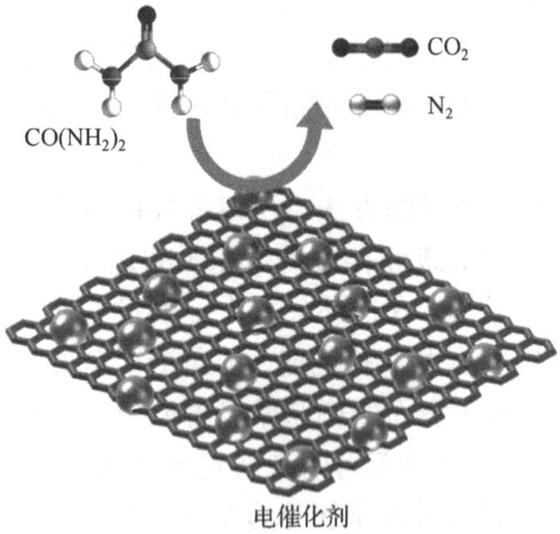

图 3-16　电催化尿素降解电催化剂反应示意图

用更形象的语言来说，想象尿素分子是一个小磁铁，它会被电催化剂表面的活性位点吸引。这些活性位点就像微小的剪刀，将尿素分子“剪”成更小的碎片，如异氰酸和氨。然后，异氰酸与水结合形成碳酸。碳酸不稳定，会分解成二氧化碳和水。氨也会被分解，最终形成无害的硝酸盐。

直接尿素燃料电池(DUFC)是一种将尿素的化学能直接转化为电能的电化学器件，其示意图如图 3-17 所示。DUFC 中的电化学反应涉及尿素的氧化和氧气的还原。这一过程产生的电子可以用来为电气设备供电或储存在电池中，其基本原理如下。

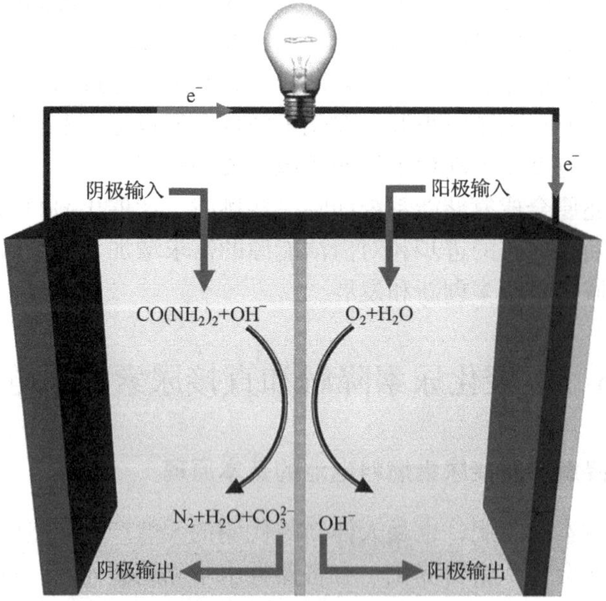

图 3-17　直接尿素燃料电池示意图

(1) 阳极反应：尿素在阳极催化剂的作用下被氧化，生成氮气和水，并释放出六个电子。

$$CO(NH_2)_2 + 8OH^- \longrightarrow N_2\uparrow + CO_3^{2-} + 6H_2O + 6e^- \quad (3\text{-}32)$$

(2) 阴极反应：氧气在阴极与电子结合，生成 OH^-离子。

$$O_2 + 4e^- + 2H_2O \longrightarrow 4OH^- \quad (3\text{-}33)$$

(3) 离子传输：氢离子从阳极迁移到阴极，通过质子交换膜(PEM)。

(4) 电位差：阳极和阴极之间的电位差产生电流，为外部电路供电。

用更形象的语言来描述这个过程，DUFC 就像一个微型发电厂，将尿素中的化学能转化为电能。在阳极(电池的一侧)，尿素被分解，释放出电子。这些电子流向阴极(电池的另一侧)，在那里它们与氧气结合形成水。同时，氢离子(带正电的原子)从阳极流向阴极，通过质子交换膜(一种只允许氢离子通过的特殊材料)。阳极和阴极之间的电位差就像一个小电池，为外部电路供电。通过这些反应，直接尿素燃料电池实现了尿素的高效氧化和能量转化，释放出大量的电子用于供电或储能。这一过程不仅能够有效处理废水中的尿素，还能提供一种新型的清洁能源。

尽管这些技术在理论和实验室研究中已取得一些进展，但要实现大规模商业化应用，还需解决催化剂的稳定性、能耗和设备成本等问题，并进行更深入的经济性和环境效益评估。随着科技的进步，这一领域有望在未来取得更大的突破。

3.5.2 电催化尿素降解和直接尿素燃料电池概述

1. 概述

电催化尿素降解的发展历程如下。

1) 催化剂的研究

催化剂在电催化尿素降解中起着至关重要的作用，不同种类的催化剂具有不同的特性和适用范围。下面来讨论一下催化剂的种类与选择。

金属催化剂是电催化尿素降解中常用的一类催化剂，常见的金属包括铂、钯、铑等贵金属，它们具有良好的电催化活性和选择性。此外，一些廉价金属如镍、铁等也被广泛研究用于尿素电催化降解。金属催化剂的选择需要考虑其电催化活性、稳定性、成本以及对副反应的抑制能力。

金属氧化物催化剂如氧化铁、氧化钴等具有良好的电催化性能，且相对稳定，能够抑制一些副反应的发生。此外，一些复合金属氧化物催化剂也被设计用于提高催化活性和选择性。

近年来，碳基材料如碳纳米管、石墨烯等以及金属有机骨架材料也受到了广泛关注。这些非金属材料具有良好的导电性和化学稳定性，能够作为良好的催化剂载体或直接参与催化反应。非金属材料催化剂的选择需要考虑其结构、导电性能、表面活性位点等因素。

复合催化剂是由不同种类的催化剂组合而成，以发挥各自优势的一种催化剂。例如，将金属纳米颗粒与碳基材料复合，或者将金属氧化物与金属有机骨架材料复合，以期望在催化性能、稳定性等方面取得更好的效果。

在选择催化剂时，需要综合考虑催化活性、选择性、稳定性、成本以及制备方法等因素。此外，还需要考虑催化剂在电催化尿素降解中的机理和影响因素，以便更好地设计和优化催化剂，实现高效、稳定和可持续的尿素电催化降解过程。

2) 反应机制的研究

电催化尿素降解的反应机制也是一个热点研究领域。目前认为，催化剂的电子结构、表面特性以及电位等因素对尿素电催化降解的反应机制都有重要影响。研究者在探究催化剂的电化学特性和反应机制方面取得了一定的进展，为设计和优化催化剂提供了有价值的理论指导。

尿素($CO(NH_2)_2$)在电催化降解过程中涉及的反应机制主要包括以下几个方面。

(1) 电荷转移与吸附。当尿素分子在电极表面吸附时，在电极的电场作用下，尿素分子中的质子和电子发生分离，在溶液中形成质子，而尿素分子上的氮原子和氢原子带有负电荷。

(2) 中间态形成。在催化剂表面，吸附的尿素分子可能发生脱氢反应，形成中间态如碳酸氢根(HCO_3^-)或氨(NH_3)和氢离子(H^+)。这一步涉及电子转移和质子转移，催化剂的活性位点起着关键作用。

(3) 脱氮或脱氢反应。某些催化剂如金属氧化物，可以促进尿素分子的脱氮反应，生成氮气(N_2)和二氧化碳(CO_2)。脱氢反应则生成氨和二氧化碳。催化剂的活性、选择性和反应路径的选择对于这两种反应的优先级有很大影响。

(4) 产物的生成和扩散。生成的产物如氨、氮气、二氧化碳等需要从催化剂表面扩散到溶液或气体相，这一步也受电极材料和操作条件(如电位、温度和压力)的影响。

(5) 反应动力学与热力学。研究反应的动力学常数(如速率常数)和活化能，以及反应的热力学稳定性，有助于理解反应过程和优化操作条件。

(6) 电化学过程与化学反应的耦合。电催化过程中，电化学反应与化学反应相互影响，如电极的电化学催化活性可以影响尿素分子的活化和反应，而反应生成的产物也可能影响电极的电化学性能。

电催化尿素降解的反应机制是一个复杂的多尺度问题，涉及电化学、化学反应和材料科学等多个领域。深入研究这一过程对于优化催化剂设计、提高反应效率和选择性至关重要。然而，由于反应的复杂性和不确定性，仍需要持续的实验和理论研究来揭示其完整机制。

3) 储能系统集成和工程化

电催化尿素降解与储能系统的集成和工程化研究确实是一个前沿且重要的领域。在这一领域，研究者不断探索创新，以满足环境和能源的需求。以下是对这些系统设计特点的详细说明。

(1) 单元制电催化器。这类系统通常采用单个或多个电催化剂单元，通过优化催化剂材料和结构，如纳米线、纳米片或复合材料，提高尿素的吸附和催化活性。它们注重小尺度设计，以最大化反应面积，从而提高尿素的转化效率。

(2) 燃气轮电催化器。这种系统结合了燃气轮机和电催化技术，通过高效的热电联产，将尿素的化学能转化为电能和热能。燃气轮电催化器的优势在于能量转化效率高，减少了能量损失，同时降低了对化石燃料的依赖。

(3) 柱状电催化器。柱状结构的设计使得反应物在电极表面的流动更加均匀，有利于提高传质效率。柱状电催化器通常具有较大的表面积，有利于催化剂的负载和反应，减少了催化剂用量，降低了成本。

(4) 集成控制系统。研究者将传感器、控制器和执行器集成在一起，形成闭环控制系统，能够实时监测和调整反应条件，确保尿素降解过程在最优状态下进行，降低副反应，提高产物纯度。

(5) 模块化和可扩展性。许多系统设计为模块化，可以根据需要灵活增减模块，适应不同规模的应用，如工业级生产或实验室研究。

(6) 环保和可持续性。工程化过程中，研究者注重系统的环保性能，如减少废水和废气排放，以及使用可再生材料，符合绿色化学的理念。

通过这些集成和工程化的努力，电催化尿素降解系统朝着高效、节能、环保和经济的方向发展，为实现尿素的资源化利用、减少氮氧化物排放和开发新型储能系统提供了强大的技术支撑。随着科研的不断深入，这些系统有望在未来的能源和环境领域发挥更大的作用。

燃料电池是高效环保的能源转换装置，通过不断转化燃料中的化学能，从而与空气中的氧气产生电化学反应，产生直流电。燃料电池的运行效率高，而且排放量极小。当由纯氢驱动时，燃料电池只产生水和热，使得二氧化碳排放和空气污染物可忽略不计。此外，燃料电池的反应过程有助于提高效率和降低噪声，这使其成为较少碳排放和促进清洁技术的一个有吸引力的选择。燃料电池主要有五种类型，包括质子交换膜燃料电池、固体氧化物燃料电池、熔融碳酸盐燃料电池、磷酸盐燃料电池和碱性燃料电池。不同类型燃料电池的分类特征和比较见表 3-4。在质子交换膜燃料电池和碱性燃料电池中存在许多其他不同类型的燃料，其中直接尿素燃料电池由于具有很高的能量密度、生态友好性以及在便携式和固定发电方面的潜在应用，近年来获得了广泛的关注。

表 3-4　不同类型燃料电池的分类特征和比较

类型	电解质	导电离子	燃料	操作温度/℃	电效率/%
质子交换膜燃料电池	全氟磺酸离子交换膜/阳离子交换膜	H^+/K^+	H_2、尿素、氨、甲烷	20～100	50～70
固体氧化物燃料电池	Y_2O_3-ZrO_2	O^{2-}	净化煤气和天然气(CH_4、CO)	600～1000	55～65
熔融碳酸盐燃料电池	Li_2CO_3-K_2CO_3	CO_3^{2-}	净化煤气、天然气和重整燃料(CH_4、CO、H_2)	500～700	15～65
磷酸盐燃料电池	H_3PO_4	H^+	重整燃料(CH_4、CO、H_2)	150～200	40～55
碱性燃料电池	KOH/阴离子交换膜	OH^-/SO_4^{2-}	H_2、尿素	65～220	60～70

直接尿素燃料电池高效且有效的主要因素是高效电催化剂的开发。在尿素燃料电池应用中，尿素在阳极处的氧化，产生氮气和二氧化碳，为了加速这一电化学过程并最小化氧化电位，在阳极上使用催化剂是至关重要的。优化催化剂表面的尿素氧化反应(urea oxidation reaction，UOR)是提高直接尿素燃料电池性能的关键因素之一。在直接尿素燃

料电池体系中，尿素在其催化剂的辅助下被氧化成氮气、二氧化碳和水。UOR 中的催化剂需要降低所需的电位值，提高反应速率，从而达到最佳性能。尿素在酸性、碱性和中性介质中都可以被氧化。尿素电氧化的机制因介质的不同而不同。

最初，直接尿素燃料电池的基本概念是采用质子交换膜燃料电池系统，用氢代替尿素。然而，在其发展过程中，阴离子交换膜通过尿素水解生成的弱碱氨，进一步取代了阳离子交换膜。因此，根据交换膜使用的差异，直接尿素燃料电池主要有两种类型。除了交换离子外，这两种类型的作用机理基本相似。在能源生产领域，开发直接尿素/氧燃料电池的过程中，可解释为尿素燃料发生电化学氧化反应，进而产生氮气、二氧化碳和水。在阳极释放六个电子，与此同时，在阴极氧气减少，随后这些释放电子形成 OH^-离子。

2. 电催化尿素降解存在的问题

1) 催化剂的稳定性

催化剂的稳定性是影响电催化尿素降解系统性能和持久性的重要因素。目前，虽然金属催化剂在电催化尿素降解中表现出良好的活性和选择性，但其稳定性较差，容易受到电腐蚀等因素的影响而失去催化活性。为了克服这一挑战，研究者正在不断探索并开发更加稳定的催化剂，以实现电催化尿素降解技术的高效和可靠应用。以下是一些提高催化剂稳定性的策略和方法。

(1) 合金化催化剂。将金属催化剂与其他金属或非金属元素形成合金，可以提高催化剂的稳定性。通过合金化，可以减少金属表面的缺陷和活性位点，降低金属的电腐蚀倾向，延长催化剂的使用寿命。

(2) 包覆保护。将金属催化剂包覆在稳定的载体或保护层中，可以有效阻止金属与溶液中的物质发生反应，减少金属催化剂的腐蚀。常用的包覆材料包括碳纳米管、氧化物、氮化物等。

(3) 纳米结构设计。设计具有纳米尺度结构的催化剂可以增加其表面积和活性位点密度，提高催化效率的同时减少金属表面的暴露，从而提高稳定性。

(4) 表面修饰。通过在金属催化剂表面修饰功能化基团或化合物，形成保护膜或增强金属与基底间的相互作用，可以提高催化剂的稳定性和抗腐蚀性能。

2) 副反应的控制

在电催化尿素降解过程中，除了期望的尿素还原生成氨气的主要反应外，还会伴随一些不希望的副反应，如氮气的生成和氧化物的生成。这些副反应不仅会降低催化剂的催化活性，还会对环境造成一定的影响。因此，研究者需要进一步研究和开发能有效控制副反应的催化剂和系统。

为了有效控制副反应，需要从催化剂设计、反应条件优化和系统工程等方面进行深入研究和开发。

首先，针对氮气的生成副反应，研究者首先考虑设计催化剂的表面结构和化学成分，以减少氮气的生成。例如，通过引入合适的协同催化剂或构建特定的晶面结构，可以有效地抑制氮气的生成，从而提高尿素的还原选择性。此外，利用先进的表征技术，如原位 X 射线吸收光谱和原位质谱分析，可以深入了解催化剂在反应条件下的表面结构和反应机理，为副反应的控制提供重要的实验依据。

其次，针对氧化物的生成副反应，研究者通过优化反应条件，如调节反应温度、压力和电化学条件，以减少氧化物的生成。此外，设计合理的反应体系，如引入合适的溶剂或电解质，也可以有效地抑制氧化物的生成，提高催化反应的效率和选择性。

此外，还可以通过系统工程的方法，如催化剂的固定化或载体设计，构建高效稳定的反应体系。例如，将催化剂固定在合适的载体上，可以提升催化剂的寿命和稳定性，减少副反应的发生。同时，利用流动反应器或电化学反应器，可以实现对反应条件的精确控制，进一步降低副反应的发生。

总体来说，为了有效控制电催化尿素降解过程中的副反应，研究者综合运用催化剂设计、反应条件优化和系统工程等手段，不断深入研究和开发能够有效控制副反应的催化剂和系统。这将为实现高效、具有选择性和环境友好的电催化尿素降解技术提供重要的理论和实验基础。

3) 成本的控制

当前，电催化尿素降解技术广泛应用金属催化剂，如铂、钯、铑等，这些贵金属催化剂具有优异的催化性能，但在实际生产中，其高昂的价格是显著的成本负担。为了实现电催化尿素降解的商业化应用，降低成本至关重要。

首先，研究者需要探索替代金属催化剂的可能性。非贵金属催化剂如过渡金属、金属氧化物、金属硫化物或合金催化剂，虽然可能在催化活性上稍逊一筹，但它们的价格低廉，且通过优化其结构和组成，可以提高其在尿素降解反应中的性能。例如，铁基催化剂、铜基催化剂或者过渡金属氮化物都是潜在的研究方向。

其次，催化剂的负载和分散也是降低成本的关键。通过负载技术，如负载在碳纳米管、沸石等载体上，可以减少催化剂的用量，同时提高催化剂的稳定性和选择性。此外，通过调控催化剂的粒径和分布，可以优化催化活性和反应选择性，减少不必要的副反应，从而降低总体成本。

再者，提高催化剂的再生能力和稳定性也是降低成本的重要措施。通过设计能抵抗高温、高压和腐蚀的催化剂，以及开发有效的再生方法，如物理法(如过滤、离心)或化学法(如酸碱处理)，可以延长催化剂的使用寿命，减少更换频率，从而降低长期运行的维护成本。

最后，技术集成和优化生产流程也是降低成本的重要途径。例如，通过集成电化学和生物过程，可以实现尿素的高效转化和产物的回收，从而降低总体的能耗和废弃物处理成本。

要控制电催化尿素降解的成本，需要在催化剂选择、负载技术、再生策略以及生产流程优化等方面进行深入研究和创新。只有这样，才能确保技术的经济可行性，推动电催化尿素降解技术的实际应用。

总体来说，为了实现电催化尿素降解技术的大规模应用，研究者需要在反应器设计、催化剂性能、系统集成、能源环境、经济性与市场应用等方面展开深入研究和创新，解决相关技术挑战，推动技术的实际应用和发展。通过不懈努力和持续创新，相信电催化尿素降解技术将会在未来取得更大的突破。

综上所述，电催化尿素降解是一种有潜力的尿素处理技术，具有高效、节能、环保等优势。然而，在电催化尿素降解过程中仍然存在一些问题，需要进一步研究和解决。因此，研究者需要进一步研究和开发更高效、更稳定、更廉价的催化剂和系统，以实现电催化尿素降解技术的应用和发展。

3. 直接尿素燃料电池存在的问题和挑战

腐蚀问题的深层次涉及了材料科学和工程领域。当尿素在酸性环境中分解产生 NH_3 时，NH_3 与水蒸气反应生成氨水，这一反应是主要的腐蚀源之一。氨水对于许多金属材料都具有腐蚀性，尤其是在高温和湿度条件下，其腐蚀作用更为显著。在直接尿素燃料电池中，金属材料被广泛应用于电极、电解质和其他组件中。然而，这些金属在与氨水接触时可能会发生腐蚀，导致电池组件的损坏和性能下降。特别是在长时间运行中，腐蚀会逐渐加剧，可能导致电池的失效。解决这一问题的方法包括使用耐腐蚀材料(如特殊合金、陶瓷或者聚合物)替代传统的金属材料。这些材料需要具有良好的化学稳定性和耐蚀性，以确保电池在酸性环境中长时间稳定运行。此外，采取有效的涂层技术也是一种常见的手段，通过在金属表面形成保护性的层，减缓或阻止腐蚀的发生。综合考虑材料选择、设计优化和表面处理等方面的因素，可以有效地解决直接尿素燃料电池中的腐蚀问题，提高其长期稳定性和性能。

氮气回收在直接尿素燃料电池系统中扮演着关键角色，因为尿素在分解过程中确实会产生大量的氮气。标准条件下，氮气的化学惰性使得它不易参与化学反应，这导致能量转换过程中的一部分氮气作为废物被排放，从而降低了燃料电池的总体效率。氮气的生成和排放不仅浪费了宝贵的资源，而且增加了系统的运行成本。为了提高直接尿素燃料电池的性能，氮气回收技术是必要的。这通常涉及在直接尿素燃料电池中设计高效的气体分离器，从混合气体中分离出氮气。这些气体分离器可能采用膜分离、吸附或冷凝等方法，将氮气从氨气和二氧化碳等产物中分离出来。然后，回收的氮气可以被压缩储存，或者在适当条件下通过化学反应转化为可利用的气体，如氢气，以提高直接尿素燃料电池的化学反应效率。然而，氮气回收技术也存在一些挑战，如设备成本、操作复杂性以及在保持氮气纯度的同时保持系统稳定运行的难度。此外，氮气的低温性质也可能影响回收过程的效率。因此，科学家和工程师正在不断研发创新的氮气回收和再利用方法，以期在保持电池性能的同时，减少资源浪费和环境影响。这通常需要结合材料科学、化学工程和燃料电池技术的多学科合作。

尿素在酸性电解质中进行分解反应时，通常需要较高的温度，如在高温下进行水解或热解，生成氨气和二氧化碳。这种反应过程通常发生在燃料电池的阴极，作为尿素的氧化，以产生电能。然而，较高的分解温度有以下几个主要影响。①能耗增加：提高工作温度意味着需要额外的热能输入，这会增加电池系统的能耗，降低整体的能量效率。②热管理难题：电池内部的高温可能会导致热扩散不均匀，引发局部过热的风险，这对电池的寿命和性能构成威胁。因此，有效的热管理设计变得至关重要，其可以防止温度过高导致材料损坏或电池性能下降。③材料耐久性：长期高温可能会加速电池材料的退化，特别是电极材料和电解质的退化，影响其化学稳定性和电导率。④成本增加：为了维持所需的分解温度，可能需要使用更高效的加热系统，这会增加设备成本和系统的复杂性。⑤环境影响：在某些应用中，如移动设备或车辆，高热可能会增加冷却系统的需求，从而增加燃料消耗和排放。因此，优化尿素分解的条件，如寻找合适的催化剂、改进电解质配方或采用低温催化剂，以及发展高效的热管理策略，是当前尿素燃料电池研究的重要方向，以降低运行成本，提高电池的经济性和环境可持续性。

尿素分解产生的 CO_2 是一种重要的温室气体，它对全球气候变化有着显著的贡献。直接排放到环境中的 CO_2 会加剧全球变暖，导致气候异常，影响生态系统平衡，加剧海洋酸化，威胁生物多样性。因此，合理处理尿素分解产生的 CO_2 显得尤为重要。为了减少 CO_2 排放，可以采取以下几种策略。

(1) CO_2 捕获与封存(CCS)。在尿素分解过程中，可以设计配备有 CO_2 捕获设施的系统，将产生的 CO_2 捕获并储存起来。这可以通过多种方式实现，如使用胺类吸收剂、固体吸附剂或膜分离技术。捕获的 CO_2 可以储存在地下盐穴、废弃煤矿或其他安全地点。

(2) CO_2 利用。将捕获的 CO_2 转化为有用的化学品或燃料，实现资源的循环利用。例如，CO_2 可以用于生产碳酸氢铵、尿素或其他肥料，也可以作为化工原料用于生产塑料、燃料和有机酸等。

(3) 工艺优化。通过改进尿素分解的工艺条件，如控制温度和反应时间，减少 CO_2 的产生量。同时，可以研究新型催化剂，提高尿素分解的选择性，使得更多的尿素分解产物为氨而非 CO_2。

在尿素分解过程中，确实有可能产生氮氧化物(NO_x)，主要包括一氧化氮(NO)和二氧化氮(NO_2)。NO_x 的生成主要是由于尿素在高温下分解或与氧气反应时，氮元素的氧化反应。这些氮氧化物是空气污染物，对环境和人体健康构成威胁。氮氧化物对环境的危害主要表现在以下几个方面。①空气污染：NO_x 是形成光化学烟雾的主要成分，可导致能见度降低，空气质量恶化，影响人们的呼吸系统健康。②酸雨：NO_x 与水蒸气结合形成硝酸，随雨水降落形成酸雨，对土壤、水体和建筑物造成酸蚀。③气候变化：NO_x 通过参与大气中的化学反应，可以转化为气溶胶颗粒，影响地球的辐射平衡，间接加剧全球气候变化。

为了控制尿素分解过程中的氮氧化物生成，通常采取以下策略。①预处理和后处理：在尿素进入燃烧设备前，可以进行预处理，如添加尿素水溶液或尿素溶液与氨的混合物，以形成稳定的尿素氨溶液，减少 NO_x 的形成。燃烧后的烟气则可能需要通过后处理设备进一步去除 NO_x。②技术研发：持续的研究和开发新型的尿素分解技术和催化剂，以降低 NO_x 生成并提高整个系统的环保性能。通过这些控制措施，可以确保尿素分解过程在满足工业需求的同时，对环境的影响降到最低。

总而言之，为了解决这些问题，科研人员正在研究更耐腐蚀的材料、更高效的催化剂以及更环保的 CO_2 和 NO_x 处理技术。通过这些研究，可以提升直接尿素燃料电池的性能和可行性，使其成为一种更具吸引力的能源转换技术。

3.5.3　电催化尿素降解和直接尿素燃料电池的发展前景

电催化尿素降解和直接尿素燃料电池是两个相关但略有不同的研究领域，它们都涉及利用尿素作为能源或化学原料。电催化尿素降解过程可以用于环境治理，如处理含有尿素的废水，或者在能源领域，用于生产氨作为肥料或能源载体。

(1) 环境治理。随着人们对环境保护意识的增强，电催化尿素降解技术在处理农业、工业和生活废水中的尿素污染方面具有潜在的应用前景。

(2) 氨生产。电催化尿素降解可以作为一种清洁的氨生产方法，替代传统的哈伯-博施过程，后者需要高温高压且产生大量的二氧化碳。

(3) 催化剂开发。开发高效、稳定且成本低廉的催化剂是电催化尿素降解技术发展的关键。

DUFC 是一种利用尿素作为燃料的燃料电池，它通过电化学反应直接将尿素的化学能转化为电能。DUFC 具有高能量密度和环境友好等优点。

(1) 能量密度。尿素作为燃料具有较高的能量密度，这使得 DUFC 在便携式电源和移动能源系统中具有潜在的应用价值。

(2) 环境友好。尿素是一种无毒、可生物降解的物质，使用尿素作为燃料可以减少对环境的影响。

(3) 资源丰富。尿素是一种广泛可得的化学品，尤其是在农业领域，这为 DUFC 的广泛应用提供了资源基础。

(4) 技术挑战。尽管 DUFC 具有许多优点，但目前仍面临催化剂稳定性、电池寿命、成本和系统集成等技术挑战。

总体而言，电催化尿素降解和直接尿素燃料电池都具有广阔的发展前景，特别是在可持续能源和环境保护方面。随着材料科学、电化学和工程技术的进步，这些技术有望在未来得到更广泛的应用和商业化。然而，要实现这些技术的商业化，还需要解决一系列技术、经济和环境方面的挑战。

本 章 小 结

电催化储能在能源转换及储存领域展现出了巨大的潜力，本章主要阐述了电催化分解水制绿氢、电催化二氧化碳还原制 C_1 和高价值的多碳产物(C_{2+})、电催化氮还原合成氨、电催化尿素降解和直接尿素燃料电池等不同电化学反应概念、原理和基本理论。在这些电化学过程中，电催化剂是电催化反应中的关键材料之一，其活性高低对于电催化反应的速率和成本起着关键作用。二十多年来，电催化在储能领域得到了迅猛的发展。一方面，原位的表征技术，如电化学红外光谱、电化学拉曼光谱等的迅速发展，使得可以从分子水平层次认识在催化剂表面发生的分子吸附、成键、取向和解离等表面过程和反应的细节，推测电催化的反应机理，从而推动了固/液界面的电化学研究从宏观进入微观，从唯象进入原子和分子水平。另一方面，在催化剂的合成方面已经能够制备出小尺度载体纳米催化剂，并成功制备出具有开放结构的高活性和稳定性的高表面能纳米催化剂。对电催化剂的制备、电催化过程和反应机理的研究已经成为电化学、表面科学、材料科学、纳米科学等交叉的前沿学科。未来的研究工作重点应从以下方面进行突破：①发展先进的界面研究方法，如具有原位超快时间分辨率和空间分辨率的光谱技术；②从单晶模型催化剂到可控纳米结构催化剂的设计和制备工作刚刚开始，设计和制备出符合特定电催化体系需求的可控纳米结构催化剂；③开发可替代性载体，如金属氧化物等；④进一步开发新型催化剂，发展在实际运行条件下表征催化剂表面动态结构和催化性能的方法。

习　题

1. 氢能的优点有哪些？制备氢能的方式主要有哪些？
2. 分别写出电催化分解水制绿氢在碱性和酸性两种条件下的反应基本原理。
3. 评判电解水制绿氢催化性能好坏的指标有哪些？请详细说明。
4. 限制大规模电解水制备绿氢的主要条件是什么？
5. 电催化二氧化碳还原的产物一般有哪些？产物选择性与哪些因素有关？
6. 评判电催化二氧化碳还原性能好坏的指标有哪些？请详细说明。
7. 分别写出电催化氮还原在碱性和酸性两种条件下的反应基本原理。
8. 写出直接尿素燃料电池的反应方程式。
9. 请简述电催化技术在能源转换与储存领域的应用。
10. 提高电催化剂活性的方法有哪些？

第 4 章　热催化加氢储能

4.1　热催化加氢储能概述

在全球能源格局深刻调整和环境保护压力日益增大的背景下，氢能作为清洁能源的代表，其开发与利用已成为科学研究和产业发展的重要方向(图 4-1)。特别是在实现“双碳”目标的战略部署中，氢能被赋予了至关重要的角色，预期将成为未来能源体系的核心组成部分。然而，氢能的储存和运输难题一直是其实际应用和大规模推广的瓶颈。为了克服这一困难，热催化加氢储能技术应运而生，为氢能的有效储存提供了新的思路和技术路径。该技术通过热催化反应将氢气与特定化合物结合，实现氢能的有效储存和释放，展示了其在能源储存和转换领域的巨大潜力。

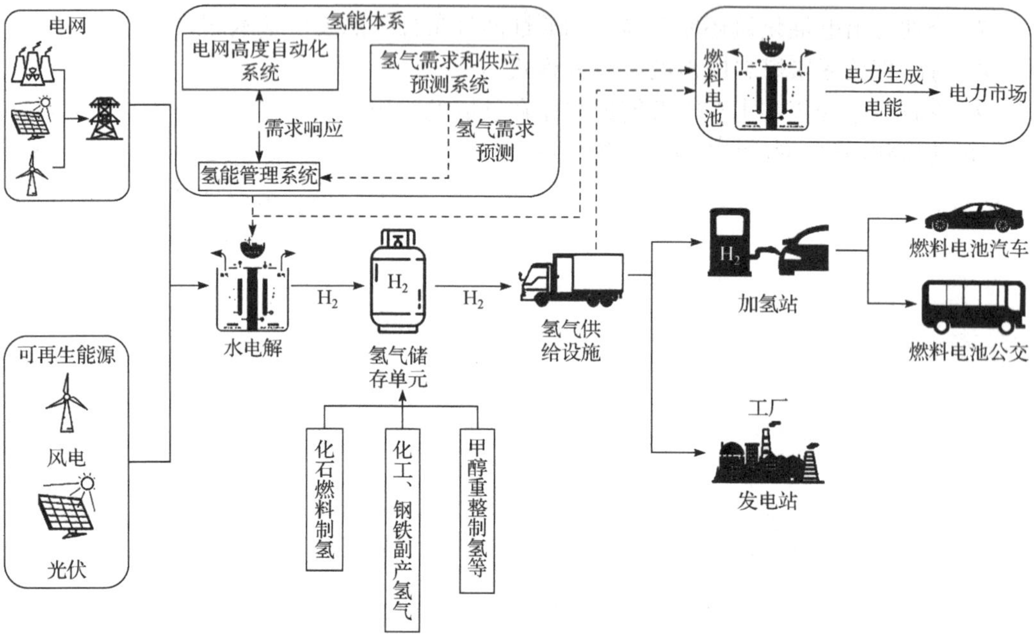

图 4-1　氢储能利用流程

4.1.1　热催化加氢储能技术的基本概念

热催化加氢储能技术是一种基于化学反应的储氢方法，其核心在于利用催化剂在一定的温度条件下促进氢气与特定化合物之间反应，从而将氢气以化学键的形式储存在易于储存的固态或液态化合物中。热催化加氢储能技术的关键在于选择合适的催化剂和控制适宜的反应条件(如温度、压力等)，以促进特定化合物与氢气发生高效和高选择性的反应，从而生成稳定的氢化产品。催化剂在这一过程中起到至关重要的作用，在不显著改变反应总吉布斯自由能的情况下，催化剂加速反应速率，使得原本缓慢或者不能自发进行的加氢反应能够在较温和的条件下进行，从而使氢能储存在新合成的化合物中，在必要的时候可同样通过催化作用进行脱氢反应释放出储存的氢气，实现能量的高效循环利用。

4.1.2　热催化加氢储能技术的反应过程原理

热催化加氢储能技术通常涉及两个主要的反应过程：加氢反应和脱氢反应。

目前热催化加氢的过程一般被划分为：吸附—活化—加成—脱附四个阶段。首先，氢分子和底物均在催化剂的相应活性位点上进行吸附，在催化剂的作用下被活化，生成活泼的氢原子和活化的底物。然后，活泼的氢原子与被活化的底物在催化剂表面发生加氢反应，生成目标产物分子。最后，新生成的目标产物分子从催化剂的活性位点上脱附，进而完成热催化加氢反应过程。在脱氢反应中，饱和化合物在催化剂的作用下发生脱氢反应，转化为不饱和化合物，从催化剂表面脱附，这一过程会释放出储存的氢气供生产或生活使用，同时释放能量，如图 4-2 所示。

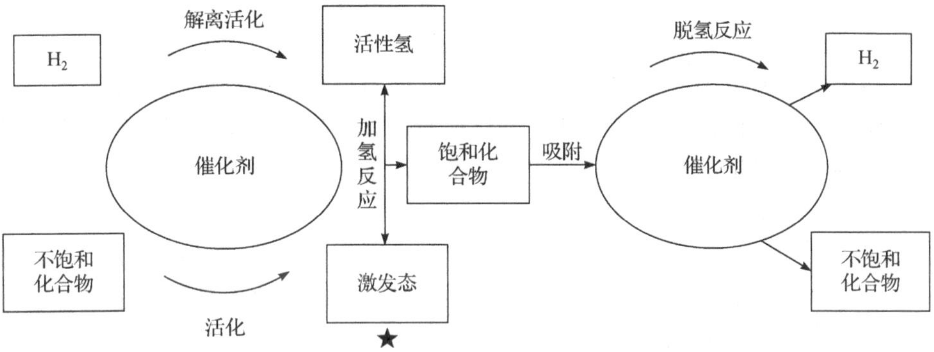

图 4-2　热催化加氢反应和脱氢反应过程示意图

4.1.3　热催化加氢储能的主要方式

热催化加氢储能的主要方式包括以下四种。

1) 二氧化碳加氢储能

将二氧化碳作为原料，在催化剂的作用下与氢气反应，转化为高附加值化合物，如甲醇或甲烷。这一技术不仅有助于降低大气中的二氧化碳浓度，缓解温室效应，还能将氢能以化学键的形式储存起来。

2) 烃类加氢储能

利用烃类化合物作为载体，通过与氢气反应生成饱和烃类产品。这种储氢方式不仅可以实现氢能的安全储存和运输，还可以利用现有的石油化工基础设施，简化能源转换和分配的复杂性。同时可通过选择合适的催化剂和优化反应条件，实现对氢气储存量的精确控制，提高产物的纯度。此外，烃类化合物作为储氢介质，在储存和运输过程中的安全性和稳定性优于高压氢气和液态氢，这使得烃类的加氢储能在实际应用中具有显著的优势。

3) 氮化物加氢储能

氮化物加氢储能技术是一种新型的化学储氢方法，它利用氮化物作为储氢介质，通过其与氢气在催化剂作用下的反应，生成氨等氮氢化合物。这种技术为氢能的储存和运输提供了新的途径，同时也为工业生产合成氨提供了一种新的方法。

4) 液态有机物加氢储能

利用液态有机物作为储氢载体，在催化剂的作用下与氢气发生反应，生成富含氢的有机液体燃料。这种储氢方式的主要优势在于液态有机物的来源广泛，可通过化学键合的方式将氢气固定在有机分子中，提高氢的储存密度的同时解决氢储存和运输的难题。

4.1.4　热催化加氢储能技术的关键要素

热催化加氢储能技术作为一种高效的储氢方式，其关键在于催化剂的研发、储氢反应物的选择以及加氢过程的精确控制。这些因素共同决定了储氢的效率、安全性和经济性。

1) 催化剂的研发

催化剂在热催化加氢储能过程中起着至关重要的作用。催化剂的选择直接影响到反应的活性和产物选择性。催化剂需要具有高选择性，以便在产氢地通过加氢反应实现氢的储存，在用氢地通过脱氢反应实现氢的释放。同时催化剂的结构设计、活性组分的选择以及催化剂的稳定性都直接关系到热催化加氢储能的反应效率。因此，开发高效、稳定且经济的催化剂是推动热催化加氢储能技术发展的关键。

2) 储氢反应物的选择

选择热催化加氢储能技术的反应物时，需综合考虑其来源的可再生性、转化效率、储存稳定性及成本效益。例如，生物质油和塑料废弃物等都是潜在的反应物来源。生物质油可以转化为高附加值化学品，而塑料废弃物则可以转化为液化烃。实际应用中，需针对具体工艺条件进行调整和优化，以实现高效、环保的能源转换。

3) 加氢过程的精确控制

在热催化加氢储能技术中，精确控制反应条件如温度、压力、停留时间和流速对于确保高效率和高选择性至关重要。通过动态调整这些参数，可以适应不同的反应需求，优化能量输出和储存周期，从而实现能源的高效利用和储存。

4.1.5　热催化加氢储能技术的技术优势

随着全球对可持续、环保能源的迫切需求，热催化加氢储能技术不仅在能源转换过程中表现出高效性和灵活性，且该技术能够在相对较低的温度和压力下进行，可显著减少能量损耗，并达到高效能量转化，同时避免高温高压操作带来的复杂性和安全风险，展现了显著的技术优势。其灵活性使其能够针对不同的应用场景灵活选择催化剂和反应，实现能源形式间的高效转换，并且在环保和安全性方面也展现出了巨大的潜力，该技术以其独特的优势正逐渐成为研究和应用的焦点。

作为一种基于氢气储能的清洁能源技术，热催化加氢储能技术在转换过程中不产生污染物，完全符合现代社会对环保的高质量要求。其操作过程无须极端温度或压力，从而提高了设备的可靠性和安全性，保障了系统长期稳定运行的需求。另外，热催化加氢储能技术的可扩展性使其能够适应从小型便携式设备到大型能源储存系统的各种需求，其广泛的应用前景为满足不同市场和用户需求提供了可能。尽管初期投资相对较高，但从整个生命周期成本效益分析来看，热催化加氢储能技术因其高效率和低运营成本，展现出了显著的经济优势。其技术优势如表 4-1 所示。

表 4-1　热催化加氢储能技术的技术优势

优势方面	热催化加氢储能技术	传统氢储能技术
能量密度	高	通常较低
安全性	较高，无须高压储存	可能存在高压或液态氢储存的安全风险
循环寿命	长，催化剂稳定性好	可能受到材料疲劳或化学反应限制
环境友好性	低排放，使用氢气作为能源载体	可能存在压缩、液化等过程中的环境影响
成本效益	中等到高，根据催化剂和工艺优化程度而定	高，涉及高压设备、液化设施等投资

综上所述，随着技术的不断进步和成本的逐步降低，热催化加氢储能技术有望在未来能源市场中占据更加核心的地位，为实现可持续能源体系的构建贡献重要力量。

4.1.6　热催化加氢储能技术的应用与展望

热催化加氢储能技术作为一种新型的能源转换和储存技术，具有广阔的应用前景。作为一种以氢气为主的清洁能源技术，符合未来人类对环保的高标准要求，使得它在未来的能源市场中有着重要的地位。氢储能技术可以提高可再生能源的利用率，尤其是在风电和光伏发电等波动性较强的能源中，通过储存多余的能量并在需求高峰时释放，有助于构建以可再生电力为主的新型电力系统，对电网的稳定性发挥重要作用。随着热催化加氢储能技术的不断进步，氢储能技术有助于推动整个能源结构朝着绿色、低碳和高效的方向转型，形成新型综合能源供应体系。这一技术的应用将加速能源消费侧的节能降碳进程，为实现“双碳”目标提供有力支持。

尽管热催化加氢储能技术已经展现出巨大潜力，但在实际应用中仍面临一系列挑战，主要集中在催化剂成本和性能优化、反应条件的精确控制、系统集成和规模化生产等方面。①催化剂成本和性能优化是面临的关键挑战。当前高效催化剂制备成本高，限制了商业化应用，开发高效、稳定且经济的催化剂成为难题。目前研究者正致力于开发新型低成本催化剂，以期在保持高效催化活性的同时降低过程成本。②反应条件的精确控制对优化加氢过程也至关重要，反应参数如温度、压力和氢气浓度等对反应速率和产物分布有显著影响。这需要复杂的控制系统和传感器技术，以及对反应机理的深入了解，以设计更有效的催化剂和优化反应路径。③系统集成和规模化生产是实现商业化的另一大挑战。实验室研究向工业生产的转化涉及放大过程的技术难题，包括反应器设计、工艺流程优化和设备耐用性。建立完整供应链和质量控制体系同样重要，以确保产品一致性和稳定性。

未来，热催化加氢储能技术将与光催化、电催化等其他能量转换技术相结合，形成多元化的能量转换系统。这种整合不仅可以提高整体的能量转换效率，还有助于实现能源的多途径利用和储存。例如，通过将光催化和热催化相结合，可以实现太阳能的高效利用，同时通过热催化加氢储存多余的电能。这种集成化的能源系统有望为解决能源危机和环境污染提供新的解决方案。

热催化加氢储能技术在应对全球能源挑战和环境保护的双重压力下，展现出巨大的潜力和价值。它不仅能够提高可再生能源的利用率，还能推动整个能源结构朝着绿色、低碳和高效的方向转型。随着技术的不断进步和成本的进一步降低，热催化加氢储能有望在未来的能源市场中扮演更加重要的角色。然而，要实现这一愿景，仍需要克服催化剂成本、反应条件控制、系统集成和催化剂性能优化等多方面的挑战，需要科研人员、企业家和政策制定者的共同努力和协作。

4.2　二氧化碳加氢储能

21 世纪以来，全球范围的温室效应引起了各界的高度重视。温室效应导致南极臭氧层空洞，引起冰川消融、海平面上升、极端天气等一系列问题。追本溯源，引起温室效应最主要的“凶手”正是化石能源燃烧后产生的大量二氧化碳，与此同时化石能源也面临着枯竭。基于热催化的二氧化碳加氢储能技术的出现，可有望缓解温室效应。目前越来越多的科研人员投入大量精力进行研究，使得二氧化碳加氢储能技术逐渐趋于完善。本节将介绍二氧化碳加氢储能技术的发展历史、基本原理、分类和发展前景。

4.2.1　二氧化碳加氢储能技术的发展历史

随着全世界对燃料需求的不断增长，化石能源日益枯竭，价格不断波动，因此寻找新的非化石燃料和工艺技术迫在眉睫。CO_2加氢储能技术不仅能够减少温室气体，还可利用CO_2将氢能储存在新的能源物质中，助力“双碳”目标的实现。CO_2加氢反应有很多平行反应，产物众多，这些产物兼顾了方便储存和运输的优点。例如，甲烷可直接通过现存的天然气管道运输，且燃烧后的产物为二氧化碳和水；甲醇及甲酸是许多化学工业的原料和中间体；一氧化碳也可作为费-托合成的原材料。

在CO_2加氢方面，目前唯一成功的商业案例是冰岛格林达维克的乔治 · 奥拉工厂。该工厂利用热水和地热能助力CO_2加氢反应生产甲醇，该案例的成功得益于该地区特有的低成本热源。因此，CO_2加氢储能的大规模工业化仍然存在门槛高、普及困难的问题。借助催化反应中催化剂的改进以降低反应发生的门槛是目前CO_2加氢储能技术的主要研究方向。

4.2.2　二氧化碳加氢储能技术的基本原理

二氧化碳加氢储能指的是通过热催化技术使得二氧化碳和氢气生成一系列的增值产物，从而将氢能储存在新的增值产品中的技术。二氧化碳加氢储能反应包括二氧化碳分子的吸附和活化、氢气的解离、二氧化碳的加氢及反应产物的脱附等几个步骤。二氧化碳分子极其稳定，因而二氧化碳的活化是整个反应的关键步骤，后续反应过程则遵循多相催化反应步骤。

二氧化碳分子在正常条件下极难被活化，这与其结构有关。二氧化碳由一个碳原子和两个氧原子通过共价键构成(图 4-3)，分子结构为线性对称的非极性三原子分子，分子中共有 16 个价电子。位于中心的碳原子为 sp 杂化，碳原子的 2 个 sp 杂化轨道分别与 2 个氧原子生成 2 个σ键，碳原子上 2 个未参加杂化的 p 轨道与 sp 杂化轨道成直角，并且从侧面和氧原子的 p 轨道分别肩并肩地发生重叠，生成两个 π_3^4 离域键，致使 CO_2 分子中 C═O 键能高达 799kJ/mol。CO_2 是弱电子给体，难以贡献电子，其第一电离能为 13.79eV，远高于具有相似结构的 CS_2、N_2 等，与此同时 CO_2 也是强电子受体，其最低空轨道 $2P_u$ 能级较低，具有很高的电子亲和能(38eV)，易接受电子。因此想要活化 CO_2，则需要向 CO_2 分子输入电子，使 CO_2 的分子结构从直线形变成弯曲形，以便对其进行活化，进行下一步的反应。

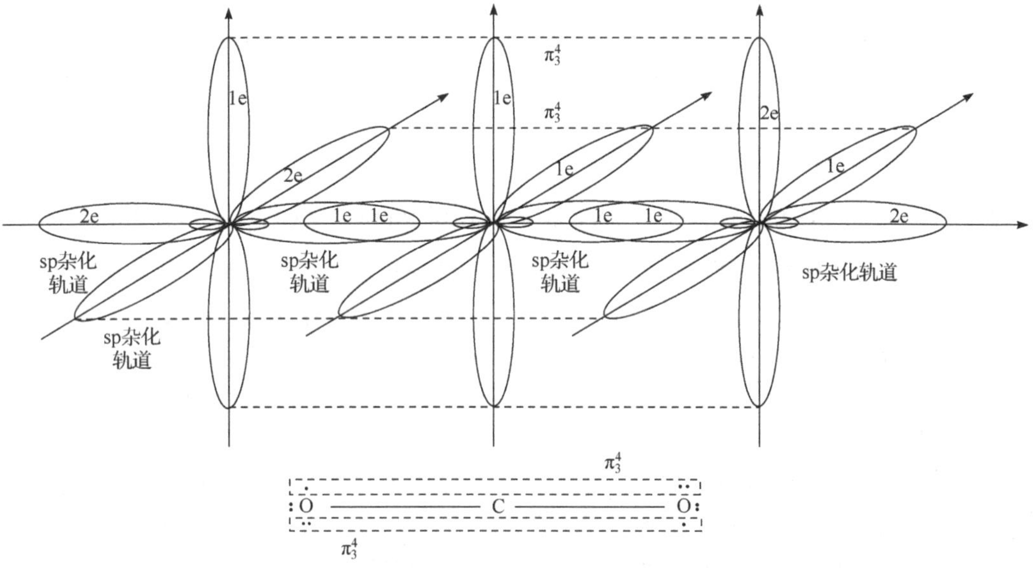

图 4-3　CO_2 分子结构示意图

CO_2 分子从气相外扩散到催化剂表面，再通过内扩散后吸附在催化剂的活性中心进行活化，与此同时氢气也以相同的方式到达催化剂的活性中心表面进行活化解离，接着二者进行加氢反应；反应结束后，加氢产物从催化剂表面脱附、扩散到气流中完成整个反应。该过程符合传统的多相催化反应过程，包括扩散(外扩散和内扩散)、吸附、活化、反应和脱附五个步骤。因此，选择的催化剂不仅需要具备活化 CO_2 分子的能力，还需将 H_2 分子解离为活性氢以满足 CO_2 加氢反应要求，因此该催化剂应是双功能复合催化剂。生成不同的目标产物所需催化剂不同，这将在后续内容中进行详细介绍。

综上可知，CO_2 加氢储能的热催化反应原理可以概括为两步：首先，活化 CO_2 分子；其次是多相催化反应的过程。CO_2 加氢储能技术是以 CO_2 和 H_2 为原料，通过选取合适的催化剂合成不同的产物，而这些产物可以作为能源物质使用。由于作为原料的 CO_2 是不能直接作为能源物质使用的，因此从某种角度来看，CO_2 加氢储能技术是将反应物中具有能量价值但不稳定的 H_2 通过与 CO_2 反应，生成一系列稳定且方便运输的能量物质，这是 CO_2 加氢储能的基本原则。根据能量守恒定律，能量不能凭空消失和产生。因此可视作热催化技术将氢能储存了起来，与 CO_2 组成了新的能量载体。

4.2.3　二氧化碳加氢储能技术的分类

二氧化碳加氢储能的产物众多，因此在某种意义上可以将 CO_2 通过加氢反应合成不同的目标产物，以适应不同的应用环境。CO_2 加氢的主要产物有 CO、甲醇(CH_3OH)、甲酸(HCOOH)、二甲醚(DME)和烃类化合物等，这些都可作为内燃机的燃料以替代化石能源。接下来将具体介绍目前常用的几种 CO_2 加氢反应及其发展历史。

二氧化碳加氢制醇类

1. 二氧化碳加氢制醇类

1) 二氧化碳加氢制甲醇

甲醇在常温常压下是一种无色透明、易燃的液体，拥有高密度的储氢性能，储氢质量分数最高可达 18.75%，且运输成本低。同时，甲醇还是优秀的溶剂，能作为化工原料生产烯烃、芳烃等高附加值化学品。因此，甲醇是目前 CO_2 加氢储能的首选目标产物。

CO_2 加氢制甲醇的反应方程式为

$$CO_2 + 3H_2 \longleftrightarrow CH_3OH + H_2O, \quad \Delta H^{\ominus}_{298K} = -131.0\text{kJ/mol}, \quad \Delta G^{\ominus}_{298K} = -9.0\text{kJ/mol} \quad (4\text{-}1)$$

CO_2 加氢合成甲醇有两种途径，一种是甲酸盐(*HCOO)路径，另一种是逆水煤气路径。甲酸盐路径是指 CO_2 先转化为*HCOO 中间体，然后加氢转化成甲醇；CO_2 逆水煤气还原路径是指 CO_2 先经过逆水煤气变换生成 CO，再通过羧基中间体(*HOCO)加氢生成甲醇。研究表明，在有水存在的情况下，CO_2 更加倾向于形成*HOCO 中间体，且*HOCO 路径在动力学上更有利。

在反应中，可通过调整催化剂中不同的掺杂金属来实现路径的选择。除了催化剂，在 CO_2 加氢制甲醇的反应中，影响因素还有反应温度、反应压力、氢碳比等。受制于这些因素，目前 CO_2 加氢合成甲醇成功商业化的只有冰岛的乔治·奥拉工厂、丹麦的 Blue World Technologies 和日本的 Mitsubishi Chemical Group Corporation，相信在不久的将来一定能实现 CO_2 加氢制甲醇的大规模工业化。

在催化剂研究进展方面，目前 CO_2 加氢制甲醇所使用的催化剂主要涉及三大类：铜基催化剂、贵金属负载型催化剂和过渡金属氧化物催化剂。加氢反应温度集中在 200～300℃，反应压力属于高压。因此，研发温和条件下促进 CO_2 加氢制甲醇的高效催化剂是促成该技术广泛工业化的关键。表 4-2 总结了最近报道的 CO_2 催化加氢制甲醇的催化剂和反应促进剂。其中，对于 CuO-ZnO/Al_2O_3 催化剂，水蒸气的存在会导致 Zn 促进剂或表面 Zn-Cu 合金的稳定性明显减弱，同时水煤气转化(WGS)反应会促进合成气反应，尽管该反应的正反应会生成 CH_3OH 和 CO，但其逆反应将 CO_2 转化成 CO，从而导致 CH_3OH 的选择性下降。因此，选择催化剂最重要的指标是其在高水分压下能维持稳定且逆水煤气转化(RWGS)反应能力强。因此可选择金属 Co 或者金属 In 等材料促进 RWGS

反应，最优选择性分别能达到 90.8%及 99.8%。

表 4-2　CO_2 加氢制甲醇催化剂种类及其反应性能

催化剂	P/MPa	T/℃	H_2 : CO_2	GHSV/h^{-1}	X_{CO_2}/%	S_{CH_3OH}/%	STY_{CH_3OH}/(g/(g · h))
CuO-ZnO/Al_2O_3	1	227	6	684	13.7	74	—
Co-RhIn/(5In5Al)O	4.5	270	3	36000	7.2	90.8	0.84
20%ZnO-ZrO_2	2	320	3	24000	6.4	78.5	0.413
Inverse-ZrO_2/Cu	3	220	3	48000	<5	70	0.524
In_2O_3/Co_3O_4	5	285	4	15600	17.3	75	0.65
In_2O_3/ZrO_2	5	300	4	20000	5.2	99.8	0.295

注：GHSV 代表空速；X 代表转化率；S 代表选择性；STY 代表时空收率。

2) 二氧化碳加氢制乙醇

相比于甲醇，乙醇是一种优秀的燃料添加剂，并且应用更加广泛。传统的发酵法合成乙醇成本较高，乙烯水化法制乙醇也有诸多不便。因此，通过 CO_2 加氢合成乙醇并将其作为储能物质是一种有前景的方法。

CO_2 加氢制乙醇方程式为

$$2CO_2 + 6H_2 \longleftrightarrow C_2H_5OH + 3H_2O, \quad \Delta H^{\ominus}_{298K} = -221.6kJ/mol, \quad \Delta G^{\ominus}_{298K} = -88.9kJ/mol \tag{4-2}$$

尽管从方程式来看乙醇的合成似乎非常简单，但是其合成机理比甲醇更为复杂。乙醇的合成催化过程包括 CO_2 的活化、氢化、C—C 键形成和羟基化，这些步骤通常由多相催化剂调节。这个反应过程中涉及 CO、CH_4、CH_3OH 等中间体，因此衍生出了三条可能的路径(图 4-4)。

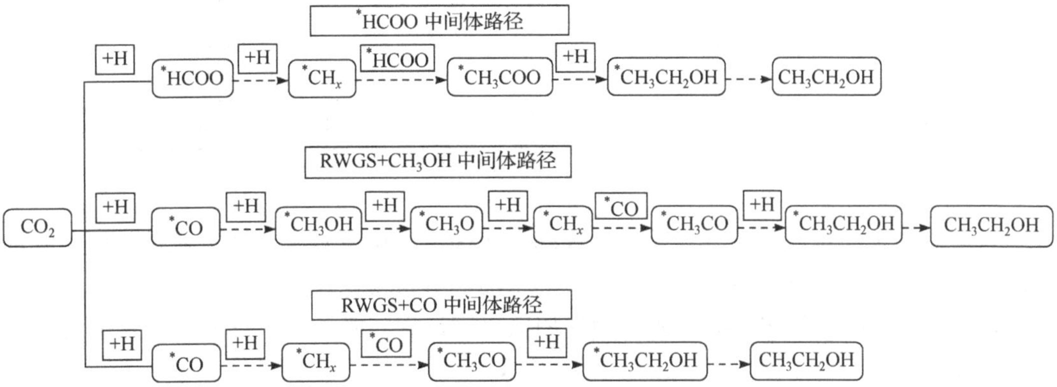

图 4-4　CO_2 加氢制乙醇反应路径

图 4-4 中从下至上第一条路径是 CO 介导的，这条路径的核心是 RWGS，首先 CO_2 被氢化产生可以在催化剂上稳定存在的*CO，然后*CO 发生深度加氢生成*CH_x，在催化剂的作用下*CH_x 与*CO 发生*CH_x-*CO 偶联生成乙醇，研究表明该路径的选择性较低；第

二条路径是甲醇介导的，这条路径在第一条路径的基础上多生成一个甲醇中间体，由甲醇中间体$^*CH_3OH$解离成$^*CH_3O$再氢化成$^*CH_x$，接下来的步骤与第一条路径一致；第三条路径则认为CO_2在反应过程中直接氢化生成甲酸中间体($^*HCOO$)，$^*HCOO$氢化生成$^*CH_x$，$^*CH_x$与$^*HCOO$偶联生成$^*CH_3COO$，由$^*CH_3COO$加氢生成乙醇。目前这是三种被普遍认同的机理,但是由于涉及的中间体过于复杂至今仍然没有确定其真实的反应路径。这也是阻碍该技术发展的重要因素之一。

在CO_2加氢制乙醇反应中，反应的温度、压力、进料比、空速和水量等因素对该反应均有显著影响。在不同催化剂的作用下得到的反应结果不同，结果见表 4-3。目前催化CO_2加氢合成乙醇所使用的主流催化剂包含 Rh 基催化剂、贵金属催化剂(含金基催化剂)、非贵金属催化剂(含钴基、铜基催化剂)等。Rh 基催化剂以及贵金属催化剂(含金基催化剂)选择性可达 90%以上。多金属掺杂的催化剂(如表 4-3 中的 Zr_{12}-bpdc-CuCs)在反应中表现出更优异的性能(选择性>99%，转化率为 96%)。因此，多功能复合催化剂仍然是该储能技术中催化剂研发的主流。

表 4-3　CO_2加氢制乙醇催化剂体系及其催化性能比较

催化剂	P/MPa	T/℃	$H_2 : CO_2$	GHSV/h^{-1}	X_{CO_2}/%	S_{EtOH}/%	STY_{EtOH}/(mmol/(g · h))
$CoAlO_x$-600	4.0	140	3	—	—	92.1	0.444
Zr_{12}-bpdc-CuCs	2.0	100	3	—	96.0	>99.0	87.9
Cu@Na-Beta	2.1	300	3	12000	7.9	69.5	398
Co/Mo_2C	3.0	200	3	—	86.0	25.0	—
Rh1/$CeTiO_x$	3.0	250	3	—	6.3	99.1	—
Au/TiO_2	6.0	200	3	—	—	98.0	2.83
Pd/Fe_3O_4	3.0	300	4	6000	0.3	97.5	0.41
Pt/Co_3O_4	8.0	200	3	—	22.4	—	0.29
Ir1-In_2O_3	6.0	200	5	—	—	99.7	—
Na-Co/SiO_2	5.0	250	5	4000	18.8	6.0	0.11

注：GHSV 代表空速；X代表转化率；S代表选择性；STY 代表时空收率。

目前受制于催化剂研发以及反应机理的不明确，该反应暂未实现工业化。但乙醇的价值决定了其比甲醇具有更大的吸引力。如果能够解析得到二氧化碳加氢制乙醇的反应机理，进而指导高效催化剂的合成并调控加氢反应过程，那么CO_2加氢合成乙醇有望实现工业化。

2. 二氧化碳加氢制醚类

二氧化碳加氢制醚类主要指的是CO_2加氢制二甲醚(DME)。与甲醇相比，DME 具有无毒、无腐蚀性的特点。同时 DME 分子中不含 C—C 键，燃烧后不会产生碳烟，且具有十六烷值高(>55)的特点，被誉为“21 世纪的清洁能源”。同时，DME 也是重要的化工原料和环保产品，可作为气雾剂、制冷剂和有机合成原料等，广泛应用于化工和医药等行业。更重要的是，无论 CO 加氢，还是 CO_2 加氢，合成 DME 比合成甲醇在热力学上更有利，有望形成“二甲醚经济”。

CO_2 加氢制二甲醚方程式为

$$2CO_2 + 6H_2 \longleftrightarrow CH_3OCH_3 + 3H_2O, \quad \Delta H_{298K}^{\ominus} = -122.43kJ/mol, \quad \Delta G_{298K}^{\ominus} = -5.5kJ/mol \tag{4-3}$$

CO_2 加氢制 DME 目前主流的催化剂是以沸石负载的铜基双功能催化剂为主(表 4-4)。其中沸石在催化反应中主要作为脱水组分，且金属氧化物负载后会在沸石分子筛的表面产生更多的酸性位点。研究表明，酸性位点会使反应中间体甲醇的形成/脱水速率加快，并且两个活性位点之间会产生协同作用，从而提高催化剂的催化活性。另外，也有使用其他贵金属催化剂的报道，但贵金属催化剂显然不满足大规模工业化的要求。表 4-4 统计了近年来铜基催化剂的反应性能，并列举了相对应的反应条件，其中以 Cu/Zn/Al/La/ZSM-5 效果最佳，催化 CO_2 加氢反应制 DME，转化率可达到 43.8%且选择性达到 31.2%。

表 4-4　CO_2 加氢制二甲醚催化剂体系及催化性能比较

催化剂	P/MPa	T/℃	$H_2:CO_2$	GHSV/h^{-1}	X_{CO_2}/%	Y_{DME}/%
Cu/Zn/Al/HZSM-5	5	260	3	3000	31.0	19.0
Cu/Zn/Al/Zr/ZSM-5	3	260	3	3100	24.1	6.4
Cu/Ti/Zr/ZSM-5	3	250	3	1500	15.6	7.4
Cu/Zn/Zr/V/ZSM-5	3	270	3	1500	32.5	19.1
Cu/Zn/Al/La/ZSM-5	3	250	3	3000	43.8	31.2
Cu/Zn/Zr/Pd/ZSM-5	3	200	3	1800	18.7	13.8
Cu/Zn/Zr/Al/ZSM-5+CNTs	3	260	3	1800	46.2	21

注：GHSV 代表空速；X 代表转化率；Y 代表收率。

由于 CO_2 加氢制 DME 法具有很高的工业价值，国内外一些公司已经相继建立了中试以及生产示范装置，如美国空气化工产品有限公司(Air Products and Chemicals Co.)已经完成三相床中合成气直接制 DME 的中试；日本钢管公司研发了三相床中合成气制 DME 的工艺，已建成 5t/d 的示范性装置；丹麦托普索公司在哥本哈根建起规模为 50kg/d 的中试装置并已完成 1200h 的连续操作。我国湖北电力实业有限公司建成了 1500t/a 的生产示范装置，可生产醇醚燃料和纯度为 99.9%以上的 DME。

3. 二氧化碳加氢制烃类

1) 二氧化碳加氢制 C_{2+}烃

CO_2 加氢生成 C_{2+}烃具有较大的应用价值，长链烃具有能量密度高的特点，可以作为燃料和化学品广泛应用。目前石油资源日益枯竭，通过 CO_2 加氢制得 C_{2+}烃可以替代部分化石燃料，因此这一课题受到全世界的广泛关注。

CO_2 加氢制烃类方程式为

$$\text{RWGS}: CO_2 + H_2 \longleftrightarrow CO + H_2O, \quad \Delta H_{573K} = 38\text{kJ/mol} \tag{4-4}$$

$$\text{FTS}: nCO + (2n+1)H_2 \longleftrightarrow C_nH_{2n+2} + nH_2O, \quad \Delta H_{573K} = -166\text{kJ/mol} \tag{4-5}$$

CO_2 加氢制 C_{2+}烃的催化剂为多功能复合材料，即所构筑的催化剂需同时满足费-托反应和芳构化反应的需求。目前催化剂主流的研究方向是铁基催化剂、贵金属负载型催化剂及过渡金属催化剂。其中铁基催化剂因其价格便宜、制备简便最具有前景。表 4-5 统计了目前主流的 CO_2 加氢制 C_{2+}烃催化剂及反应条件，其中以分子筛辅助的碱金属改性 Fe 基催化剂 Na-Fe_3O_4/H-ZSM-5 的效果最为突出。

表 4-5　CO_2 加氢制 C_{2+}烷烃类催化剂及反应性能比较

催化剂	P/MPa	T/℃	GHSV/h^{-1}	$S_{C_2=C_4}$/%	S_{C_5}/%	X_{CO_2}/%
Fe_2O_3-CT600	0.15	350	1140	37.0	36.0	40.0
20%Fe-CeO_2	—	390	200	22.2	1.9	18.9
Fe-Co(0.17)/K(1.0)Al_2O_3	1.1	300	3600	69.0	—	31.0
$CuFeO_2$	1	300	1800	32.7	64.9	16.7
In_2O_3/H-ZSM-5	3	340	9000	13.1	78.6	13.1
Na-Fe_3O_4/H-ZSM-5	3	320	4000	18.4	73.7	33.6
Fe-Zn-Zr@H-ZSM-5-Hbeat	8	340	3000	71.7	26.8	14.9

注：GHSV 代表空速；X 代表转化率；S 代表选择性。

由于 CO_2 加氢制 C_{2+}烃涉及的反应步骤较多且催化剂要求严格，所以目前该途径的加氢储能仍没有实现工业化。加拿大的 Carbon Engineering 公司和瑞士的 Clime works 公司目前正在致力于将该过程实现工业化，尽管生产规模不大但是随着对可再生能源和碳减排技术需求增加，未来可能会看到更多类似项目的发展和实施。

2) 二氧化碳加氢制低碳烯烃

以乙烯、丙烯为代表的低碳烯烃是化学工业生产的重要化工原料，可以生产如聚乙烯、聚丙烯、丙烯腈、环氧乙烷和乙二醇等有机化合物。针对我国 CO_2 工业废气排放点集中的特点，结合煤焦化过程中氢源价格相对低廉的优势，研发 CO_2 直接加氢制备低碳烯烃的催化反应体系及加氢过程放大关键性技术，可有效缓解我国 CO_2 减排压力，同时还可为资源的高效利用提供新的途径。

CO_2 加氢制低碳烯烃方程式为

$$2CO_2 + 6H_2 \longleftrightarrow C_2H_4 + 4H_2O, \quad \Delta H^{\ominus}_{298K} = -127.9\text{kJ/mol}, \quad \Delta G^{\ominus}_{298K} = -57.5\text{kJ/mol} \tag{4-6}$$

$$3CO_2 + 9H_2 \longleftrightarrow C_3H_6 + 6H_2O, \quad \Delta H^{\ominus}_{298K} = -249.8\text{kJ/mol}, \quad \Delta G^{\ominus}_{298K} = -125.7\text{kJ/mol} \tag{4-7}$$

$$4CO_2 + 12H_2 \longleftrightarrow C_4H_8 + 8H_2O, \quad \Delta H^{\ominus}_{298K} = -360.4\text{kJ/mol}, \quad \Delta G^{\ominus}_{298K} = -179.9\text{kJ/mol} \tag{4-8}$$

CO_2 制低碳烯烃的反应机理十分繁杂且涉及大量的副反应，由上述方程式的吉布斯自由能可看出产物的生成不好控制，经常出现的是多种烯烃共存，未来实现工业化分离也是一个不小的难题。整体来说，CO_2 加氢制低碳烯烃有两条反应路径(图 4-5)，一条是基于费-托合成(Fischer-Tropsch synthesis，FTS)的反应路径，即 CO_2 与氢气首先通过逆水煤气变换反应生成 CO，然后 CO 经 FTS 反应转化生成烯烃；另一条是经甲醇中间体的反应路径，通常采用金属氧化物与酸性分子筛组成双功能催化剂，CO_2 首先与氢气在金属氧化物上反应生成甲醇中间体，随后甲醇中间体扩散到酸性分子筛上通过甲醇制烯烃(MTO)反应生成低碳烯烃。

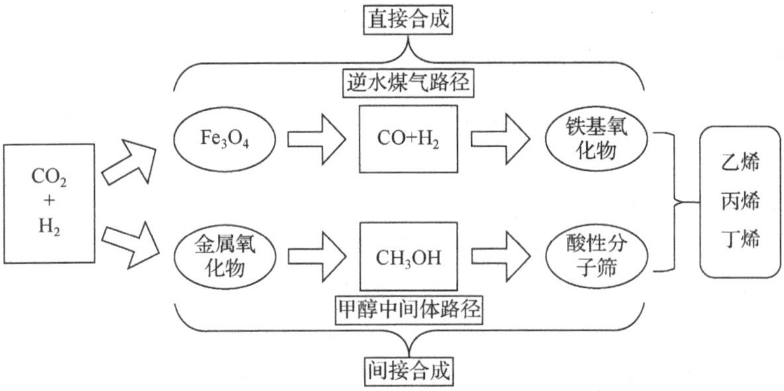

图 4-5　CO_2 加氢制低碳烯烃的两条路径及机理示意图

目前应用于 CO_2 加氢制低碳烯烃的催化剂多为复合双功能催化剂，目的是突破碳数分布规则(ASF)的限制以提高反应的选择性。目前，常见的催化 CO_2 加氢生成烯烃的催化剂见表 4-6。由表不难得出，金属 In 负载型催化剂表现出良好的催化性能。因此，使用何种碱金属与 In 掺杂、如何调控 In 与其他碱金属的比例将是 CO_2 加氢制低碳烯烃催化剂研究的主流方向。目前使用 CO_2 加氢制低碳烯烃的工厂相对罕见，该技术目前仍停留在实验室阶段。

表 4-6　CO_2 加氢制低碳烯烃催化剂及反应性能比较

催化剂	P/MPa	T/K	H_2 : CO_2	GHSV/h^{-1}	$S_{C_2=C_4}$/%	X_{CO_2}/%
Zr-In_2O_3/SAPO-34	3	673	3	9000	76.4	35.5
In_2O_3-ZeO_2/SAPO-34	1.5	673	3	3000	80～90	19.0
In_2O_3/H-ZSM-5	3	613	3	9000	78.6	13.1
In_2O_3-$ZnZrO_x$/SAP-34	3	653	3	9000	85.0	17.0

注：GHSV 代表空速；X 代表转化率；S 代表选择性。

4.2.4　二氧化碳加氢储能技术的应用与展望

在当前全球气候变暖、温室气体排放超标的时代背景下，想要一定程度地扭转温室效应和环境危机，需要更直接的 CO_2 减排措施。因此将 CO_2 作为储氢原料转化为一系列燃料或化学品，是一种非常具有前景和价值的方式。尽管该方案存在与 H_2 供应相关的一系列问题，但该领域的价值仍引起了工业界及学术界的巨大关注。此外，在 CO_2 加氢储能的一系列反应中涉及了催化剂设计、反应器设计、H_2处理等领域，推动了相关产业链的拓展和发展，有助于促进新能源技术和装备的创新与应用。同时，CO_2加氢储能技术在我国“双碳”目标的背景下得到了进一步的推动和发展。目前关于二氧化碳加氢储能的研究，全世界的科研人员都在为此付出努力，并取得了良好的进展，一定程度上推动了CO_2加氢储能技术的工业化发展进程。

4.3　烃类加氢储能

4.3.1　烃类加氢储能技术的发展历史

早在20世纪50年代，有研究发现氢化烃类化合物的储能潜力，早期的研究集中在氢的储存和运输上，氢化烃类化合物被作为一种可能的储氢方式开始被科学家研究。

20世纪60年代，科学家开始关注加氢反应中的烃类化合物，并研究其在能源储存中的潜在应用。这一时期，加氢储能技术的研究主要集中在石油化工领域，尤其是石油的加氢处理。70～90年代，随着对氢能的兴趣增加，科学家开始探索氢化烃类化合物作为氢储存介质的潜力。研究主要集中在如何高效地将氢气储存和释放出来。随着技术的发展，科学家开始进行氢化石油气(LPG)和其他液态烃类化合物的氢化研究。此时，人们逐渐认识到，烃类加氢储能技术可以提供高能量密度的储存解决方案。进一步的发展使得烃类加氢储能技术得到了更广泛的应用，包括化学工业和能源等领域。

21世纪以来，随着全球对可再生能源的重视，烃类加氢储能技术得到了更多关注。研究者开始探索如何将该技术应用于储能系统，随着气候变化和能源转型的紧迫性，烃类加氢储能技术得到更多的投资和研究。

4.3.2　烃类加氢储能技术的基本概念

烃类加氢储能技术是一种通过烃类化合物和氢气发生加氢反应来储存氢能的一种方法。烃类化合物是碳氢化合物的一种，包括炔烃、烯烃和芳烃等。在加氢储能过程中，氢气会与烃类化合物发生反应，形成更稳定的化合物，将氢气储存在其中。在需要氢时，可通过脱氢反应释放出氢气，以供各种应用场景使用。烃类加氢储能技术的优点包括储氢密度高、储氢稳定性好、反应温度适中等。此外，烃类化合物在储氢过程中可以通过选择合适的催化剂来提高储氢效率。

然而，烃类加氢储能技术也存在一些挑战。例如，储氢过程中可能出现产生副产物、催化剂的选择和设计等问题。因此，研究人员正在不断努力改进烃类加氢储能技术，以提高储氢效率和降低储氢成本，从而推动氢能源储存和循环利用的发展和应用。

4.3.3　烃类加氢储能技术的基本原理

理论上，烯烃、炔烃以及部分不饱和芳香烃与其相应氢化物，如苯-环己烷、甲苯-甲基环己烷等可在不破坏碳环主体结构下进行加氢反应和脱氢反应，以及进行可逆的氢能储存和释放。烃类加氢储能的反应机制涉及催化剂表面的吸附和解吸过程。在加氢反应中，不饱和化合物上的π电子会与催化剂表面的活性位发生作用，导致π电子云密度的变化，进而影响加氢反应进程。而脱氢反应则是相反的过程，催化剂表面的活性位促进了氢的解吸，从而实现了氢的释放。烃类加氢储氢反应如下：

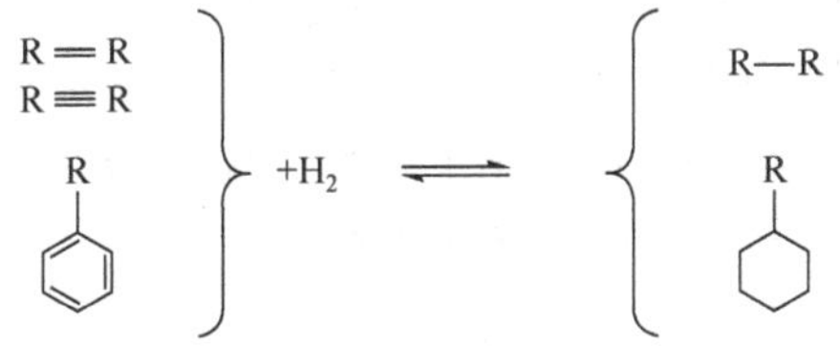

烃类加氢储能作为一种清洁能源储存和转换的技术，相对于传统的气态储氢和固体材料储氢有着更好的优势。尤其是芳烃加氢储氢方式，被认为是最有希望实现大批量、远距离氢储运的重要方式之一。烃类加氢储能技术具有以下几个特点。

1. 高储氢密度

相比于传统的储氢方式，如压缩氢气或液态氢气，烃类加氢储能技术可以实现更高的储氢密度。这意味着在相同的储氢容器内，可以储存更多的氢气。

2. 储氢量大

由于使用不饱和烃类或芳烃类有机液体作为储氢材料，所以烃类加氢储能技术可以实现较大的储氢量。这使得该技术适用于大规模储氢和长距离氢气运输。

3. 储存和运输方便

烃类加氢储能技术可使氢气的储存和运输相对方便。例如，芳香烃类液态有机物储氢，可以在常温常压下储存和运输，无须特殊的设备或条件。

4. 安全性较高

与传统的压缩氢气或液态氢气相比，烃类加氢储能技术具有较低的爆炸风险和泄漏风险。这使得该技术在实际应用中相对更安全。

5. 可再生性

烃类加氢储能技术所使用的储氢底物可以通过生物质、废弃物等可再生资源转化而来，从而实现氢气的可再生利用。

需要注意的是，虽然烃类加氢储能技术具有许多优点，但在实际应用中仍面临一些挑战，如储氢和脱氢过程中的能耗、催化剂的选择和活性以及储氢材料的安全性和稳定性等问题。因此，在进一步的研究和改进之前，该技术可能无法完全替代传统的储氢方式，还处于初期示范化阶段。

4.3.4　烃类加氢储能技术的分类

1. 烯烃加氢储能技术

低碳烯烃加氢反应通常指的是将小分子烯烃(如乙烯、丙烯等)通过加氢反应转化为相应的饱和烃，如乙烷、丙烷等的过程。烯烃加氢反应是一种重要的有机合成反应，吸附的烯烃分子与氢气发生加成反应，烯烃中的双键被氢气加成，生成烷烃，这一步通常通过催化剂促进反应的进行。这类反应在工业上有着重要的应用，尤其是在石化工业中，通过加氢可以将不稳定的烯烃转化为稳定的饱和烃，以满足不同的产品需求。该类反应具备强放热的特点，选择焦化干气和催化干气作为原料时，应当确定好相应的烯烃加氢工艺，对反应的温度进行控制，保证工艺可靠性。

$$C_nH_{2n} + H_2 \longrightarrow C_nH_{2n+2} \tag{4-9}$$

近年来，低碳烯烃加氢的工艺常用的是绝热加氢工艺，主要借助固定床反应器，其与传统加氢工艺的不同之处主要体现在操作温度控制和催化剂的选用上。绝热加氢工艺的简要流程是：原料气经压缩机压缩后进入预热炉预热，预热后的原料气进入反应器进行加氢反应，反应后的物料经脱硫反应器脱硫后出装置，如图 4-6 所示。

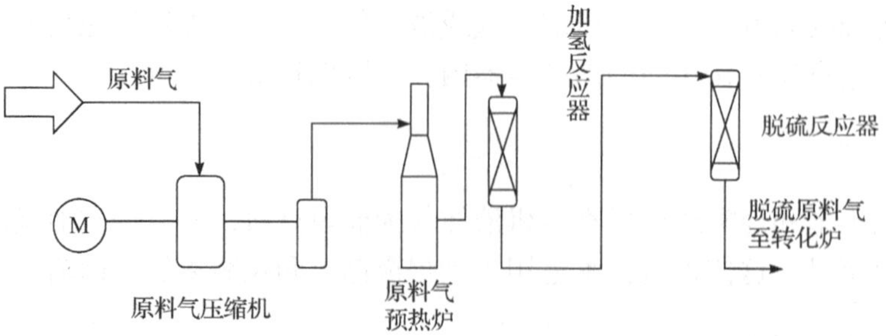

图 4-6　绝热加氢工艺流程示意图

以铂族金属为主的贵金属催化剂用于烯烃加氢反应已被深入研究。由于其具有化学性质稳定、耐氧化和耐腐蚀等优点，且在正常条件下不易与其他物质发生反应而深受欢迎。钯在温和的条件下对于选择性加氢反应有着高活性，可以促使 H_2 发生活化，形成游离氢原子，增强催化剂的活性。目前该类贵金属催化剂面临成本高、稳定性差等问题，大大限制了其在工业上的大规模应用。如何解决这些问题是当前烃类加氢反应需要考虑的主要问题。负载型钯催化剂已被证明对催化加氢具有较高的活性，然而其表现出了较低的选择性，且钯颗粒大小不均匀、容易发生团聚，往往需要通过添加第二种金属(如铜、镍等)以提高催化剂的稳定性。

虽然贵金属催化剂在选择性加氢中具有很高的活性和选择性，但因价格昂贵，限制了其在工业上的大规模应用。与昂贵的贵金属相比，镍基催化剂是工业上经济性很高的非贵金属催化剂，且活性远高于其他金属，因此非贵金属在加氢中的研究引起了极大的关注。但非贵金属催化剂存在活性相对较低、稳定性差等缺点，所以开发高效、高稳定性的非贵金属催化剂可大大提高烯烃加氢反应性能，目前研究人员正积极寻找比较合适的非贵金属催化剂，如铜基金属催化剂，或开发双金属或多金属催化剂以适应烯烃加氢反应的要求。

2. 炔烃加氢储能技术

炔烃的化学加氢反应通常涉及一个或多个中间体。这些中间体可能是负离子、自由基或正离子等。当炔烃与氢气在某些催化剂(如金属或金属氢化物)的作用下反应时，会生成相应的烯烃或烷烃。

$$2C_nH_{2n-2}+3H_2 \rightleftharpoons C_nH_{2n}+C_nH_{2n+2} \tag{4-10}$$

这里以碳四炔烃全加氢工艺和混合加氢为例进行介绍，混合加氢技术是将丁二烯抽提后的碳四炔烃与碳四原料混合后进行加氢，工艺流程如图 4-7 所示。代表性技术为法国石油研究院的 IFP 技术。该加氢反应在固定床反应器中进行，将含有少量一氧化碳的原料气和氢气混合，预热后进入反应器，在恒温条件下反应。IFP 技术采用的 LD-277 钯基双金属催化剂，通过金属间相互作用改变 Pd 原子的电子特征，从而减少乙烯基乙炔与钯之间的吸附，在降低钯损失的同时延长了催化剂的使用寿命。综合来看，该加氢技术仅对催化剂加氢活性要求较高，相关催化剂与工艺开发应用难度相对较低，产品附加值也相对较低。

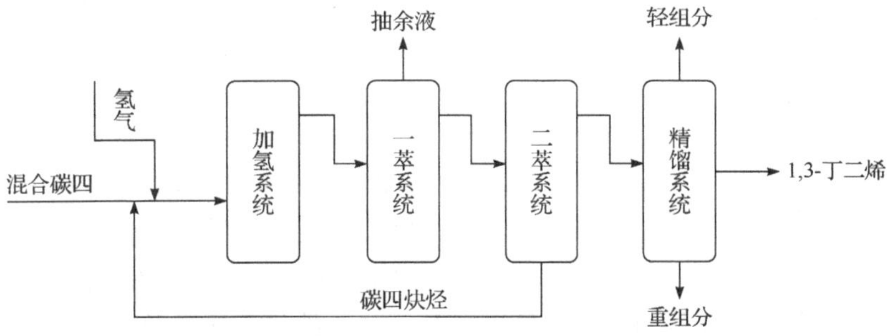

图 4-7　碳四炔烃混合加氢工艺流程示意图

该加氢反应涉及的催化剂主要有钯系催化剂、钼镍系催化剂和镍系催化剂，钯系催化剂活性高，加氢效果好，反应温度低，但对原料中的杂质如硫、砷、氮等要求很高；钼镍系催化剂对原料杂质的适应性较好，但反应温度高，容易结焦积碳，催化剂寿命相对较短，不适用于双烯烃含量高的原料；镍系催化剂成本相对较低，低温活性比钼镍系催化剂好，但抗杂质性能不如钼镍系催化剂好。

3. 芳香烃加氢储能技术

除烯烃、炔烃外，烷烃-芳烃体系也比较适合作为储氢材料，该材料在常温下是液体，有利于运输，同时该类化合物的储氢量大，具有很好的储能优势，该类体系目前最大的问题是加氢脱氢温度过高，限制了烷烃-芳烃类储氢材料在实际中的应用。

1) 苯加氢储能技术

苯加氢储能技术是利用苯-环己烷的可逆化学反应来实现氢能的储存和释放。环己烷的含氢量可高达 7.19%，1mol 环己烷可以携带 3mol 的氢，且在 20～40℃时环己烷为液态，其脱氢产物苯在常温常压下也处于液态，可借助现有的燃料输送方式进行储运，较为简便。苯加氢反应通常在高温高压的条件下进行。一般而言，反应温度为 180～220℃，压力为 1～5MPa，苯与氢气的摩尔比通常为 1∶3。反应的效率和环己烷的产率很大程度上取决于反应条件。

$$C_6H_6 + 3H_2 \rightleftharpoons C_6H_{12} \tag{4-11}$$

苯加氢反应机理为

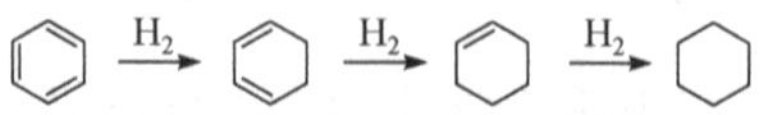

它是在催化剂的作用下一步步将苯环中的不饱和键转变成饱和键，得到饱和的环己烷。

苯催化加氢制备环己烷是典型的催化加氢反应之一，其在工艺生产过程中依据反应物的相态一般可分为气相法和液相法。近年来，苯加氢生产环己烷多采用气相法，其工艺流程为：在催化反应前，首先将一定摩尔比(3.5∶1～8.0∶1)的苯和氢混合，通入热交换器进行汽化；接着，将上述混合气体通入装有催化剂的固定床反应器，使其发生苯环催化加氢反应；最后，反应产物进入冷却器，低沸点的苯和环己烷等副产物经冷凝变为液态，再通过气液分离器将混合物分离，从而得到环己烷产品和副反应产物，工艺流程见图 4-8。

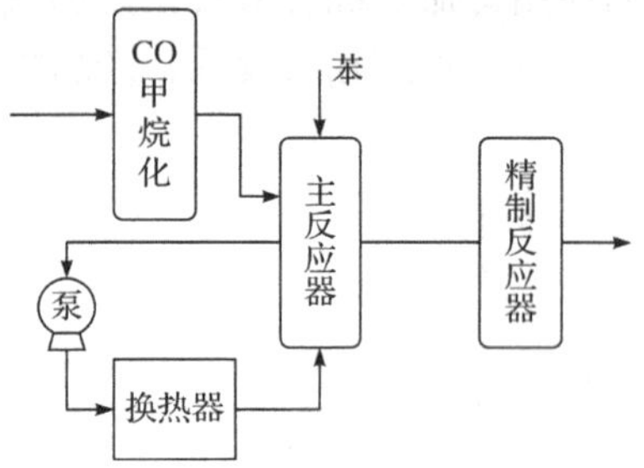

图 4-8　苯的气相加氢工艺流程示意图

研究发现，苯加氢催化反应在工业生产中多以金属催化剂为主，依据活性组分的差异，主要分为镍系、铂系和钌系三大类催化剂。研究发现，镍系催化剂应用于苯加氢催化反应中的转化率较高。表 4-7 列举了部分苯加氢储能技术涉及的钌系催化剂体系及其性能比较，大部分钌系催化剂体系都有良好的反应速率，其中 Ru/MCM-41/HNT 催化剂能达到 5594h^{-1}。

表 4-7　部分苯加氢储能技术涉及的钌系催化剂体系及其性能比较

催化剂	温度/℃	压力/MPa	TOF/h^{-1}
$Ru_{0.04}Ni_{0.96}$/C(230)	60	5.3	1684.5
$Ru_{0.04}Ni_{0.96}$/C(680)	60	5.3	1232.8
Ru/C	110	4	1600
Ru/Al_2O_3	80	2	1416
Ru/CNTs	70	1	649
Ru/PAFs	80	3.3	1600
Ru/MOFs	160	6	3478
Ru/TEGO	70	1	1302
Ru/水滑石	120	6	1300
Ru/HNT(1)	80	3	4610
Ru/MCM-41/HNT(1)	80	3	5594

2) 甲苯加氢储能技术

甲苯加氢储能技术是利用甲苯的不饱和 C═C 键作为化学吸收氢气的媒介，能在加氢和脱氢过程形成闭式循环，具有很好的可逆性。体系的质量储氢能力为 7.2%，单位体积储氢量为 55.9kg/m^3，常温常压下可实现储氢体积比 1∶500。甲苯加氢生成甲基环己烷的反应方程式为

$$C_7H_8 + 3H_2 \rightleftharpoons C_7H_{14} \tag{4-12}$$

甲苯加氢为强放热反应，从化学平衡来看，低温、高压有利于反应向加氢方向移动，工艺相对比较成熟。

甲苯加氢过程是氢气在催化剂作用下，逐步把苯环中不饱和键加氢成为饱和键的过程，过程中会生成甲基环己烯中间产物。在甲苯加氢工艺中，先把甲苯加热为气态，与原料氢气混合后加热至 180～200℃，再进入装有加氢催化剂的列管式固定床反应器，在催化剂作用下发生加氢反应生成甲基环己烷。出口工艺气先与入口工艺气换热后，经冷却器把甲基环己烷冷凝为液体，经气液分离排出至甲基环己烷罐。一部分未反应的氢气与原料氢气混合后再返回反应器，工艺流程如图 4-9 所示。

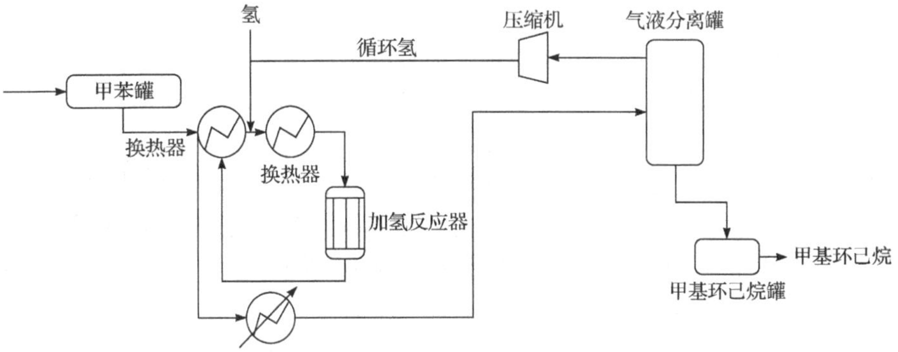

图 4-9　甲苯加氢工艺流程示意图

该加氢反应所采用的催化剂多为第Ⅷ族金属，如镍、钯和铂等都具有较好的加氢催化性能。由于钯、铂的价格昂贵，有研究者尝试使用非贵金属催化剂替代贵金属催化剂，以降低成本，其中镍基催化剂的性价比较高，工业应用最多，在质量分数为 20%的镍基催化剂作用下，甲基环己烷收率可接近 99%。研究结果显示，反应温度和 H_2 流速对甲苯加氢催化反应性能影响较大。表 4-8 列出了近年来研究的部分甲苯加氢催化剂体系及其性能比较，大部分金属催化剂都有着良好的反应速率，其中 MP/CeO_2-A-400 的 TOF 值能达到 2164h^{-1}，远超其他金属催化剂。

表 4-8　部分甲苯加氢催化剂体系及其性能比较

催化剂	温度/℃	压力/MPa	TOF/h^{-1}
Ni-纳米花	140	5	90
Pt/Al_2O_3	100	5	21
Pd/Al_2O_3	100	5	12
Fe/Al_2O_3	100	5	5
Co/Al_2O_3	100	5	6

续表

催化剂	温度/℃	压力/MPa	TOF/h^{-1}
Ir	20	4	375
Rh/C	25	0.1	600
Ru	25	0.1	100
$Pt_1Ru_{1.5}$	25	0.1	483
MP/CeO_2-A-400	100	0.5	2164

3) 萘加氢储能技术

十氢化萘的储氢能力强，含氢量高达 7.3%，体积储氢密度为 62.93kg/m^3，常温下呈液态，便于储氢。1mol 反式十氢化萘可携带 5mol 的氢，反应所需热量约为 66.7kJ/mol H_2，约占氢气燃烧所释放热量的 27%，可提供丰富的氢能，反应式为

$$C_{10}H_8 + 5H_2 \rightleftharpoons C_{10}H_{18} \tag{4-13}$$

由于芳环的稳定性，萘的加氢反应遵循芳环的依次加氢。萘加氢至一个环饱和可以得到四氢化萘，四氢化萘进一步加氢得到全饱和产物，即反式十氢化萘和顺式十氢化萘。然后随着温度的升高，四氢化萘和十氢化萘会裂解并导致大量裂解副产物的产生。当以精萘为原料加氢合成十氢化萘时，由于原料中不含硫、氮化合物等易使催化剂失活的杂质，因此采用一段加氢工艺即可。根据催化剂的加氢活性不同可分别采用单反应器加氢和双反应器的串联加氢两种工艺，工艺流程如图 4-10 所示。

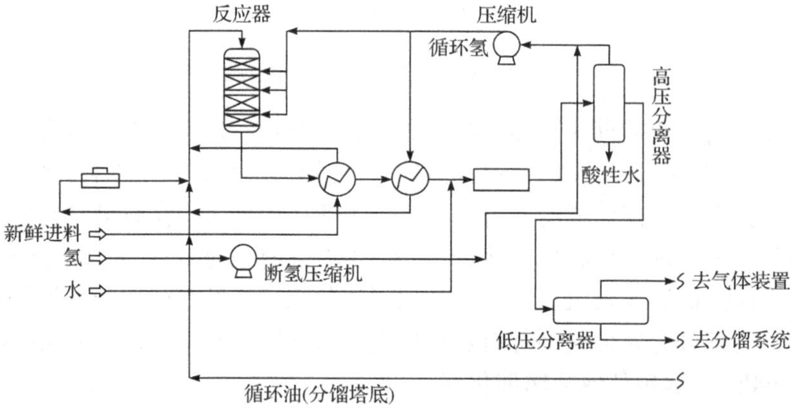

图 4-10 萘加氢工艺流程示意图

在催化剂研发方面，近年来过渡金属碳化物、氮化物、磷化物以及硅化物作为新型的催化材料，以其独特的加氢脱硫、加氢脱氮性能，受到了广大科研工作者的关注。过渡金属碳化物、氮化物、磷化物和硅化物催化剂作为新型的加氢催化剂，克服了贵金属催化剂制备价格昂贵的缺点，且提高了其耐硫性，在萘加氢领域表现出了独特的催化性能，但也存在过渡金属自身萘氢化程度不高的缺点，有待科研工作者进一步深入研究。贵金属催化剂中，铂钯双贵金属催化剂对萘加氢生成十氢化萘表现出良好的加氢活性，

能够在较低温度和中等压力下实现多环芳烃的深度加氢，然而原料中极少量的硫氮化合物会造成催化剂的活性严重下降甚至完全失活。因此，如何提高贵金属催化剂对硫氮化物的抗毒性成为一个重要课题。表 4-9 列出了近年来研究发现的部分萘加氢催化剂体系及其性能比较，主要是铂系催化剂、钯系催化剂和镍系催化剂，均达到 75%以上的转化率，其中 Pd/HY-9.5、Pd/Hβ等掺钯金属的催化剂在最佳条件下都能达到 100%的转化率。

表 4-9　部分萘加氢催化剂体系及其性能比较

催化剂	温度/℃	压力/MPa	萘加氢转化率/%
Pt/Hβ-75	220	4	96.7
Pt/ZSM-5-25	210	4.5	89.7
Pd/HY-9.5	200	4	100
Pt/HMOR	220	5.6	98.8
Pt/Al_2O_3	230	4	75.2
0.3wt%Pt+1wt%Pd/Al_2O_3-SAPO-11	220	4	100
Ni/SiO_2-Al_2O_3	200	1	89.7
Pd/Hβ	240	6.5	100
Ni/SBA-15	300	7.3	89.7

4.3.5　烃类加氢储能技术的应用与展望

我国拥有丰富的可再生能源，目前因风力、太阳能、潮汐能等产生的电能无法并网的问题，造成了大量的电能无法得到有效利用。鉴于部分烃类储氢材料的能量储存体积密度大，且不受地域限制，可以使用现有的液态输运架构(运油船、输油管道及加油站等)进行运输，不仅能在规模化储能领域发挥重要作用，而且可用于可再生能源发电系统，以解决不稳定电能(风力、太阳能、潮汐能等产电能力不连续)的并网问题。50 万～1000 万 kW 以上大规模风电场每小时产生的非并网电能用于电解水制氢可得到 7～140t 氢气。利用现有的燃油输运方式，将储存在烃类储氢材料的能量输送到客户终端，可有效地解决风能储能及输送问题。

同样地，也可以将烃类储氢材料输运到某些使用端(如煤制天然气等)加以利用。值得一提的是，稠杂环储氢分子的储能密度大幅高于其他材料，如储存 10MW · h 电能，只需约 5t 储氢材料，而采用高山蓄水的方式则需将 14000t 抽到约 300m 高，或将约 3400m^3 空气压缩至 20 个大气压，或采用约 30m^3 的锂离子电池。可见，将烃类储氢技术用于大规模储能过程中展现出了巨大的优势。

4.4　氮加氢合成氨储能

氢能的开发利用已经成为新一轮世界能源技术变革的重要方向，氢能储存技术已成为氢能规模化应用的关键技术瓶颈之一，如何高效、安全、经济储氢是目前氢能实用化亟须解决的问题。氨作为一种非碳化合物，具有比氢气更高的能量密度、更低的液化温度、更低的爆炸燃烧风险和更低的运输成本，并且氨分解生成氢气的反应易发生，还不存在碳排放。因此，氨作为一种中间绿色能量载体被广泛研究，将其用于化学储存和运输氢能，有望为未来的能源转型和氢能产业发展带来新的机遇。

4.4.1 合成氨催化反应的基本原理

热力学计算表明，低温、高压对合成氨反应是有利的，但在无催化剂存在时，该反应的活化能很高，大约为 335kJ/mol。当采用铁催化剂时，由于催化剂改变了反应历程，可降低反应的活化能，使反应以显著的速率进行。此时反应以生成氮化物和氮氢化物两个阶段进行。第一阶段的反应活化能为 126～167kJ/mol，第二阶段的反应活化能为 13kJ/mol。反应途径的改变(生成不稳定的中间化合物)，降低了反应的活化能，加快了反应速率。

合成氨反应的可能机理是：首先，氮分子在 Fe 基催化剂表面进行化学吸附，使氮分子的化学键减弱；接着，同样被活化的氢原子不断地与催化剂表面上的氮分子作用，逐步生成—NH、—NH_2 和 NH_3；最后，氨分子在催化剂表面上脱附生成气态的氨。反应途径可表示为以下方程式：

$$2x\text{Fe} + \text{N}_2 \longrightarrow 2\text{Fe}_x\text{N} \tag{4-14}$$

$$\text{Fe}_x\text{N} + \text{H}^* \longrightarrow \text{Fe}_x\text{NH} \tag{4-15}$$

$$\text{Fe}_x\text{NH} + \text{H}^* \longrightarrow \text{Fe}_x\text{NH}_2 \tag{4-16}$$

$$\text{Fe}_x\text{NH}_2 + \text{H}^* \longrightarrow \text{Fe}_x\text{NH}_3 \longrightarrow x\text{Fe} + \text{NH}_3 \uparrow \tag{4-17}$$

4.4.2 氮化物加氢合成氨储能技术

目前氮加氢合成氨的主流工艺仍是德国化学家哈伯于 1909 年提出的哈伯法制氨，催化剂为 Fe 基催化剂，它已经被研究了一个多世纪。Fe 基催化剂早已经商业化，在这里不做过多介绍，本节主要介绍近年来开发的几类新型氮加氢催化剂，主要包括：负载型 Ru 基催化剂、金属氮化物催化剂和金属氢化物催化剂。下面阐述不同催化剂的结构特点、催化特性及反应机理。

1. 负载型 Ru 基催化剂

1) 金属氧化物负载型 Ru 基催化剂

稀土金属氧化物作为 Ru 基催化剂的优良载体，已有近 20 年的研究历史，其中 CeO_2 和 Pr_2O_3 是受到关注最多的两种载体(表 4-10)。CeO_2 载体在参与催化反应时，其表面的氧空位起着重要作用，在 Ru/CeO_2 催化剂上氨的生成路径中，由于 Ru/r-CeO_2 具有更多的氧空位，Ru 的粒径较小，既有利于 H_2 和 N_2 的解离吸附，又会促进表面羟基的解离、脱附，从而形成 H_2；而 Ru/c-CeO_2 催化剂的氧空位较少，Ru 颗粒尺寸较大，吸附的 H 和 N 元素少，而且大部分氢已被转化为 H_2O 的形式消耗。Pr_2O_3 也是较好的合成氨催化剂载体，研究发现 Ru/Pr_2O_3 催化剂表现出较高的合成氨活性，在 673K 和 1MPa 条件下氨的生成速率为 19mmol/(g · h)。但 Pr_2O_3 的应用受到昂贵价格的限制，还不能广泛应用。

表 4-10　负载型 Ru 基催化剂催化合成氨性能对比

序号	催化剂	$W(Ru)$/%	T/K	P/MPa	合成氨速率/(μmol/(g · h))
1	$Ru/La_{0.5}Ce_{0.5}O_{1.75}$	5	623	3	44400
2	$Ru/Ba/LaCeO_x$	5	623	1	52300
3	Ru/Pr_2O_3	5	673	1	19000
4	$Ru/La_{0.5}Pr_{0.5}O_{1.75}$	5	673	1	60200
5	$Ru/BaZrO_3$	4	673	3	15300
6	$Ru/BaTiO_{2.5}H_{0.5}$	1	673	5	28200

2) 电子化合物负载型 Ru 基催化剂

电子化合物是一种以电子作为阴离子的特殊离子晶体材料，其中作为阴离子的电子可以相对自由地扩散，在一定条件下也容易脱离化合物，因此离子化合物表现出很好的导电性，也可看作较强的还原剂(表 4-11)。电子化合物分为有机电子化合物和无机电子化合物，但绝大多数有机电子化合物暴露于空气或在一定湿度的环境里很不稳定。

表 4-11　Ru/电子化合物催化剂催化合成氨性能对比

序号	催化剂	$W(Ru)$/%	T/K	P/MPa	合成氨速率/(μmol/(g · h))
1	$Ru/C_{12}A_7:e^-$	1.2	673	0.1	2757
2	Ba-Ru/AC	1	673	0.1	148
3	$Ru/HT\text{-}C_{12}A_7:e^-$	2	613	0.1	2290
4	$RuCa_2N:e^-$	1.8	613	0.1	3386
5	$Ru/C_{12}A_7:e^-$	1.8	613	0.1	2021

$C_{12}A_7:e^-$ 和 $Ca_2N:e^-$ 负载型 Ru 基催化剂是两种无机电子化合物催化剂，其中 $C_{12}A_7:e^-$ 负载型 Ru 基催化剂是由钙铝石($Ca_{12}Al_{14}O_{33}$)制备得到的一种无机电子化合物。Ca_2N 也是一种二维电子化合物，化学式可表示为 $Ca_2N:e^-$，它在负载 Ru 之后，其良好的电子迁移率有助于提升 Ru 基催化剂的合成氨活性。研究发现，$Ru/Ca_2N:e^-$ 催化剂在 0.1MPa、613K 下，合成氨的活性要高于 $Ru/C_{12}A_7:e^-$ 催化剂，其最大合成氨速率可达 3386μmol/(g · h)。

2. 金属氮化物催化剂

金属氮化物催化剂的研究，最早始于 20 世纪中叶，但在当时这些金属氮化物的合成氨活性都不是很理想，直到双金属氮化物 Co_3Mo_3N 在合成氨反应中的应用，使金属氮化物催化剂再次受到关注。表 4-12 总结了几种金属氮化物和金属氢化物催化剂的合成氨活性。

表 4-12　金属氮化物和金属氢化物催化剂的催化合成氨性能对比

序号	催化剂	T/K	P/MPa	合成氨速率/(μmol/(g · h))
1	Co_3Mo_3N	673	0.1	652
2	$Cs_2Co_3Mo_3N$	673	0.1	986
3	Ni_2MoN	673	0.1	395
4	$Ni+Ni_2Mo_3N$	673	0.1	15
5	Cr-LiH	573	1	3500
6	Mn-LiH	573	1	3000
7	Fe-LiH	573	1	4500
8	Co-LiH	573	1	4800
9	Mn_4N-LiH	573	1	2250
10	Mn_4N-BaH_2	573	1	1320
11	Co-BaH_2/CNT	573	1	4800

3. 金属氢化物催化剂

金属氢化物是氢与金属结合的化合物，有金属-氢键，氢化物的强还原性和可逆储氢能力对于催化反应具有重要的作用。由此制备了一系列过渡金属-LiH 复合催化剂，研究了 573K 和 1MPa 条件下 3D 过渡金属与 LiH 复合前后的合成氨活性，发现复合催化剂的合成氨活性明显高于未复合的过渡金属催化剂的合成氨活性，复合催化剂的合成氨速率最大可达 4800μmol/(g · h)。研究证实，LiH 在复合催化剂中是合成氨反应的另一个活性中心，带负电荷的 H^-能够作为强还原剂和氢源，与过渡金属(TM)表面吸附的 N 原子结合，形成 $LiNH_2$，$LiNH_2$ 继续加氢产生 NH_3 并重新释放 LiH。其机理如以下方程式组所示：

$$N_2 + 2^* == 2N^* \tag{4-18}$$

$$N^* + LiH \longrightarrow * + [LiNH] \tag{4-19}$$

$$2[LiNH] + 3H_2 \longrightarrow 2LiH + 2NH_3 \tag{4-20}$$

随后，一系列氢化物与 Mn_4N 复合的催化剂被开发出来，研究发现 Mn_4N 催化剂与氢化物结合后，合成氨的催化活性提升了几个数量级。从动力学的角度分析，提出氢化物与 Mn_4N 的复合催化剂在其进行合成氨催化反应时，经历了 3 个阶段，分别是 N_2 的活化、N 的转移和加氢得到氨的过程。

N_2 的活化：

$$Mn_4N + 1/2N_2 \longrightarrow 2Mn_2N \tag{4-21}$$

N 的转移：

$$2Mn_2N + AH + 1/2H_2 \longrightarrow Mn_4N + ANH_2 \tag{4-22}$$

加氢得到氨：

$$ANH_2 + H_2 \longrightarrow NH_3 + AH \tag{4-23}$$

其中，AH 表示碱金属或碱土金属氢化物。

氢化物材料在合成氨催化剂的应用表明，碱金属及碱土金属氢化物对过渡金属催化剂的合成氨活性有积极的促进作用，传统合成氨催化剂只有一种合成氨活性位，而氢化物-过渡金属复合催化剂不仅具有 2 种活性位，而且决速步骤也不再是 N≡N 键的解离，因此合成氨的催化活性得到了明显提升。

4.4.3　氮化物电催化加氢合成氨储能技术

氮氧化物每年都会从工业和车辆尾气中大量释放，排放的氮氧化物气体和含有氮氧化物的废水也正在造成严重的环境危机，如酸雨、光化学烟雾和水生系统的富营养化等。减少有害氮氧化物的一种广泛应用的方法是氨的选择性催化反应(SCR)，其利用 NH_3 的选择性还原 NO_x 生成 N_2 和 H_2O。反应方程式组如下：

$$4NH_3 + 4NO + O_2 \longrightarrow 4N_2 + 6H_2O \tag{4-24}$$

$$4NH_3 + 2NO + 2NO_2 \longrightarrow 4N_2 + 6H_2O \tag{4-25}$$

$$8NH_3 + 6NO_2 \longrightarrow 7N_2 + 12H_2O \tag{4-26}$$

SCR 可以有效减少氮氧化物的危害，但从经济角度来考虑，合成氨工业每年消耗全球 2%～3%的能源来实现哈伯法将 N_2 转化为 NH_3，因此将 NH_3 转化为 N_2 是不经济的。前面介绍的含氮物质如氮气、金属氮化物等作为储氢介质为减少氮氧化物提供了一种解决思路。近年来，大量研究表明将 NO_x 加氢还原为 NH_3 是可行的。目前该方向的研究在热催化领域少有报道，主要以电化学催化为主。

1. 硝酸盐电催化合成氨 (NO_3RR)

目前，关于电催化 NO_3RR 的研究还处于起步阶段。NO_3RR 涉及复杂的多步电子/质子转移过程，导致反应途径多样，产物(NH_3)选择性相对较差。NO_3RR 的阴极半反应方程式组如下：

$$NO_3^- + 4H^+ + 3e^- \longrightarrow NO + 2H_2O \tag{4-27}$$

$$NO_3^- + 2H^+ + 2e^- \longrightarrow NO_2^- + H_2O \tag{4-28}$$

$$2NO_3^- + 10H^+ + 8e^- \longrightarrow N_2O + 5H_2O \tag{4-29}$$

$$2NO_3^- + 12H^+ + 10e^- \longrightarrow N_2 + 6H_2O \tag{4-30}$$

$$NO_3^- + 9H^+ + 8e^- \longrightarrow NH_3 + 3H_2O \tag{4-31}$$

硝酸盐的电化学还原涉及反应物的扩散、吸附、电荷转移、产物解吸和分离，硝酸盐在活性部位上的吸附是电化学还原的第一步。将硝酸盐电化学还原为亚硝酸盐被认为是还原为氨和氮的限速步骤，缓慢的动力学归因于硝酸盐的最低未占据分子 π*轨道的高能量，这使得向 π*轨道的电荷转移非常不利。但是，某些金属(如铜、银、铂等)具有不成对的 d 轨道电子和与硝酸盐的 π^*轨道相似的 d 波段能量。因此，催化剂材料是电化学还原硝酸盐制氨的关键。

2. 硝酸盐电催化合成氨催化剂的分类

在过去的几十年里，多种电极材料被应用在硝酸盐的电催化还原反应中，包括铜基电极材料、铁基电极材料、钛基电极材料、镍基电极材料、钴基电极材料和钌/铑基电极材料等，并通过形貌尺寸调控、晶格缺陷构建、表界面设计、杂原子掺杂和空位工程等几种措施间的协同效应对其进行改性。

1) 铜基电极材料

在过渡金属中，Cu 表现出最高的催化活性，能快速实现以铵根为产物的硝酸根还原，并且表现出最高的硝酸根还原成亚硝酸根的电催化动力学性能。各种铜基催化剂(表 4-13)，包括不同形貌的单质 Cu(纳米颗粒、纳米片、纳米块、纳米带、纳米线)、Cu/氧化物复合催化剂、铜基二元合金等，被应用于电催化还原硝酸盐制氨。金属 Cu 的优异性能源于其导电性好、析氢能力弱、催化性能稳定，提高了由吸附控制的第一电荷转移反应。

表 4-13　铜基电极材料电催化还原硝酸盐制氨

电极材料	制备方式	电解液	氨生成速率
Cu 纳米颗粒	球磨法	0.1mol/L $NaNO_3$+1mol/L NaOH	—
Cu 纳米片	液相合成法	0.1mol/L KNO_3+10mmol/L NO_3^--N	22.9mmol/(mg · h)
CuNWs(纳米线)	—	1.2mmol/L NO_x	45nmol/(s · cm^2)
Cu/Cu_2O(纳米线阵列)	电化学重构	0.5mol/L Na_2SO_4+(200～2000)mg/L NO_3^--N	0.2449mmol/(h · cm^2)
CuO@Cu 泡沫	阳极氧化	150mmol/L NO_3^-+50mmol/L Cl^-+0.5mol/L Na_2SO_4	(3009～3191)g/(m^2 · d)

2) 铁基电极材料

受 Haber-Bosch 催化剂(铁基化合物)和固氮酶(主要含 Fe-Mo 辅助因子)中 Fe 活性位点的影响，铁系金属及化合物被用于电催化还原制氨的研究(表 4-14)。以单质 Fe、Fe_2O_3 和 Fe_3O_4 作为电催化还原硝酸盐合成氨反应的试验中，Fe_2O_3 的催化性能十分优异。硝酸根的还原首先经历硝酸根的吸附，而带负电荷的硝酸根在铁原子上的吸附强度与铁原子表面的电荷密度相关，铁原子正电荷密度越大，吸附越强；Fe(Ⅲ)有利于促进硝酸根的吸附，即 Fe_2O_3 活性最高；单质铁由于只含 Fe(0)，正电荷密度最低，最不利于硝酸根吸附，因此宏观的 NO_3^-RR 活性最差。

表 4-14　铁基电极材料电催化还原硝酸盐制氨

电极材料	制备方式	电解液	氨生成速率
Fe_2O_3	球磨法	1.0mol/L NO_3^--N	0.20mmol/(cm^2 · h)
Fe	水凝胶	0.1mol/L KOH+0.1mol/L KNO_3	30mol/(h · g)
FeSAC	过渡金属盐辅助碳化法	0.1mol/L K_2SO_4+0.5mol/L KNO_3	0.46mmol/(cm^2 · h)

3) 钛基电极材料

近年来，氧空位(OVs)被广泛应用于提高电(光)催化剂的性能，Ti 基系列催化剂受到了广泛关注(表 4-15)。其中，TiO_2 中的 OVs 可以使 Ti^{3+} 与氧结合更强，从而提高氧还原能力并削弱氮氧键，抑制副产物的生成；在 TiO_2 表面引入氧空位后，因 Ti 元素多余 3D 电子的影响，费米能级会移向导带最小能级(CBM)，这使得 TiO_{2-x} 表现出金属行为，从而提高了 TiO_{2-x} 的导电性，有利于 NO_3^- 的电催化还原。

表 4-15　钛基电极材料电催化还原硝酸盐制氨

电极材料	制备方式	电解液	氨生成速率
Ti	—	0.4mol/L NO_3^--N pH=0.77	—
TiO_2 纳米管	电化学阳极氧化法	0.5mol/L Na_2SO_4+(50～400)mg/L $NaNO_3$	0.045mmol/(h · mg)
TiO_2 纳米管	阳极氧化法	50mg/L NO_3^--N+0.5g/L Na_2SO_4	—

4) 镍基电极材料

镍基电极表现出较强烈的氢还原反应(HER)抑制，镍基电极可以在 NO_3^-RR 过程中连续循环后自激活，在硝酸盐到氨的转化中表现出了出色的性能，具有相当高的选择性、寿命和法拉第效率(NH_3)(表 4-16)。

表 4-16　镍基电极材料电催化还原硝酸盐制氨

电极材料	制备方式	电解液	法拉第效率
泡沫镍	动态氢气泡模板辅助电沉积	100mmol NO_3^--N pH=14	95%
$Ni(OH)_2$@Ni	—	2000mg/L NO_3^--N+0.1mol/L Na_2SO_4	90.4%
$Ni(OH)_2$@Ni	—	500mg/L NO_3^--N+0.1mol/L Na_2SO_4	74.3%

5) 钴基电极材料

单一钴基材料存在自身本征的局限，如导电性差、比表面积小、在电解质中不稳定等缺点，且由于其昂贵的试剂和复杂的工艺，而在工业应用上受到限制。纳米结构 Co_3O_4 因较大的比表面积和高效的电子传递和利用能力，近年来引起了人们的广泛关注(表 4-17)。高效的电子转移不仅可以促进析氢反应，还可以增加副产物的能垒，从而获得较高的法拉第效率和氨选择性。

表 4-17　钴基电极材料电催化还原硝酸盐制氨

电极材料	制备方式	电解液	氨生成速率
Co/CoO 纳米片阵列	气固相化学转化	0.1mol/L Na_2SO_4+200mg/L $NaNO_3$	194.46μmol/(h · cm^2)
Co_3O_4 薄膜	电沉积	0.05mol/L Na_2SO_4+50mg/L $NaNO_3$	—
Co_3O_4 纳米阵列	水热法	0.1mol/L K_2SO_4+100g/L KNO_3	0.854mmol/(h · cm^2)

6) 钌/铑基电极材料

钌、铑等贵金属催化剂因优异的催化活性和高效的氨选择性而被广泛研究(表 4-18)。对于传统的过渡金属基催化剂，只有在低过电位和小电流密度的情况下才能获得良好的硝酸盐制氨的选择性，而在高过电位下，析氢仍然占主导地位。钌基催化剂能够在高过电位下有效抑制氢还原反应，在较宽的电位范围内具有较高的 NH_3 法拉第效率。此外，铑基催化剂也在低过电位、酸性介质中表现出了对硝酸盐还原为 NH_3 反应较高的活性和选择性。

表 4-18 钌/铑电极材料电催化还原硝酸盐制氨

电极材料	制备方式	电解液	氨生成速率
钌纳米团簇	溶胶凝胶和电催化拓扑还原法	1mol/L KOH+1mol/L KNO_3	5.56mol/(g · h)
Ru-Cu 纳米线	阳离子交换法	1mol/L KOH+32.3mmol/L NO_3^--N	—
Rh@Cu	电置换反应	0.1mol/L Na_2SO_4+100mmol/L KNO_3	1.27mmol/(h · cm^2)

4.4.4 氮化物加氢合成氨储能技术的应用与展望

氨是最重要的化工原料和能源载体之一，未来社会对于氨的需求将会日益升高。可持续地合成氨不仅是最具有吸引力的研究课题之一，也是最有挑战性的课题之一。目前，工业合成氨采用的仍然是经典的 Haber-Bosch 工艺，但其存在高能耗、工艺复杂和温室气体排放量大等缺点。能源成本和氨需求量的不断增加促使人们研究开发更有效的技术，而催化剂在其中发挥着关键的作用。本节介绍了近年来在热催化合成氨领域开发的几类新型高效催化剂。尽管设计有效的合成氨催化剂仍具有很大的挑战性，但随着相关领域的不断发展，将为未来新型合成氨催化剂的开发提供更多的机遇。

4.5 液态有机物加氢储能

氢能储运按载氢过程可分为物理储氢和化学储氢，物理储氢包括高压气态储氢、低温液态储氢及碳材料固体储氢。三种物理氢能储运技术在安全性、经济性及成熟性上存在不同程度的局限性。与之相比较，化学储氢主要指有机液态储氢(LOHC)技术及金属氢化物储氢技术。1975 年，科学家首次提出将液态有机物用于储氢，自此，LOHC 技术作为一种新型储氢技术成为各国科研人员关注的焦点。LOHC 技术是在催化剂的作用下，利用有机物分子不饱和键与氢气加成反应，从而实现氢能的储存；通过改变反应条件，发生逆反应，实现脱氢反应而释放氢气。该技术涉及的储氢材料为液态有机物，具有加、脱氢过程可多次循环、便于运输、可利用现有的能源网络等优点，LOHC 技术有望成为整体性能最先进的氢能储运技术。液态有机物储运氢能反应路径如图 4-11 所示。LOHC 储氢载体主要有甲苯、二苄基甲苯及 N-乙基咔唑等。

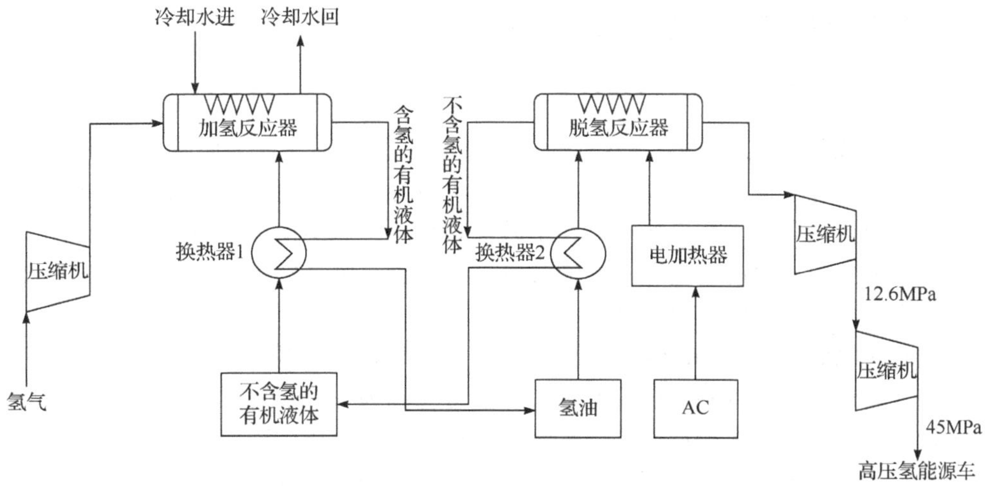

图 4-11　液态有机物加氢脱氢一体化装置

4.5.1　液态有机物加氢储能技术的发展历史

继 1975 年液体有机化合物储氢构想首次被科学家提出以来，越来越多的科研工作者投入到该新型储氢领域技术的研究工作中。研究者利用商品化的载 Pt 蜂窝状催化剂研究了苯/环己烷的加氢和脱氢反应。例如，日本成功开发出一种水电解-苯加氢电化学耦合系统，采用环己烷为氢载体进行海运输送氢能。在汽车燃料领域，研究者系统地研究了甲基环己烷(MCH)作氢载体为汽车提供燃料的可行性，并综合评价和分析了系统的能流、质流和经济可比性等，并对耦合于氢内燃机上的脱氢反应进行了数值模拟。目前瑞士、加拿大和英国等国家的研究者也正积极从事液态有机氢化物储氢技术，在 H_2-O_2 燃料电池发电领域取得了显著进展，已经开发出两代实验型氢燃料汽车，即 MTH-1 和 MTH-2。

在氢能产业高速发展、全球聚焦氢能储运的背景下，我国 LOHC 技术借鉴国外成果，在甲苯、二苄基甲苯和 N-乙基咔唑等方向进行了深入的探索，涌现出了武汉氢阳能源有限公司、中国科学院化学研究所、南通久格新能源科技有限公司、青岛海望能源科技有限公司、中氢源安(北京)科技有限公司和陕西氢易能源科技有限公司等 LOHC 储运技术研发单位，并取得了较好的推广。

近年来，武汉氢阳能源有限公司与中化学建设投资集团有限公司在北京房山与上海金山分别建立日供氢 400kg、相距 1463km 的加氢、运氢、脱氢一体化示范应用装置，经过三次试车，对脱氢规模、脱氢速率、脱氢效率、单位能耗及氢油损耗等关键指标进行了充分验证，已达到设计水平。中化学科学技术研究有限公司建立了国内首套甲苯-甲基环己烷有机液体储氢中试示范装置，规模达 300kg/d，并成功完成了逾 1000h 的中试试验，攻克了 LOHC 加氢、脱氢的核心技术，已具备全面工业化推广的应用条件。其他 LOHC 研发单位也已完成了技术储备，建立了中试装置，通过试验完成了技术积累，并通过融资建立了实体公司，具备了从技术研发向工业化推广应用的技术条件。

液态有机物加氢储能技术

4.5.2 液态有机物加氢储能技术的基本概念

1. 液态有机物加氢储能原理及特点

液态有机物储氢技术是借助芳香烃等液体有机物与氢气发生加成反应从而实现氢能的有效储存，还可通过可逆脱氢反应对氢能进行释放的一对可逆过程。研究发现，不饱和芳烃与对应氢化物等有机物可以在不破坏碳环的主体结构下实现加氢和脱氢，这是结构非敏感的反应。目前研究者正在通过进一步提高其脱氢转化率和选择性以达到循环利用储氢介质的目的，实现可逆储氢。

液态有机物储氢载体的储存和运输简单方便，并且可以循环利用。液态有机物储氢量大，例如，环己烷和甲基环己烷的理论储氢量分别为 7.19wt%和 6.18wt%。然而，液态有机物加氢是一个强放热反应，脱氢为吸热反应，脱氢反应需要的能量约占已储存氢能的 30%，这对其而言是一个不小的劣势。目前研究较为广泛的液态有机储氢载体有甲苯、甲基环己烷、苯、咔唑、二苄基甲苯、N-乙基咔唑、环己烷、十氢化萘等。

与传统的加压气态储氢、低温液化储氢、金属合金储氢等储氢手段相比，液态有机氢化物储氢有以下特点。

(1) 催化过程可逆，反应物与产物可循环利用，储氢密度高(都在 DOE 要求指标以上)。

(2) 氢载体储存、运输和维护安全方便，储存设备简单，尤其适合于长距离氢能输送。以有机液体形式用管道进行氢能的长途输送，或可解决中国西部与东部地区之间发展不平衡和能源分布不均匀问题。

(3) 储氢效率高。以苯储氢构成的封闭循环系统为例，如果苯加氢反应时放出的热量可以完全回收，整个循环过程的效率可以达到 98%。

(4) 液体有机物储氢载体原则上可同汽油一样在常温常压下储存和运输，具有可直接利用现有汽油输送方式和加油站构架的优势。

2. 储氢载体的特性

LOHC 储运技术的关键在于选择储氢载体，是加氢反应和脱氢反应的连接纽带。储氢载体的不饱和键与氢的结合能力在一定程度上决定了其储氢容量、加氢及脱氢条件，进而很大程度上决定了其氢能储运成本。储氢载体的闪点、密度、挥发性等物理性质决定了其安全性能。对于储氢介质的研究经历了早期的全碳骨架芳香族化合物、较成熟的氮杂环有机物，以及最新研究发现的小分子直链含氮有机物等阶段。部分有机液体储氢载体的储氢特性见表 4-19。从表中可以看出十氢化萘具有最高的储氢密度，但其脱氢温度较高。在选择储氢载体时，应选择合适的储氢密度和较低脱氢温度的物质作为储氢载体。

表 4-19　部分有机液体储氢载体的储氢特性

有机液体氢化物	理论质量储氢密度/wt%	脱氢温度/℃
N-乙基咔唑	5.8	197
2N-杂环化合物	6.0	138

续表

有机液体氢化物	理论质量储氢密度/wt%	脱氢温度/℃
2,5-二甲基吡嗪	5.3	138
十氢化萘	7.3	345
甲基环己烷	6.2	400
N-丙基咔唑	5.43	120
N-乙基吲哚	5.23	160

全碳骨架芳香族化合物通常具有较高的脱氢焓，并且脱氢反应温度高，从而使其作为车载储氢材料十分困难。而氮杂环有机物是在全碳骨架芳香族化合物中引入氮原子，可以有效降低氢化芳香族化合物分子的脱氢焓，进而降低脱氢过程的反应温度。例如，N-乙基咔唑可实现完全加氢、脱氢，且无副产物生成，具有良好的可逆性，是理想的储氢介质。小分子直链含氮有机物，使液态有机物储氢材料有了新的发展方向，但存在不可逆副产物，循环性能有待提升；此外，小分子有机物的沸点偏低，在反应温度条件下为气态，这在一定程度上降低了反应效率。该类有机物用于储氢的研究仍为储氢介质的开发提供了潜在的探索方向。

4.5.3　液态有机物加氢储能技术的分类

以全碳芳香族化合物为氢载体的储氢技术已在 4.3 节详细介绍，本节将介绍醛类化合物、酮类化合物、硝基化合物、生物质平台化合物和不饱和脂肪酸等几类 LOHC 储能技术。

1. 醛类化合物加氢储能

醛类物质是指含有醛基(—CHO)的一类有机化合物，它们广泛存在于自然界中。在醛类物质中，醛基是最为重要的官能团，它决定了醛类物质的主要化学性质。醛类物质可以与许多化合物发生反应，其中最重要的反应是还原反应，醛类物质可以被还原为醇类物质；此外，醛类物质还可以发生加成反应、缩合反应等。醛类物质在许多领域都有广泛的应用，可用于制作农药、医药和染料等许多领域。同时也可以作为储氢载体，用作加氢储能。

1) 糠醛加氢

糠醛(FAL)，即 α-呋喃甲醛，为无色或浅黄色的透明液体，难挥发，暴露于空气中会快速变成黄色。糠醛分子含有高度功能化的 C—O、C═C、C═O、醛基和呋喃环基等官能团。由于呋喃环是共轭体系，α-H 原子十分活泼，这使糠醛有很强的反应活性，可以通过催化加氢、氧化、水解、缩合等多种反应进行升级，使其得到丰富的下游产物。其中糠醇、2-甲基呋喃、乙酰丙酸(LA)、乙酰丙酸酯(LEs)、四氢糠醇等作为糠醛选择性加氢的产物受到广泛关注，已经被广泛应用于化学、储能、材料和制药等领域。图 4-12 为 FAL 转化为高价值燃料化合物的示意图。

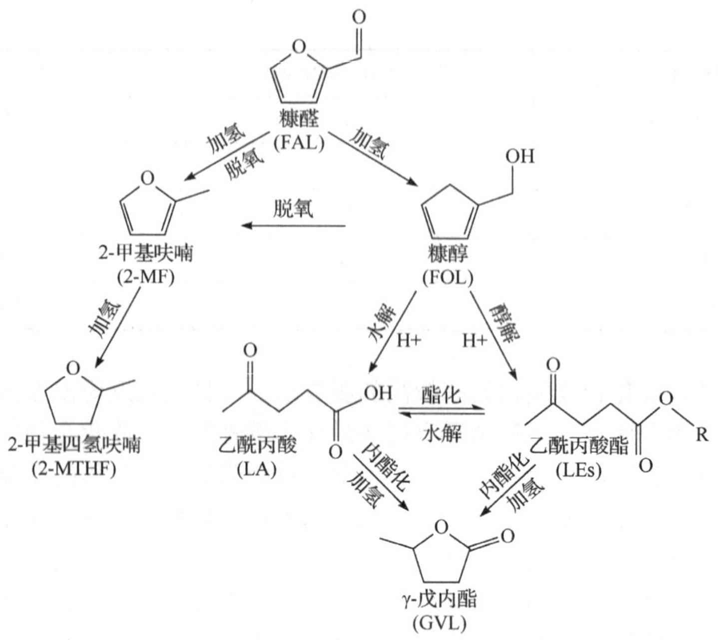

图 4-12　FAL 转化为高价值燃料化合物的示意图

糠醛一锅法制备 LA 及 LEs 的双功能催化剂需同时具有催化加氢和开环的活性中心。在以 H_2 为氢源的直接加氢反应中，金属-酸双功能催化剂在此反应中有较好的活性。与 H_2 为氢源的直接加氢过程相比，以小分子醇为氢源的糠醛转移加氢反应条件相对温和，且可由酸催化剂代替 Au、Pt 等贵金属催化剂进行催化加氢反应。因此，近几年糠醛转移加氢合成 LA 及 LEs 的双酸(L 酸-B 酸)型双功能催化体系研究报道更多(表 4-20)。研究表明，双酸(L 酸-B 酸)型双功能催化剂催化糠醛具有较高的 FAL 转化率，最高可达到 100%转化，且具有 97.2%的最高产率。

表 4-20　L 酸-B 酸型催化剂催化糠醛合成 LA 及 LEs 的高效催化体系

催化剂	主要产物	反应条件	FAL 转化率/%	产率/%
Nb_2O_5-ZrO_2	乙酰丙酸异丙酯	10mL 糠醛质量分数为 5%的异丙醇溶液、2MPa N_2、180℃、8h	92.6	71.8
1.5% Cu/NbP(磷酸铌)	乙酰丙酸	1mmol FAL、5mL H_2O、10mL 异丙醇、160℃、3h	92.7	67
Zr-SBA-15	乙酰丙酸甲酯	0.1g FAL、7mL 甲醇、270℃、10h	100	36.3
ZrO_2@SBA-15	乙酰丙酸异丙酯	0.3g FAL、20mL 异丙醇、160℃、18h	100	87.2
Zr-Al/SBA-15(30：10)	乙酰丙酸乙酯		92.8	67.2
HPMo(20)/Zr-MCM-41	乙酰丙酸异丙酯	0.5mmol FAL、10mL 异丙醇、150℃、24h	99.3	79.6
SO_3H@Ni-Al	乙酰丙酸乙酯	1g FAL、20mL 乙醇、氧气氛围、超声功率为 80W、112℃、95min	100	97.2
ZrO-SO_3H	乙酰丙酸正丁酯		100	91

2) 肉桂醛加氢

肉桂醛(CAL)是一种典型、重要的α,β-不饱和醛，其催化加氢包括 C═C 键和 C═O 键两个官能团的平行连续还原，反应会同时生成苯丙醛、肉桂醇和苯丙醇；其中，C═C 键加氢得到的产物苯丙醛广泛用于药物中间体、化学品、香料等的生产中。虽然 C═C 键比 C═O 键加氢更容易，但在肉桂醛转化率高时共轭的 C═C 键和 C═O 键存在竞争，因此，肉桂醛加氢过程是一个很好的实现储能过程。

该加氢反应中存在不同的氢化方式，有可能得到三种产物：第一种是选择性的氢化肉桂醛中的 C═C 双键，从而得到苯丙醛(hydrocinnamaldehyde，HCAL)；第二种是选择性氢化肉桂醛中的 C═O 双键，从而得到肉桂醇(cinnamyl alcohol，COL)；第三种是将肉桂醛中的两种双键共同氢化，得到完全氢化产物苯丙醇(hydrocinnamyl alcohol，HCOL)。肉桂醛选择性加氢反应原理图如图 4-13 所示。

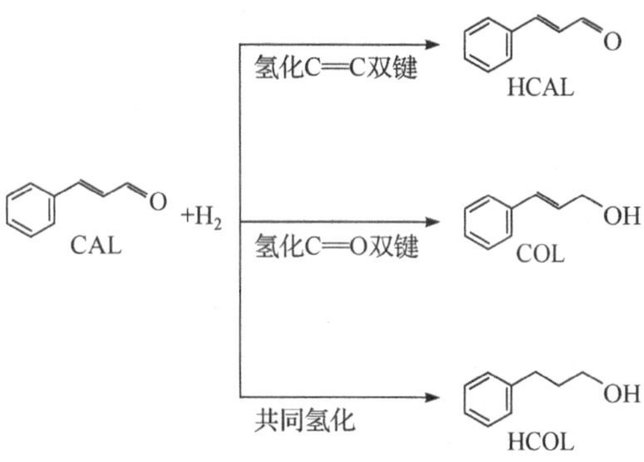

图 4-13　肉桂醛选择性加氢反应原理图

目前，应用于肉桂醛选择性催化加氢反应的纳米催化剂以负载型纳米催化剂为主。以肉桂醛选择性加氢为探针反应，评价所制备的催化剂的催化活性。当反应温度为 80℃、反应时间为 90min 时，Pd_1/CeO_{2-x}催化剂实现了 99%的肉桂醛转化率和 99%的 3-苯丙醛选择性。

2. 酮类化合物加氢储能

酮类化合物是一类含有羰基的有机化合物，可以通过加氢反应将其转化为相应的醇类化合物来实现储能。加氢反应可以将羰基还原为羟基，得到相应的醇类化合物，从而实现氢的储存和转化。这种方法可以利用可再生的生物质资源制备酮类化合物，并将其作为氢源进行储存和利用，具有潜在的环保和可持续发展的优势，且为化合物的能源转化和氢能技术的发展提供了新的途径。目前，研究较多的酮类化合物加氢过程包括丙酮加氢制备异丙醇、环戊酮加氢制备环戊醇等过程。

3. 硝基化合物加氢储能

硝基化合物是一类有一个或多个氢原子在烃分子中被硝基(—NO_2)取代的有机化合物，可分为脂肪族硝基化合物(R—NO_2)和芳香族化合物(Ar—NO_2)。硝基化合物可以发生还原反应，生成亚硝基化合物、N—烃基取代羟胺和胺。硝基化合物在工业上有广泛的应用，可以用作医药、染料、香料、炸药等工业的化工原料及有机合成试剂。而液体的硝基化合物也可与氢气发生加氢反应，成为良好的储氢媒介。目前，几种研究较多的硝基化合物加氢反应有硝基苯加氢、1-硝基萘加氢反应等。

4. 生物质平台化合物加氢储能

生物质是指通过光合作用而形成的各种有机体，包括所有的动植物和微生物。生物质一直以来都是人类赖以生存的重要能源之一，在整个能源系统中占有重要地位。生物质加氢是一种能源转换技术，它涉及将生物质原料在高温高压条件下与氢气发生反应，以生产可再生的液体燃料。生物质加氢发展经历了多个阶段，从最初的生物质气化、热解到现在的催化热解、有机液态储氢等技术。这些技术的发展提高了生物质能源的转化效率和储氢密度，为其实际应用奠定了基础。

目前生物质加氢主流催化剂如表 4-21 所示。从表中可以看出生物质加氢催化剂种类繁多，金属催化剂，以及酸性、碱性催化剂等均可用于生物质加氢。

表 4-21　生物质加氢催化剂

催化剂	类型	描述
金属催化剂	Pd、Pt、Ni、Cu、Ru、Rh 等贵金属催化剂	这些催化剂能够有效促进加氢反应，特别是 Pd、Pt 和 Ni
酸性催化剂	H_2SO_4、H_3PO_4、HCl 等强酸性催化剂	在酸性条件下，这些催化剂可以促进生物质的加氢裂解和重组反应
碱性催化剂	NaOH、KOH 等碱性催化剂	这些催化剂可以在温和的条件下促进加氢反应，但是可能会产生大量的副产品
多功能催化剂	MoS_2、WS_2 等过渡金属硫化物	这些催化剂既可以促进加氢反应，又可以催化其他类型的反应，如氧化、脱氧等
生物催化剂	酶等生物催化剂	利用酶的特异性和选择性，可以在温和的条件下实现高效的加氢反应

5. 不饱和脂肪酸加氢储能

不饱和脂肪酸是一类含有一个或多个 C═C 双键的长链羧酸，常见于植物油、动物脂肪以及海洋生物中。不饱和脂肪酸加氢储能是一种将化学能转化为可储存形式的技术。在这一过程中，不饱和脂肪酸在催化剂的作用下与氢气发生加氢反应，双键被还原成单键，生成饱和脂肪酸，这一过程伴随着能量的释放。不饱和脂肪酸加氢反应通常在高温高压的条件下进行，并且需要使用特定的催化剂，如镍、钯或铂。一旦不饱和脂肪酸被还原成饱和脂肪酸，储存的氢能就可以在需要时通过催化脱氢反应释放出来。在脱氢反应中，饱和脂肪酸被氧化，重新形成不饱和脂肪酸，同时释放出之前储存的氢能。

芬兰公司于 2003 年提出了一种创新的生物燃料制备方法，该方法通过脂肪酸的加氢脱氧和临氢异构化反应来生产生物柴油。在该基础上，油酸在 Pt/C 催化剂的作用下，在无溶剂和非临氢条件下催化加氢制备长链烷烃和芳烃。表 4-22 列出了部分不饱和脂肪酸加氢催化体系。其催化剂类型具有多样性，过渡金属、贵金属、非贵金属等均可用于不饱和脂肪酸加氢催化，但其大多需要在特定的反应条件下进行。

表 4-22　不饱和脂肪酸加氢制长链烷烃和芳烃催化剂体系

催化剂类型	实例	反应条件
过渡金属催化剂配合物	镍(Ni)配合物、钴(Co)配合物、铁(Fe)配合物	高温、高压、氢气氛围
非贵金属催化剂	铜(Cu)、锌(Zn)	特定条件下

续表

催化剂类型	实例	反应条件
生物催化剂	微生物细胞、酶提取物	生物相容条件下
纳米催化剂	纳米金属颗粒、纳米氧化物	特定条件下
贵金属催化剂	铂(Pt)、钯(Pd)	温和条件、氢气氛围

4.5.4　液态有机物加氢储能技术的应用与展望

LOHC 储氢技术作为一种新型、高储氢密度的储氢技术，有望在未来新型能源体系中扮演重要角色，尤其是在可再生能源、传统一次能源与二次能源之间的转化与储能中发挥重要枢纽作用，还有望解决供需时间和空间不匹配的难题。LOHC 储氢技术可广泛应用于多个领域，其不仅能够在常温常压下满足长期、长距离、大规模的氢气储运需求，还能够借助已有的油品储运设备设施，与石油石化产业协同发展，是目前各类新型储氢方式中最具商业化潜力和发展前景的技术之一。目前 LOHC 储氢技术应用于大规模商业化还存在一些难题有待解决，包括以下方面。

(1) 脱氢能耗偏高。有机物加氢是强放热反应，易于进行，而逆反应脱氢为强吸热过程，需要大量热量，反应难度较大。因此，其存在能耗高与成本高等问题。如果脱氢装置周边有电厂或钢厂等产生废热的工业，可以利用废热作为脱氢热量来源。

(2) 脱氢催化剂开发难度大。脱氢催化剂的难题主要体现在贵金属成本高、选择性差、活性下降、寿命短等方面。国内这一领域的研究大多仍处于实验室研究阶段，大部分距工业化应用尚远，需要加大对脱氢催化剂的研发。

(3) 循环次数增加时储氢性能下降。多次循环使用后，尤其是高温脱氢过程，有机物环链容易发生断裂并逐渐累积，造成储氢性能的下降和催化剂积炭。一些实验研究中甚至仅循环 4～5 次后储氢性能已大幅下降，难以满足商业使用需求，需要在延长循环使用寿命方面加大研究。

本 章 小 结

本章探讨了热催化加氢储能技术在氢能储存与转换中的关键作用和应用前景。热催化加氢储能技术可通过化学反应将氢气结合到特定化合物中，实现氢能的高效、安全及灵活储存。其中二氧化碳加氢储能不仅有助于减少温室气体排放，还能将氢气以化学键形式储存在高附加值化合物中，如甲醇、乙醇和二甲醚等。而烃类加氢储能、氮化物加氢合成氨储能和液态有机物加氢储能三种技术均通过不同方式实现氢能的高效储存，这些技术不仅具备环保优势，还展现了显著的商业潜力。尽管这些技术还面临脱氢过程能耗高、催化剂研发困难、催化剂成本高和反应条件难以控制等诸多挑战，但随着技术进步和成本降低，它们已经在能源储存和转换领域展现出巨大潜力，有望在构建可持续能源体系中发挥核心作用。未来，热催化加氢储能技术将与光催化、电催化等能量转换技术相结合，形成多元化的能量转换系统，为解决能源危机和环境污染提供新的解决方案。

习　题

1. 热催化加氢储能技术的核心原理是什么？它如何实现高效、安全的氢气储存？
2. 与传统储氢方式相比，热催化加氢储能技术有哪些显著优势和潜在应用领域？
3. 热催化加氢储能技术面临的主要挑战有哪些，如何克服这些挑战？
4. 二氧化碳加氢储能技术的基本原理是什么？
5. 二氧化碳加氢储能技术的主要优点和缺点是什么？
6. 二氧化碳加氢储能技术在应对全球变暖和碳减排方面的潜力如何？
7. 如何评估不同烃类化合物(如甲烷、乙烯、环己烷)在热催化加氢储能技术中的储氢容量和稳定性？
8. 相较于传统储氢技术(如高压储氢、液态氢储存)，烃类加氢储能技术在成本效益方面的优势和劣势是什么？
9. 在加氢反应和脱氢反应过程中，材料的热稳定性如何影响整体储氢系统的性能？
10. 氮化物储氢在实际应用中遇到的主要技术和经济障碍有哪些？
11. 与传统的氢储存技术相比，氮化物储氢技术有哪些优缺点？
12. 随着科学技术的发展，氮化物储氢技术有哪些可能的改进方向？
13. 液态有机物加氢储能技术的基本原理是什么？
14. 液态有机物加氢储能技术的优点是什么？
15. 有哪些常见的液态有机物加氢储能材料？
16. 在液态有机物加氢储能中，催化剂的选择对加氢过程和脱氢过程有何影响？
17. 液态有机物加氢储能技术中，有哪些先进的催化材料研发趋势？

第 5 章　太阳能热化学储能

5.1　太阳能热化学储能技术原理

5.1.1　概述

由于能源危机和环境问题日益凸显，当前人类面临全球能源转型、减少碳排放和提高能源安全性的挑战，大力发展清洁能源已成为世界各国的共识。然而，随着可再生能源在能源供应中的比重不断增加，其间歇性和不稳定性限制了其大规模应用，因此寻找有效的能源储存解决方案成为亟待解决的问题之一。

作为地球上资源最丰富的可再生能源，利用聚光太阳能作为驱动力，通过热化学反应将太阳能转化为化学能，实现了能源的高效清洁储存。储存的化学能可以在太阳能辐射波动时提供稳定能源供应，从而解决可再生能源的间歇性和不稳定性问题，推动可再生能源的大规模应用。因此，太阳能热化学储能技术在当前能源转型的背景下具有重要的意义，有望成为未来能源储存领域的重要技术之一。此外，太阳能储能技术的进步可有效助力太阳能能源产业的整体发展。通过与太阳能光热发电等适配程度较高的场景结合，可实现太阳能的高效利用与多元化高价值能源产品的生产。

1. 技术优势

作为一种备受关注的规模化能源储存解决方案，太阳能热化学储能技术具有许多优势。

(1) 可再生性。太阳能是一种无限可再生的能源，通过太阳能热化学储能技术将其转化为化学能，可以实现能源的长期储存和再利用，有助于减少对有限资源的依赖。

(2) 高效性。太阳能热化学储能技术可以实现高效能源转换，将太阳能转化为化学能。通过优化反应条件和选择合适的储能材料，可以实现能源的高效率转化，提高能源利用效率。

(3) 灵活性。太阳能热化学储能技术具有较高的灵活性，能够适应不同的应用场景和能源需求。可以根据需求选择不同的化学反应路径和储能材料，以实现对能源的灵活储存和释放。

(4) 储存容量大。与传统的电池等能源储存方式相比，太阳能热化学储能技术具有较大的能量储存密度。通过合理设计储能系统和选择高能密度的化学反应，可以实现大规模能量储存，满足不同规模的能源储存需求。

(5) 低成本。太阳能热化学储能技术通常使用廉价和易获得的原料进行反应，且反应产物通常是稳定的化合物，其所储存的能量可以长时间保存而不会损失，因此具有较低的成本。此外，太阳能作为驱动力无须额外成本，降低了能源生产和储存的总体成本。

(6) 环保性。太阳能热化学储能技术的化学反应通常是无污染的，不会产生排放物或有害物质，对环境友好。通过减少对化石能源的依赖，可以降低碳排放，减缓气候变化，保护环境。

2. 太阳能热化学储能典型工艺

太阳能驱动热化学转化为可利用太阳能全光谱能量，使太阳热能以化学能的形式进行储存和利用。典型的太阳能热化学储能工艺包括太阳能驱动 H_2O/CO_2 分解、太阳能驱动含碳物料热解/气化、太阳能驱动甲烷裂解/重整以及太阳能驱动材料加工及化学品生产等工艺。

对于太阳能驱动 H_2O/CO_2 分解，在整个反应过程中，仅使用聚光太阳能作为高温供热热源，并采用 H_2O 和 CO_2 作为原料，生产 CO、H_2 等产物，可满足可持续发展要求。但目前该技术仍停留在理论和实验室阶段，距离实现工业化生产还有较大的发展空间。

太阳能驱动含碳物料热解/气化是指利用集中太阳辐射加热含碳物料(生物质、煤、塑料等固体有机物)，使其在高温下分解为小分子产物。这一工艺具有生产高品质燃料的潜力，并具有更高的产率，相比于常规热解/气化更具有竞争力。另外，取消空气分离单元使其具有良好的经济性。

太阳能驱动甲烷裂解是指在无氧环境下，以太阳能供能形式使温度达到 1200～2000℃，将甲烷热分解为氢和碳元素。该技术能有效降低碳排放，缓解温室效应。太阳能驱动甲烷裂解/重整工艺的产物如氢气、一氧化碳和碳等，可作为工业生产过程中的理想原料。

太阳能驱动材料加工及化学品生产是指以太阳能作为材料加工过程以及化学品生产过程中一系列吸热化学反应的热源。例如，石灰和水泥的生产与金属冶炼。以金属冶炼为例，该过程主要包括碳热还原，属于能源密集过程。

5.1.2 聚光集热原理及指标

1. 聚光集热系统介绍

太阳能聚光是指入射光线通过光线聚焦原理汇集为能量很高的光束。太阳能集热是指将太阳能热辐射转变为热能的过程。太阳能聚光集热系统可以将自然光线通过聚光装置汇集到集热装置上，集热装置中的集热工质为后续系统提供高温条件。如图 5-1 所示，

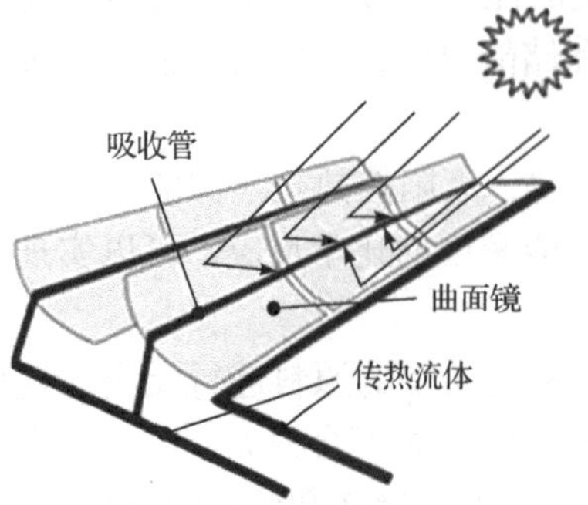

(a) 抛物槽式

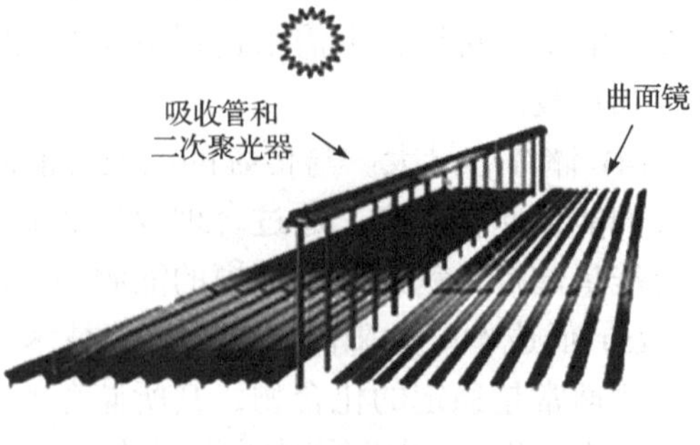

(b) 线性菲涅尔式

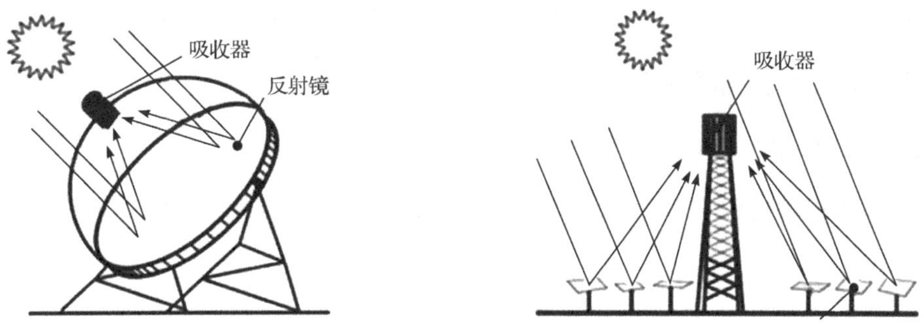

(c) 碟式　　(d) 塔式

图 5-1　太阳能光热电站聚光集热方法

目前主流的太阳能聚光集热系统为抛物槽式、线性菲涅尔式、碟式和塔式。不同聚光集热系统的特点如表 5-1 所示。

表 5-1　不同聚光集热系统的特点

聚光集热方式	聚光方式	聚光比	可达温度/℃	输出热功率
抛物槽式	线聚焦	30～80	500	30～700MW
线性菲涅尔式	线聚焦	30～80	500	30～700MW
碟式	点聚焦	200～1000	500～2000	50～300MW
塔式	点聚焦	1000～3000	800	5～25kW

2. 聚光集热系统的热力学分析

聚光集热系统聚集太阳能的能力通常用采光口处的平均通量聚光比 $\tilde{C}$ 表示，具体如下：

$$\tilde{C}=\frac{Q_{\mathrm{solar}}}{I\cdot A} \tag{5-1}$$

其中，Q_{solar} 为吸收器接收到的太阳能(W)；I 为进入采光口的太阳法向直射辐照强度(W/m^2)；A 为采光口面积(m^2)。对于抛物槽式系统，聚光比通常为 30～100；对于塔式系统，聚光比通常为 500～2500；对于碟式系统，聚光比通常为 1000～10000。更高的聚光比意味着接收器的热损失较低，并且接收器可达到的温度较高。

太阳能驱动热化学储热系统中，太阳能化学反应器通常采用空腔接收器，它具有小开口和良好的保温层，以保证聚光太阳辐射进入。空腔的特征长度与孔径直径的比率越大，接收器越接近于黑体。较小的孔径也有助于减少再辐射损失。接收器的太阳能吸收效率是指能量被吸收的净速率除以来自集中器的太阳能，对于一个保温良好的黑体接收器，其太阳能吸收效率可由下式计算：

$$\eta_{\mathrm{absorption}}=1-\frac{\sigma T^4}{I\tilde{C}} \tag{5-2}$$

其中，σ 为斯蒂芬-玻尔兹曼常数，其值为 $5.67\times10^{-8}\text{W/(m}^2\cdot\text{K}^4)$；$T$ 为采光口的温度。

5.1.3 太阳能热化学转化原理及指标

1. 太阳能热化学转换的热力学

在给定的热化学过程中，太阳能转化为化学能的指标是㶲效率，定义为

$$\eta_{\text{exergy}}=\frac{-\dot{n}\Delta G|_{T_{\text{L}}}}{\dot{Q}_{\text{solar}}}\tag{5-3}$$

其中，$\dot{Q}_{\text{solar}}$ 为太阳能输入；$\dot{n}$ 为产物的摩尔流量；ΔG 为当产物在环境温度 T_{L}=298K 下转化回反应物时，理论上可获取的最大有用功(吉布斯自由能变化)。应用热力学第二定律来计算理论最大㶲效率 $\eta_{\text{exergy,ideal}}$。由于太阳能工业用热转化为化学能的过程受到太阳吸收效率和卡诺效率的限制，最大理想㶲效率由下式给出：

$$\eta_{\text{exergy,ideal}}=\eta_{\text{absorption}}\cdot\eta_{\text{carnot}}=\left(1-\frac{\sigma T_{\text{H}}^4}{I\tilde{C}}\right)\times\left(1-\frac{T_{\text{L}}}{T_{\text{H}}}\right)\tag{5-4}$$

其中，T_{L} 和 T_{H} 分别为等效卡诺热机的低温热源温度和高温热源温度。在图 5-2 中，$\eta_{\text{exergy,ideal}}$ 被绘制为 T_{L}=298K 和不同太阳能聚光比情况下 T_{H} 的函数。由于卡诺效率的限制，应当尝试在尽可能高的高温热源温度下进行热化学过程，然而从传热的角度来看，温度越高，再辐射损失就越高。理想的太阳能腔式接收器能够达到的最高温度被定义为临界温度 $T_{\text{stagnation}}$，设置 $\eta_{\text{exergy,ideal}}$ 的值为 0 并进行计算，得到：

$$T_{\text{stagnation}}=\left(\frac{I\tilde{C}}{\sigma}\right)^{0.25}\tag{5-5}$$

在这个温度下，能量被再辐射的速率和它被吸收的速率一样快。当太阳能聚光比超过 5000 个太阳时，临界温度可以超过 3000K。然而，必须在远低于临界温度 $T_{\text{stagnation}}$ 的温度下运行才能得到高能效的热化学过程，通过如下公式可得到最大效率下的最佳温度 T_{optimum}：

$$\frac{\partial\eta_{\text{exergy,ideal}}}{\partial T_{\text{optimum}}}=0\tag{5-6}$$

假设功率通量分布均匀，得到 T_{optimum} 下最优的隐式方程如下：

$$T_{\text{optimum}}^5-\frac{3}{4}T_{\text{L}}T_{\text{optimum}}^4-T_{\text{L}}\frac{I\tilde{C}}{4\sigma}=0\tag{5-7}$$

T_{optimum} 的位点如图 5-2 所示。例如，在太阳能聚光比为 5000 的情况下，太阳能接收器的最佳温度为 1500K，其最高理论效率为 75%，即原则上可以转化为燃料化学能的太阳能部分。然而在实际应用中，考虑到对流和传导损失以及再辐射损失时，其效率将会在较低的温度达到峰值。

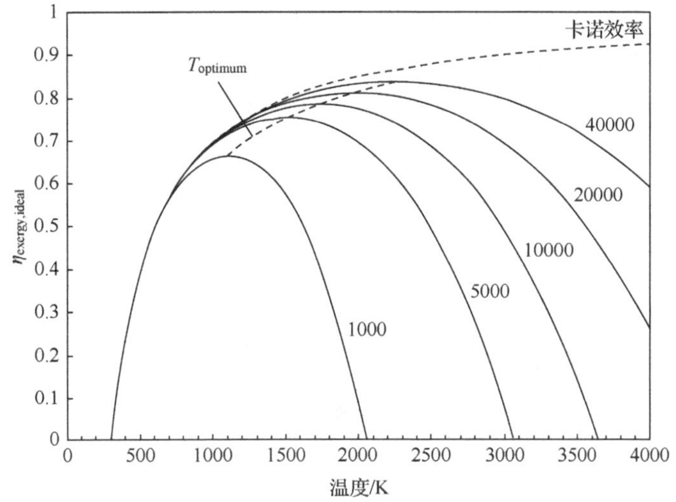

图 5-2　理想的㶲效率 $\eta_{exergy,ideal}$ 随工作温度的变化

2. 太阳能热化学过程和反应器

太阳能热化学反应器根据其接收太阳光的方式，可分为直接辐照反应器和间接辐照反应器。如图 5-3 所示，在直接辐照反应器中，集中的太阳辐射通过石英窗口直接加热反应物。而间接辐照反应器则不直接接收太阳光，需要与太阳能接收器配合使用，通过传热工质将能量输送到反应器中，或是由反应器壁吸收太阳辐射，间接将热量传递到反应物中。

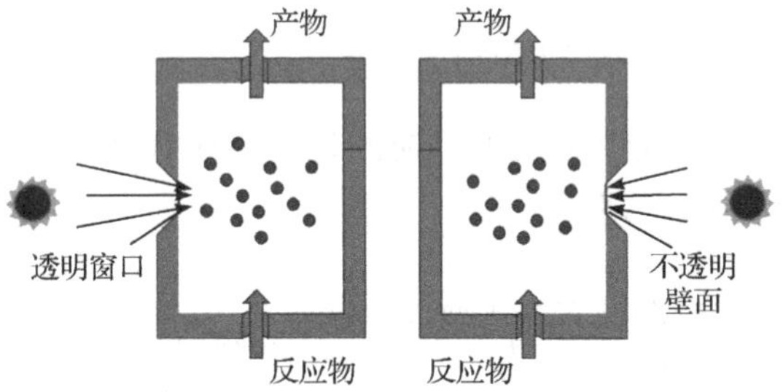

图 5-3　直接辐照反应器和间接辐照反应器的工作原理

直接辐照反应器具有更高的传热速率，并且能够达到并维持高操作温度(1000～1500℃)。同时，直接辐照反应器可以实现反应过程的快速启动和停止，可有效控制反应进程。然而在热解/气化过程中，反应器窗口可能受到焦油、固体颗粒和冷凝气体的污染，影响太阳辐射效率，从而导致反应无法进行。因此，在高温高压条件下，窗口的机械强度是一个亟待解决的问题。而间接辐照反应器由于反应产物不和太阳光入射窗口直接接触，避免了焦油和冷凝气体的污染。另外，间接辐照反应器还能有效缓解太阳能间歇性造成的热流密度波动，使反应更加稳定可控。然而，间接加热的方式会使反应器传热性能下降，且在工作温度、化学稳定性、导热性、辐射吸收率和耐热冲击性方面对吸收器的材料有着严格限制。

图 5-4 描述了一个理想循环过程的流程图。该过程采用了太阳能反应器和冷凝装置。

整个过程是在恒压条件下进行的。在实际应用中，整个系统都会出现压力下降的情况。然而，如果假设了摩擦系数为零的运行条件，则不需要进行泵送工作。反应物可能在绝热热交换器中被预热，其中部分产物的显热和潜热被传递到反应物中，简单起见，省略了一个热交换器。该反应器被假设为一个完美的黑体腔式接收器。这些反应物在 T_L 温度下进入太阳能反应器并且被进一步加热到反应温度 T_H。

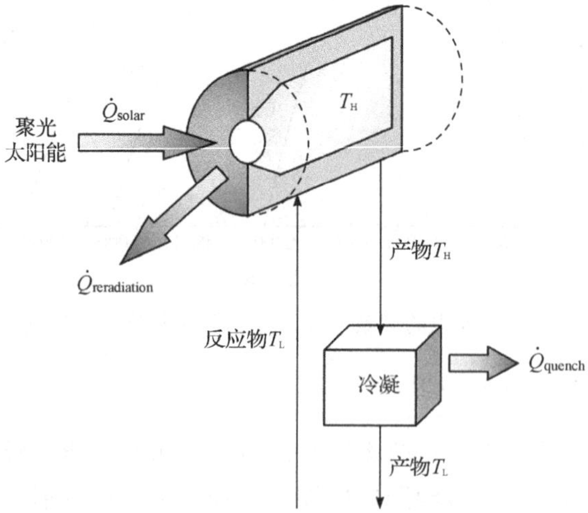

图 5-4　计算太阳热化学过程的最大㶲效率的理想循环过程的模型流程图

假设在反应器中存在化学平衡，太阳能反应器吸收的净功率应当与反应单位时间的焓变相匹配。

$$\dot{Q}_{reactor,net} = \dot{n}\Delta H |_{Reactants @ T_L \longrightarrow Products @ T_H} \tag{5-8}$$

太阳能反应器中的不可逆性是由不可逆的化学转化和在 T_L 下对周围环境的再辐射损失 $\dot{Q}_{reradiation}$ 引起的。可以发现：

$$\text{Irr}_{reactor} = \frac{-\dot{Q}_{solar}}{T_H} + \frac{\dot{Q}_{reradiation}}{T_L} + \dot{n}\Delta S |_{Reactants @ T_L \longrightarrow Products @ T_H} \tag{5-9}$$

在温度为 T_H 时产物离开太阳能反应器并迅速被冷却到 T_L。淬火过程中损失的能量为

$$\dot{Q}_{quench} = -\dot{n}\Delta H |_{Products @ T_H \longrightarrow Products @ T_L} \tag{5-10}$$

与淬火相关的不可逆性是

$$\text{Irr}_{quench} = \frac{\dot{Q}_{quench}}{T_L} + \dot{n}\Delta S |_{Products @ T_H \longrightarrow Products @ T_L} \tag{5-11}$$

如果产物在 T_L 和总压力为 1bar 时重组形成反应物，则离开反应器所能产生的最大功量为

$$\dot{W} = -\dot{n}\Delta G |_{Products @ T_L \longrightarrow Reactants @ T_L} \tag{5-12}$$

封闭循环系统的㶲效率为

$$\eta_{\text{exergy}} = \frac{\dot{W}}{\dot{Q}_{\text{solar}}} \tag{5-13}$$

任何太阳能热化学过程都可以用这种方式来计算，其㶲效率可以作为判断相对工业潜力的一个标准。㶲效率越高，生产给定数量太阳能燃料所需的太阳能收集面积越小，占据整个太阳能燃料工厂总投资一半份额的太阳能聚光系统的成本也就越低。

5.2 太阳能驱动 H_2O/CO_2 分解

5.2.1 太阳能驱动 H_2O/CO_2 分解的发展历史

1977 年，利用太阳能直接分解水制备氢气的研究成果问世，随后研究人员发现使用铁氧化物的简单两步热化学分解过程可以在太阳能达到的相对较低的温度下进行。基于此成果，利用太阳能驱动 H_2O/CO_2 分解的研究受到广泛关注。进入 20 世纪 90 年代，研究者开始关注太阳能热化学循环中的关键问题，如载氧材料的改性以及反应器设计。在此期间，研究人员开发出了多种结构及功能特性各异的载氧体材料及反应器，有效提升了该技术的生产效率。到了 21 世纪，研究者开始进行系统集成，构建了兆瓦级太阳能热发电综合试验平台，进行千瓦级热化学储能试验研究，探究实际运行过程中储能装置的储/放热可行性。在材料层面上，开展了对钙钛矿等新型反应物材料以及载氧体负载催化剂的研究，致力于进一步提升反应速率及产率。这些成果表明，太阳能驱动 H_2O/CO_2 分解技术正逐步从实验室研究走向实际应用，未来有望成为可持续能源供应的重要技术之一。

5.2.2 太阳能驱动 H_2O/CO_2 分解的基本原理

利用太阳能作为能量输入，通过聚光集热装置提供 H_2O/CO_2 分解反应进行所需的高温环境，驱动 H_2O 与 CO_2 分解并进一步转化为化学燃料，能够大力推动可再生能源发展并实现对太阳能的高效利用。太阳能驱动 H_2O/CO_2 分解可以分为太阳能驱动 H_2O/CO_2 直接热分解与太阳能驱动 H_2O/CO_2 热化学循环法分解，本节将对其原理进行详细介绍。

1. 太阳能驱动 H_2O/CO_2 直接热分解

将 H_2O 与 CO_2 直接分解为 H_2、CO 以及 O_2 是理论上最为简单的热化学方法。太阳能驱动 H_2O/CO_2 直接热分解可以由式(5-14)和式(5-15)来描述：

$$H_2O(l) \longrightarrow H_2 + 1/2O_2,\ \Delta H^{\ominus}_{298K} = 286\text{kJ/mol} \tag{5-14}$$

$$CO_2 \longrightarrow CO + 1/2O_2,\ \Delta H^{\ominus}_{298K} = 283\text{kJ/mol} \tag{5-15}$$

在环境压力下，上述反应只在极高温度下发生。当温度升至 3000℃左右时，CO_2 分解反应的吉布斯自由能为零；而 H_2O 分解则需要达到 4000℃以上，吉布斯自由能才能为零。在直接热分解过程中，一些非目标产物如 OH 也会在这种极端高温条件下生成。

为防止冷却阶段目标产物的重组，需在上述高温条件下完成气体产物的分离，这是一项十分具有挑战性的技术。H_2O 与 CO_2 直接分解过程的过高反应温度对太阳能反应器也有更高的要求，耐高温材料的选择十分有限。实际过程中，H_2O 与 CO_2 直接分解会引起非常严重的辐射损失。

总体来说，H_2O 与 CO_2 直接分解过程在理论上能够达到最高的能量转换效率，且不存在温度梯度引起的能量损失，但在产物处理方面存在一定的技术困难。

2. 太阳能驱动 H_2O/CO_2 热化学循环法分解

太阳能驱动的 H_2O 与 CO_2 的直接热分解存在许多问题，其中最主要的问题就是高温下的产物分离。热化学多步循环分解水制氢技术将直接热分解转换成多个连续的化学反应，在封闭的循环系统中通过加入不同的介质，使得 H_2O 的反应在更低的温度下发生。典型的热化学多步循环是基于氧化与还原材料的两步热化学循环，利用聚光太阳能作为过程热源。与直接热分解相比，两步热化学循环法显著降低了反应所需的温度，减少了辐射损失，这也为提高能量转换效率与实现工业化规模生产提供了更多可能。其中基于金属氧化物的还原和氧化的两步热化学循环法具有气固相操作简单、无须分离等优势，该过程可以由式(5-16)和式(5-17)来描述：

$$MO_x \longrightarrow MO_{x-y} + y/2O_2 \tag{5-16}$$

$$MO_{x-y} + yH_2O/CO_2 \longrightarrow MO_x + yH_2/CO \tag{5-17}$$

其中，MO_x 表示氧化还原材料，如金属氧化物。

如图 5-5 所示，第一步，活性材料如金属氧化物在高温及惰性气氛下脱出晶格氧放出 O_2，产生氧空位，活性材料被还原，这是一个强吸热过程；第二步，将 CO_2 或者 H_2O 通入含有还原态氧化物的反应管内，CO_2 或者 H_2O 中的 O 进入还原态活性材料的晶格内，产生 CO 或 H_2，还原态的活性材料被氧化而复原，该过程是一个弱放热过程，需要在低

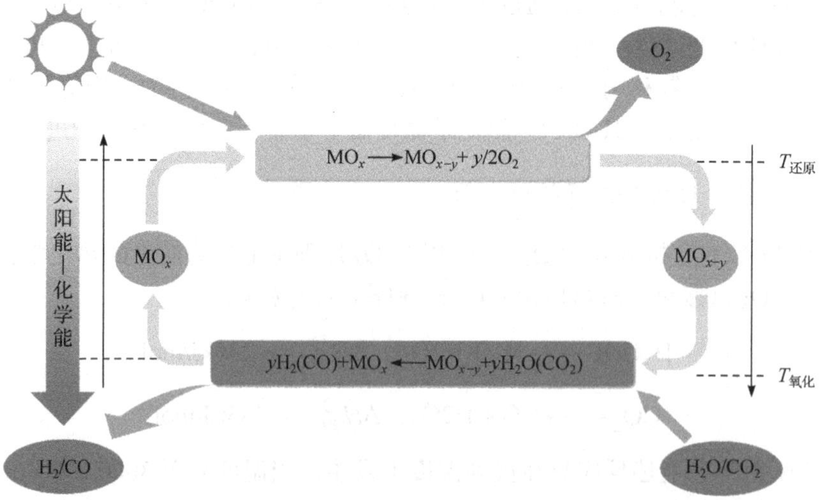

图 5-5　太阳能驱动 H_2O/CO_2 热化学循环法分解原理

于还原反应温度的条件下进行。O_2 和 H_2 在热化学循环过程中的不同阶段(还原和氧化步骤)中产生，这不仅有效避免了高温条件下的产物分离，还规避了 O_2 与产物高温下共存的爆炸风险。

在一个循环体系中，材料的氧化还原能力不仅与温度以及氧气浓度有关，还取决于材料本身的性质。作为氧化还原材料的金属氧化物类型众多，在氩气保护下，为了能高效地对诸多氧化还原金属氧化物进行选择，研究者已经对大部分金属氧化物进行了热力学计算，并建立了数据库，大部分材料存在操作温度过高或者不能实现循环等问题。目前，研究较多的活性氧化物主要有萤石结构的 CeO_2 类材料，尖晶石结构的铁酸盐类材料，ZnO、V_2O_5、SnO_2 等易挥发性氧化物以及钙钛矿结构的氧化物，各类材料均有优缺点。

Fe_3O_4/FeO 是最早提出的热化学循环之一，其反应过程可由式(5-18)和式(5-19)描述：

$$Fe_3O_4 \longrightarrow 3FeO + 1/2O_2 \tag{5-18}$$

$$3FeO + H_2O \longrightarrow Fe_3O_4 + H_2 \tag{5-19}$$

对于铁氧体体系，在热化学循环中，高温容易导致氧化物的烧结。对于 Fe_3O_4/FeO 这一氧化还原对，其还原过程的温度高达 2100K，而 Fe_3O_4 和 FeO 的熔化温度分别为 1810K 和 1650K。因此，对于 Fe_3O_4/FeO 这一氧化还原而言，需要对其进行进一步研磨以获得直径更小的粉末以保证足够的比表面积来进行氧化还原循环，这进一步增大了实施的难度。由于不可避免的烧结以及氧化还原活性限制，铁氧体材料通常不具有足够的循环稳定性。为了降低铁氧体的氧化还原循环温度引入了金属掺杂剂，即用其他金属取代晶格中的一些铁原子，将一些其他更容易还原的金属(如 Mg、Mn、Co、Ni、Zn 等)掺杂到 Fe_3O_4 中。尽管掺杂金属对氧化剂(H_2O 或 CO_2)的反应性能相对更低，但由于这种掺杂产生尖晶石的结构变形，从而有利于氧的迁移率，进一步促进了还原步骤。因此，掺杂的铁氧体可以在比纯 Fe_3O_4 更低的温度下参与氧化还原循环。综上所述，铁氧体材料的价格较为低廉，材料制备过程简单，是备受关注的一类氧化还原材料，但该体系的缺点是反应速率较低且单次循环周期长。

氧化铈是一种优良的催化材料，有利于氧离子在晶格中的固态扩散和交换，可用于氧化废气以减少气态污染物。它正好适合于分解 H_2O/CO_2 的热化学氧化还原循环。此外，CeO_2 有较高的熔化温度，可以保持其立方萤石结构而不发生烧结。与铁氧体相比，氧化铈在长期运行中具有更好的稳定性和循环性。由于其具有理想的热力学和物理化学性质，所以它被认为是目前最先进的氧化还原材料。对于纯 CeO_2，在还原过程中，CeO_2 中仅部分 Ce^{4+} 被还原。

氧化铈的氧化还原可以描述为

$$CeO_2 \longrightarrow CeO_{2-x} + x/2O_2 \tag{5-20}$$

$$CeO_{2-x} + xH_2O/CO_2 \longrightarrow CeO_2 + xH_2/CO \tag{5-21}$$

其中，x 为非化学计量比，表示 CeO_2 在一个氧化还原循环中的反应程度。

在不改变 CeO_2 萤石结构的情况下，氧化还原循环 CeO_2 的最大非化学计量比在

1000℃下为 0.286。在还原期间，CeO_2 的析氧过程也受到加热速率的限制，而氧化步骤期间的反应速率主要由其化学动力学性质决定，该性质主要取决于材料的化学组成以及微观结构和有效表面积。对于 CeO_2/CeO_{2-x} 氧化还原对，如果还原温度降低，反应程度将降低，这将限制每个循环的 H_2 和 CO 产率。另外，CeO_{2-x} 的氧化反应速率很高，这意味着可以在有限的日照时间内完成大量的循环。

阳离子掺杂方案，即通过引入过渡金属和稀土金属氧化物(如 Li^{2+}、Sr^{2+}、Ca^{2+}、Mg^{2+}、Sc^{3+}、Dy^{3+}、La^{3+}、Sm^{3+}、Gd^{3+}、Y^{3+}、Pr^{3+}、Hf^{4+}和 Zr^{4+})到晶体结构中，可改善 CeO_2 的热力学性质和氧化还原能力，进一步提高 CeO_2 在 H_2 和 CO 生产中的反应程度。例如，如果采用四价阳离子 Zr^{4+}掺杂 CeO_2，则其还原程度会得到改善，但其氧化性能与纯 CeO_2 相比会有所下降。在太阳能驱动 H_2O 与 CO_2 热化学循环法分解过程中，掺杂剂并不总能提升氧化还原材料的性能。例如，在高于 1700K 的还原温度下，纯 CeO_2 的还原性能优于掺杂剂的还原性能，而在较低的还原温度下，则正好相反。当掺杂浓度过大时，H_2O 或 CO_2 氧化过程的熵变减小。这说明在 1200K 以下，纯 CeO_2 比掺杂 CeO_2 在氧化过程中更具优势。当前，开发 CeO_2 的新掺杂方式已逐渐受到更多研究者关注，在未来有较大的发展潜力。

除氧化铈材料自身的性能外，与材料的结构和形态相关的传热方式也是一个限制因素。当集中的太阳辐射通过通光孔进入反应器时，直接暴露于高通量辐射能的 CeO_2 首先将温度升高到还原温度，而其他部位的 CeO_2 材料由于低热导率而保持较低温度。因此，不均匀的温度分布将大部分还原反应限制在靠近孔的近表面层。为解决这一限制，需设计 CeO_2 的结构和形态，以进一步提高传热性能。对此，多孔结构概念(如网状多孔陶瓷泡沫)被提出。大孔结构可使辐射穿过材料内部介质并使整个多孔结构 CeO_2 被更均匀地加热，有效减小材料内部的温度梯度。

综上所述，氧化铈类材料的抗烧结性能十分优异，单位质量内 CO 与 H_2 的产量高。与纯 CeO_2 相比，虽然一系列的掺杂研究降低了还原温度，增加了 CO 与 H_2 的产量，但是掺杂之后产生 CO 或 H_2 的速率与纯 CeO_2 相比明显降低。氧化铈类材料的制备方法对于反应速率有显著的影响，探索合适的合成方法是提高该类材料反应性能的重要途径之一。

钙钛矿材料具有很强的结构调变性、热稳定性以及氧化还原能力，在催化、透氧膜、固体氧化物燃料电池等各个方面都有广泛的应用。作为一种新型的载氧材料，钙钛矿在太阳能驱动 H_2O/CO_2 两步热化学循环法分解中的性能受到广泛关注。钙钛矿的通式为 ABO_3，其中 A 为 La、Sr 等元素，B 为 Mn、Fe、Al 等物种的组合，A、B 元素的计量比可以实现材料不同的热化学性能，如表面积、强度和稳定性等。化学反应方程式可由式(5-22)～式(5-24)描述：

$$ABO_3 \longrightarrow ABO_{3-x} + 1/2xO_2 \tag{5-22}$$

$$ABO_{3-x} + xH_2O \longrightarrow ABO_3 + xH_2 \tag{5-23}$$

$$ABO_{3-x} + xCO_2 \longrightarrow ABO_3 + xCO \tag{5-24}$$

其中，x 为非化学计量比，表示 ABO_3 在一个氧化还原循环中的反应程度。与 CeO_2 材料相比，钙钛矿的还原温度较低，更有利于太阳能热化学循环实验条件以及压力较小的反应器设计和操作。钙钛矿材料用于两步热化学循环分解 CO_2 以及 H_2O 的反应已经有了初步进展，但是基于 Fe 循环的铁酸镧系列的钙钛矿氧化物还没有应用于两步热化学分解 CO_2 以及 H_2O 的反应。钙钛矿结构设计众多，立方钙钛矿是当前的主要研究热点，其他结构如层状和多孔钙钛矿仍处于系统测试阶段。同样地，在通过掺杂过渡金属离子(如 Cr)进行改性后，钙钛矿的热力学性质可以得到进一步改善。尽管钙钛矿材料具有上述优势，但钙钛矿的氧化反应性能不如铈基材料。此外，钙钛矿是最近几年才被研究的氧载体材料，其性能还需要通过更多的实验来验证。

上述三种材料是目前最有前途的非挥发性氧载体材料。其中，铁氧化物由于良好的水分解活性和成本效益而得到研究人员的最大关注。尽管如此，这些材料表现出稳定性和氧转移能力的问题，并且在高温下易烧结。铈基材料和钙钛矿材料具有更强的氧转移能力，允许更长的高温循环，但增加了成本挑战。在材料研究领域，分析和创造具有复杂空间结构的复合材料的氧载体是目前的主要研究趋势。这种方法利用高孔隙率和多元素掺杂满足了延长耐久性和提高转化率的需求。

5.2.3 载氧体材料合成

5.2.2 节介绍了太阳能驱动 H_2O/CO_2 直接热分解与太阳能驱动 H_2O/CO_2 热化学循环法分解的基本原理。其中，直接热分解存在高温条件下气体产物分离困难、耐高温材料选择有限等一系列当前难以解决的技术问题。而太阳能驱动 H_2O/CO_2 热化学循环法分解有效规避了上述问题。对太阳能驱动 H_2O/CO_2 热化学循环法分解而言，载氧体材料的特性可显著影响反应进行以及最终产率。

在基本原理介绍中已经对一些典型的氧化还原材料进行了介绍，分析可知氧化还原材料的性能对于太阳能驱动 H_2O/CO_2 热化学循环法分解至关重要。理想的氧化还原材料不仅应当具有较高的产物产率和氧化还原稳定性等特性，还应当具有良好的经济性能与环境友好性。为满足上述要求，研究人员已经提出了一系列先进合成方法。

1) 颗粒材料

参与热化学循环的挥发性金属氧化物通常以微小颗粒的形式添加到反应器中。除研磨以外，还开发出了共沉淀、溶胶凝胶、原子层沉积、燃烧合成以及喷雾热解等更为先进的颗粒加工合成技术。以铁基载氧体为例，可通过合成固体、液体或气体前体进一步合成铁氧体粉末。目前钙钛矿材料的合成工艺也主要基于颗粒材料的生产，主要包括固相反应和溶胶-凝胶路线。同样的方法也可用于合成纳米材料和表征其他材料，如钴铁氧体还原材料。

2) 纤维材料

纤维材料具有高热稳定性、高机械强度以及优异的耐化学性等独特的性能，是高温条件下应用的理想选择。例如，CeO_2 纤维具有适于氧化反应的高反应性表面，且生产成本较低。传统的纤维材料通常通过液相法生产，即通过蒸发、升华或水解等方法从溶液中析出晶体纤维。此外，静电纺丝纳米结构制备方法作为一种相对较新且有效的氧载体生产方法也被应用于钙钛矿材料的制备。与液相生产方法相比，在静电纺丝过程中，材料的体积和形态更易于控制。此外，与凝胶法相比其没有副产物，不需要额外的清洁工作，并且能更快地获得产品。

3) 三维无序多孔结构

通过直接用反应物构建反应器主体可制造多孔结构，从而增加材料的比表面积，实现在三维空间内充分吸收太阳辐射，有效提高反应器材料的热化学性能。此外，三维无序多孔结构有利于其他氧化物还原原料的掺杂，实现更快的反应速率和更高的反应物负载。

4) 三维有序多孔结构

早期的三维有序多孔结构材料由于氧载体合成工艺的限制，孔径较大，在热化学循环性能上与现在使用的氧载体存在一定差距。3D 打印作为一种可控的材料合成方法，为具有有序三维结构的多孔结构的再生提供了新的机会。与传统的多孔材料相比，3D 打印材料具有更少的尖锐边缘。与网状 CeO_2 泡沫相比，通过 3D 打印合成的具有纳米级精度的 CeO_2 具有更高和更均匀的加热性能，可获得更为优异的氧化还原性能。3D 打印在改善太阳能驱动 H_2O/CO_2 热化学循环法分解的载氧体结构性能方面具有一定的潜力。

5.2.4　太阳能驱动 H_2O/CO_2 分解的反应器

太阳能热化学反应器的结构设计对太阳能驱动 H_2O/CO_2 热化学循环法分解过程影响巨大，反应器的设计直接影响物料反应过程的传热传质，因此本节将讨论不同类型的反应器。

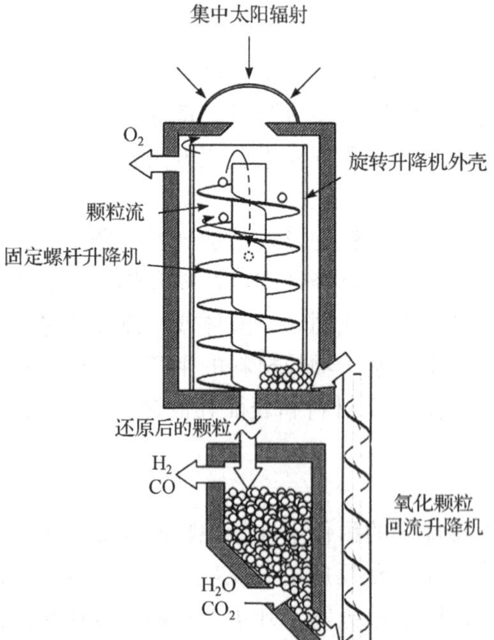

图 5-6　移动填充床反应器示意图

1) 移动填充床反应器

如图 5-6 所示，利用一个内部循环流化床的单一反应器可以在实验室规模上通过两步反应实现热化学制氢。该反应器由三个主要部分组成：热还原室、换热器(固-固热交换器)和燃料生产室。聚光辐射通过窗口覆盖的进光孔进入热还原室直接加热和还原物料。该步骤产生气相氧，并从腔室泵出。然后，填充床向下移动通过换热器并经由连接管进入燃料生产室。燃料生产室中的颗粒将反应气体($H_2O(g)$或 CO_2)还原成燃料产物(H_2 或 CO)。

2) 旋转式反应器

为了使还原和氧化过程在空间和时间上分离，以实现潜在的 24h 合成气生成，提出了双室旋转式反应器。如图 5-7 所示，该反应器具有两种不同类型的反应区域：一种用于氧气排放，另一种用

于 H_2O 的分解。在该反应器中，反应性多孔介质形成外筒，一部分为还原多孔陶瓷，另一部分为氧化多孔陶瓷，因此反应物料在高温还原区和低温氧化区之间交替。圆柱形转子通过电动机间歇旋转，Ar 从反应器顶部进入并从底部出口管排出，用于分离放出的 O_2 和 H_2 气体。该系统可以以辐射的形式将热量从多孔反应材料的旋转中空圆柱体传递到惰性固体圆柱体，其具有较高的热回收效率。

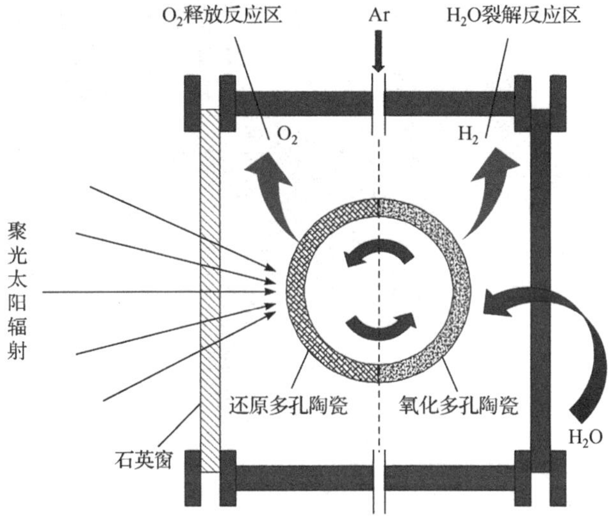

图 5-7　旋转式反应器示意图

3) 蜂窝反应器

如图 5-8 所示，除了上述的太阳能反应器结构之外，还有一种采用陶瓷蜂窝体的反应器设计正被广泛关注。与移动填充床反应器相比，蜂窝反应器具有以下三个主要优点：①蜂窝体结构的薄壁可以实现对反应物的低阻力，从而提供低压降和快速的质量输送；②蜂窝体结构可以提供大的几何表面积，使得气固接触良好以获得更高效率；③这种结构可以在轻重量下确保良好的机械稳定性，从而提高对还原和氧化步骤期间所需的高操作温度的耐受性。蜂窝体结构可以持续 6～10 次循环，具有良好的结构稳定性。除了蜂窝体结构形状反应器的制造之外，吸收器的设计对于系统性能也是至关重要的。与平板形吸收器和圆锥形吸收器相比，球形吸收器具有更好的吸波性能，其中半球形吸收器的吸波性能最好，具有广阔的应用前景。

4) 反应器的能量分析

太阳能驱动 H_2O/CO_2 热化学循环法分解可以描述为太阳能收集、转换和利用的过程：收集的太阳能通过石英窗进入反应室，到达金属氧化物载氧膜的内表面，入射能量被聚光器进一步集中，实现太阳能向热能的转换。大部分辐射能量通过窗口进入反应室，为还原反应热源提供能量，而一些能量由于二次辐射而从窗口逸出或由于材料的导热性而进入隔热层，并通过外壳与环境进行热交换。

太阳能驱动 H_2O/CO_2 热化学循环法分解过程的效率可定义为

$$\eta_{\text{cycle}} = \frac{n_{\text{fuel}}\text{HHV}_{\text{fuel}}}{Q_{\text{chemical}}} \tag{5-25}$$

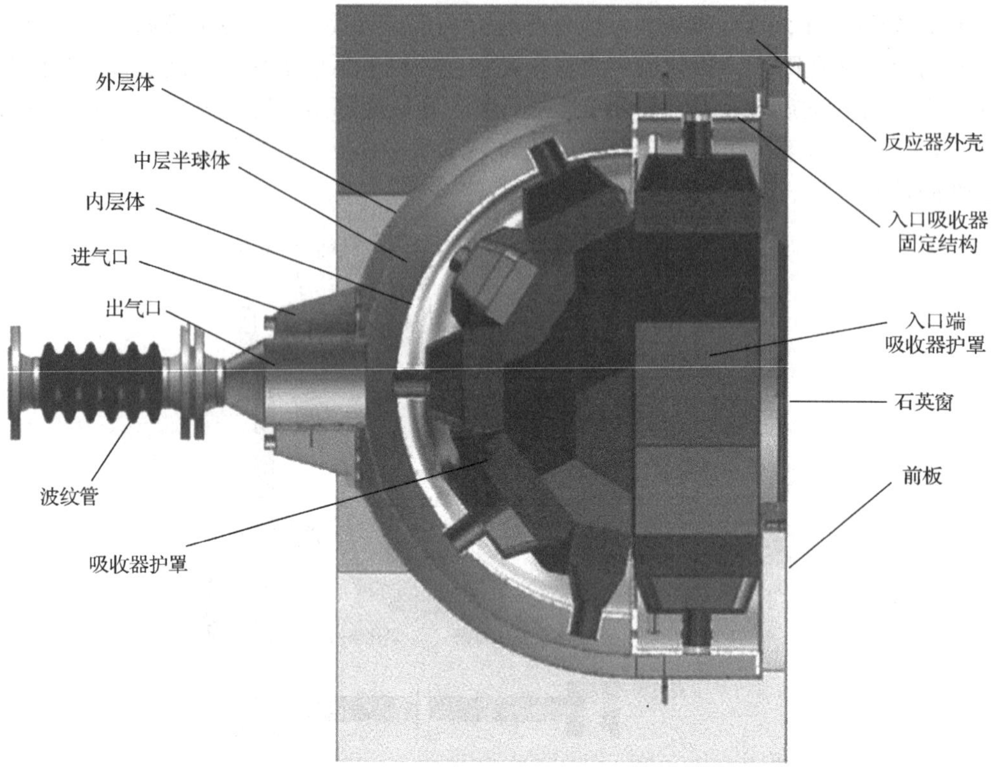

图 5-8　蜂窝反应器的设计示意图

其中，n_{fuel} 为产物的物质的量；HHV_{fuel} 为产物单位摩尔的高位热值；$Q_{chemical}$ 为参与反应的能量。

太阳能驱动 H_2O/CO_2 热化学循环法分解尚未进入实际生产阶段。这些技术挑战可以分为两组：①反应器的结构设计，包括尺寸、孔径、材料、密封和其他方面；②热回收系统设计，包括可安装性、适用性和经济性。

(1) 反应器的结构设计。

反应器的结构设计直接影响反应器腔室中材料的热化学反应以及能量损失情况。过高的反应温度对内壁材料提出了很高的要求。石英由于透明性而经常用作直接加热反应器中的透明窗口材料，然而反应室内的高温空气流动，长时间的操作可能导致窗口变形，从而需要频繁更换并增加成本。此外，石英玻璃中的杂质或缺陷会导致局部区域的高温。在反应器设计过程中，两步热化学循环过程中反应温度较高，可能导致石英窗口的热变形和密封技术失效。

(2) 反应器的热回收系统设计。

对反应器的可安装性、适用性和经济性等因素进行广泛的分析是十分有必要的。除各种内部结构配置之外，还有许多金属氧化物材料用于两步热化学循环，因此需要进一步引入更可控的热回收模式。此外，由于不同的材料具有不同的导热系数和温度分布，太阳能反应器在各种情况下的适应性受到不同程度的影响。

5.2.5 太阳能驱动 H_2O/CO_2 分解储能的发展前景

太阳能驱动 H_2O/CO_2 分解因为能够通过可再生能源有效实现 H_2、CO 的生产，满足未来能源结构需求，具有较好的发展前景，而日益受到学术界和工业界的关注。但其目前处于基础研究的起步阶段，为达到实际应用的要求，太阳能到化学能的能量转换效率还需进一步提高。

对于氧化还原材料的改进主要关注以下两个方面：①从材料合成角度入手，研究更高效的载氧体结构；②通过掺杂等方式进一步提高氧化还原材料的高温稳定性。

此外，还需改善反应器热回收技术，开发环境友好、工艺过程简单的循环体系。从 H_2O 和 CO_2 到可持续燃料的整个热化学燃料生产链中的大部分能量损失发生在热化学氧化还原循环过程中。还原和氧化步骤之间的显热损失占热化学反应器吸收的太阳能的60%以上。理论分析表明，如果能够回收大部分的显热，太阳能转化为合成气的效率将提高到 20%以上。因此，热回收技术被认为是与太阳能反应器集成以提高太阳能转换效率的最佳选择。然而，反应器热回收的设想仍然停留在概念和设计阶段，大量的细节技术尚未解决。另外，对于太阳能驱动 H_2O/CO_2 直接热分解，需要探究合适的高温分离技术解决产物分离问题并进一步提高能量转换效率。

5.3 太阳能驱动含碳物料热解/气化

太阳能驱动热解/气化是利用集中太阳辐射加热含碳物料(生物质、煤、塑料等固体有机物)，使其在高温下分解为小分子产物的能源转换利用技术。将这两种技术应用到含碳物料上，一方面可实现以化学形式储存太阳能，另一方面可以使得含碳物料转化为具有更广泛、更高效应用的燃料和化学产品。这两种技术的发展为清洁能源和可持续发展提供了重要的技术支持，具有广阔的应用前景。

5.3.1 太阳能驱动含碳物料热解/气化的发展历史

通过将太阳能与常规热解/气化技术相结合，可以实现该技术更加清洁化的生产过程。基于此前热解/气化技术已有的成果，研究人员对多种反应器进行优化设计，以实现与太阳能聚光集热系统的有效结合，使太阳能高效参与到热解/气化反应中。通过使用太阳能模拟器和太阳能炉开展太阳能驱动生物质热解/气化实验，开发出了多种太阳能反应器，同时对反应过程有了更清晰的认识。进入 21 世纪后，反应器设计以及催化剂制备成为该技术发展的主方向。开发可在高温下长时间稳定运行的规模化反应器以及能充分发挥太阳能光热效应的催化剂对太阳能热解/气化技术的生产高效化、产业化有着重要意义。

5.3.2 太阳能驱动含碳物料热解/气化的基本原理

1. 含碳物料热解技术

在无氧条件下，含碳物料受高温驱动发生热分解生成固体(炭)、液体(焦油、大分子烃类和水)、气体(CO_2、CO、H_2、小分子烃类)三态产物。随着热解温度的升高，热解产物会发生二次裂解生成更多小分子液体和气体产物。理论上，含碳物料的热解反应可以表示为

$$\begin{aligned} C_xH_yO_zS_uN_v \xrightarrow{\text{加热}} & CO + CO_2 + H_2 + CH_4 + C_nH_m (n \geqslant 2) \\ & + H_2O + \text{焦油} + \text{炭} \end{aligned} \tag{5-26}$$

2. 含碳物料气化技术

在 O_2、CO_2 和蒸汽等气化剂的加入下，含碳物料的热解产物会进一步与这些气化剂发生反应，生成大量合成气(主要为 CO、H_2、CO_2 和 CH_4)。与热解技术相比，气化最明显的区别就是原料反应过程所处气氛不同，且结合了热解和后续的氧化和还原过程。传统气化过程通常由四个阶段组成(即干燥、热解、燃烧和还原)。在干燥阶段，含碳物料的含水量通常降低至 5%～10%；在热解阶段，含碳物料在没有氧气的情况下分解成挥发分和焦炭；在还原阶段，焦炭被还原生成氢气、一氧化碳等。含碳物料的气化反应除了包含式(5-26)的热解过程，还包括以下几个气化反应。

焦炭气化：

$$C + H_2O \longrightarrow CO + H_2 \tag{5-27}$$

$$C + 2H_2O \longrightarrow CO_2 + 2H_2 \tag{5-28}$$

Boudouard 反应：

$$C + CO_2 \longrightarrow 2CO \tag{5-29}$$

甲烷化反应：

$$C + 2H_2 \longrightarrow CH_4 \tag{5-30}$$

甲烷蒸汽重整：

$$CH_4 + H_2O \longrightarrow CO + 3H_2 \tag{5-31}$$

水煤气变换反应：

$$CO + H_2O \longrightarrow CO_2 + H_2 \tag{5-32}$$

3. 太阳能驱动含碳物料热解/气化技术

含碳物料的
气化过程

传统的热解/气化技术通过外部供热或者燃烧部分原料及其产物来为反应过程供热，从而导致了污染物的产生，并限制了产物的产率。太阳能驱动的热解/气化技术以太阳能作为热源驱动反应过程，消除了传统技术中的能耗问题以及自热过程，实现了更加清洁、高效的生产。图 5-9 为太阳能驱动热解/气化技术的基本流程：太阳辐射通过定日镜场集中到集热子系统，进一步将热量传递到热解/气化反应器中，加热含碳物料使其分解为多种产物，实现从太阳能到化学能的转化与储存。

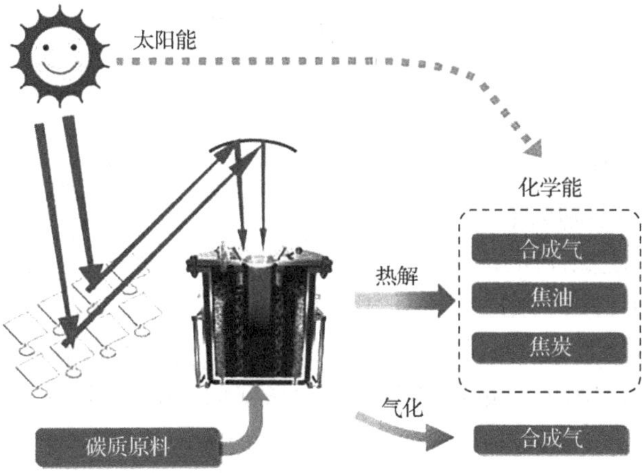

图 5-9　太阳能驱动热解/气化技术的基本流程

此外，在提升产品品质以及系统控制方面，太阳能驱动的热解/气化技术还具有以下优点。

(1) 可以快速启动和关闭。与传统的自热热解技术相比，太阳能热解系统能够更快地启动和关闭，提高了系统的灵活性和响应速度。

(2) 最大限度地提高产品产量。以太阳能作为反应过程的热源，理论上可以使所有原料都能转化为有用的产品，而不像传统热解/气化需要燃烧一部分原料用于反应供热，因此有效地增加了产品产量，提升了产品所含能量。

(3) 高温和快速加热速率。高度集中的太阳辐射可以在很短的时间内直接到达原料表面，使得太阳能热解具有温度高、加热速率快的优点，有利于在高热解温度下产生更多的气体。

4. 性能评价指标

太阳能驱动含碳物料气化的关键性能指标是碳转化率 X_C、能量升级系数 U 和太阳能-燃料能量转换效率 $\eta_{solar-to-fuel}$。碳转化率 X_C 代表含碳物料中已转化的初始碳质量的百分比：

$$X_C = 1 - \frac{m_{C,residue}}{m_{C,feedstock}} \tag{5-33}$$

其中，$m_{C,residue}$ 为固体剩余物中所含碳元素的质量；$m_{C,feedstock}$ 为原料中所含碳元素的质量。

以水蒸气作为气化剂时，常通过测量原料的初始摩尔碳含量中已转化为含碳气体(如 CO、CO_2 和 CH_4)的百分比来确定碳转化率：

$$X_C = \frac{n_{CO} + n_{CO_2} + n_{CH_4}}{n_{C,feedstock}} \tag{5-34}$$

其中，n_{CO} 为 CO 的物质的量；n_{CO_2} 为 CO_2 的物质的量；n_{CH_4} 为 CH_4 的物质的量；$n_{C,feedstock}$ 为原料的摩尔碳含量。

能量升级系数 U 为生产的合成气热值与原料热值之比：

$$U = \frac{m_{\text{syngas}} \cdot \text{LHV}_{\text{syngas}}}{m_{\text{feedstock}} \cdot \text{LHV}_{\text{feedstock}}} \tag{5-35}$$

其中，m_{syngas} 为合成气的质量；$m_{\text{feedstock}}$ 为原料的质量；$\text{LHV}_{\text{syngas}}$ 为合成气的低位热值；$\text{LHV}_{\text{feedstock}}$ 为原料的低位热值。

当产品的能量超过原料的能量时，能量升级系数 U 大于 1，表明太阳能已有效地储存在产品中。而对于自热气化，U 小于 1。

太阳能反应器的太阳能-燃料能量转换效率 $\eta_{\text{solar-to-fuel}}$ 代表了系统能量的整体转化效率，太阳辐射功率和原料的热量含量都被视为系统输入的能量：

$$\eta_{\text{solar-to-fuel}} = \frac{m_{\text{syngas}} \cdot \text{LHV}_{\text{syngas}}}{Q_{\text{solar}} + m_{\text{feedstock}} \cdot \text{LHV}_{\text{feedstock}}} \tag{5-36}$$

5.3.3　太阳能驱动含碳物料热解/气化的反应器

太阳能驱动的热解/气化系统是在传统热解/气化系统的基础上发展来的，系统的布局大体上可分为太阳能光学子系统、太阳能热解/气化反应器、产物分离与收集三部分。其中，太阳能光学子系统和太阳能热解/气化反应器是太阳能驱动的热解/气化系统显著区别于传统热解/气化系统的关键部分。由于系统建设中最大的成本部分来自光学子系统，因此更高的太阳能-化学能转化率意味着生成相同燃料产品所需要的太阳能聚光系统更小，降低了燃料生产成本。如何优化太阳能反应器设计以实现更高效的能源生产，是近年来太阳能热解/气化系统的研究重点。

1. 太阳能热解/气化反应器类型

在太阳能驱动热解/气化过程中，反应器将太阳能转化为热能传递给原料，因此反应器的设计会显著影响反应过程的传热传质效率。根据聚光器聚焦的太阳辐射与反应物的接触方式，将太阳能热解/气化过程中的传热方式分为直接辐射加热和间接加热两类，对应直接式和间接式两种反应器。基于这两种反应器，研究人员开发出多种集合了太阳能聚光集热装置和传统热解/气化反应器的新型太阳能反应器。

1) 太阳能填充床反应器

填充床反应器最先被应用于太阳能热解/气化技术中，主要由填充含碳物料的空腔型接收器组成。集中的太阳辐射通过透明窗口直接照射到反应腔内或通过反应器壁面间接传递至腔内。图 5-10 为间接辐照太阳能填充床反应器示意图。上腔室用作太阳能吸收器，太阳辐射通过透明石英窗被集中发射到腔室内。吸收的太阳能通过辐射吸收板向下腔室进一步传递，加热腔体内的原料使其发生反应。由于具有较长的反应物停留时间以及腔体内存在大量吸收辐射的碳质材料，这种反应器可使反应的碳转化率达到较高水平。由于简单的原料堆放和反应方式，它能够加工尺寸较大和成分各异的原料。然而，床层的厚度是填充床反应器规模化应用的限制因素，由于传热和传质的限制其热惯性会产生显著的温度梯度和非均相反应，这对腔体内部反应产生严重影响。

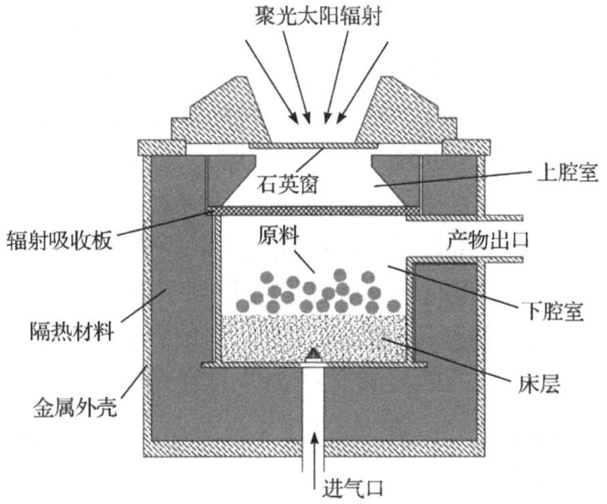

图 5-10　间接辐照太阳能填充床反应器

2) 太阳能流化床反应器

太阳能流化床反应器通过氧化剂和惰性气体使原料流化，提高反应器内部传热传质效率，增强气固之间的相互作用。另外，还可以在反应器内部填充一些惰性材料(如石英砂)来携带未反应的颗粒，增强流化效果以及储蓄热量。与太阳能填充床反应器相比，太阳能流化床反应器优异的传热传质效率降低了由非均匀集中的太阳通量产生的热点的水平。由于反应器的传热性能限制，需要设计更合理的光线入射方式以匹配流化过程中不断变化的床层形态。其中最典型的是光线通过垂直入射，对在反应腔中发生强制性内循环流动的反应物进行辐照，使得集中的太阳能可以从床层表面移动到底部，更均匀地对含碳物料进行加热，从而有效提升太阳能-燃料转化效率。图 5-11 为太阳能流化床反应器示意图。

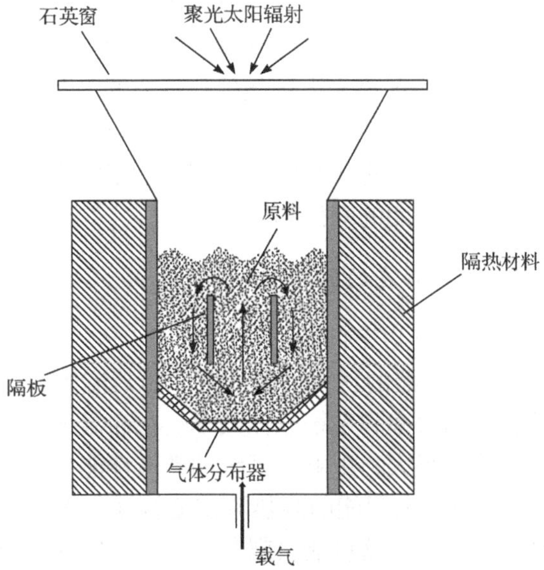

图 5-11　太阳能流化床反应器示意图

3) 太阳能涡流反应器

太阳能涡流反应器是一种改良的气流床，其通过改变进气结构将高流速的气体切向注入并导向进料喷嘴，反应器内部会形成气体-颗粒涡流，该涡流沿着螺旋路径流动从而延长颗粒的停留时间。相较于普通的气流床反应器，太阳能涡流反应器在传热传质性能方面得到改善。图 5-12 为一种直接式太阳能涡流反应器，其采用卧式圆筒，通过分布在反应器四周的进气口切向注入气流，将原料在载气的携带下以涡流的形式在反应器腔体内流动。但由于衰减、再辐射和通过反应器壁面传导引起的热损失，直接式太阳能涡流反应器的效率受限。而通过将窗口换成 SiC 腔体，使反应器由直接式加热转变为间接式加热，可有效提升太阳能-燃料的能量转化率，并且在短时间内实现超高碳转化率。

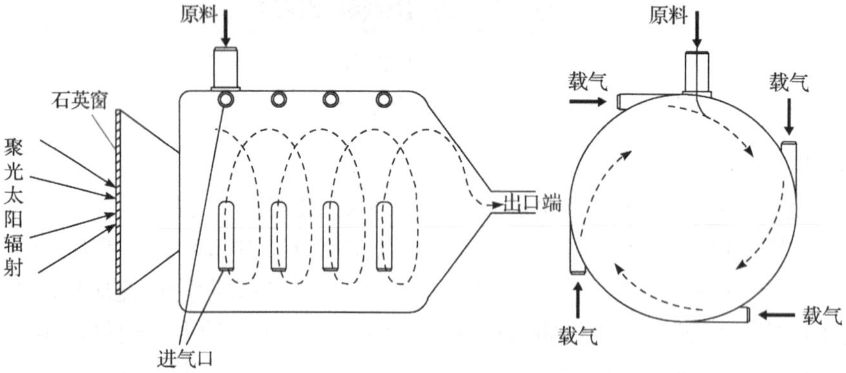

图 5-12　直接式太阳能涡流反应器

4) 熔盐反应器

熔盐具有较大的热容量和较好的热传导性，可用作优良的蓄热介质和传热介质，在太阳能转化为热能传递给反应物时，为热解/气化过程提供较高的加热速率。由于具有较低的黏度，熔盐可将含碳物料颗粒快速包裹并渗入颗粒间隙，快速加热大部分原料。同时，熔盐还可以作为反应介质参与热解/气化过程，其中的阳离子可以催化热解/气化过程，提高产品质量。图 5-13 为一种聚光太阳能熔盐反应器。内筒是具有进光孔的空腔接收器，圆柱体外壳与内筒形成一个环形区域，内含熔盐和含碳物料。辐射接收腔壁在吸收太阳辐射后，对储盐腔内的熔盐进行加热，使其温度足以驱动含碳物料发生热解/气化反应。通过该方式，实现对太阳能的间接利用。

2. 太阳能热解/气化反应器存在的问题

太阳能热解/气化反应器存在以下问题。

(1) 传热流体和太阳能接收器的材料性能受限。传热流体和太阳能接收器的材料性能会直接影响太阳能接收器的效率和系统总体效率。在高温下，太阳能接收器的效率下降，而且不同材料的性能差异很大，影响了系统的整体性能。

(2) 集热器材料需求。由于太阳能的高热流密度特性，太阳能集热器需要能够承受高温、大温度梯度和高加热速率，这可能会限制系统的稳定性和效率。

(3) 太阳辐射通量存在不均匀性。由于太阳通量存在分布不均匀现象，所以聚光太

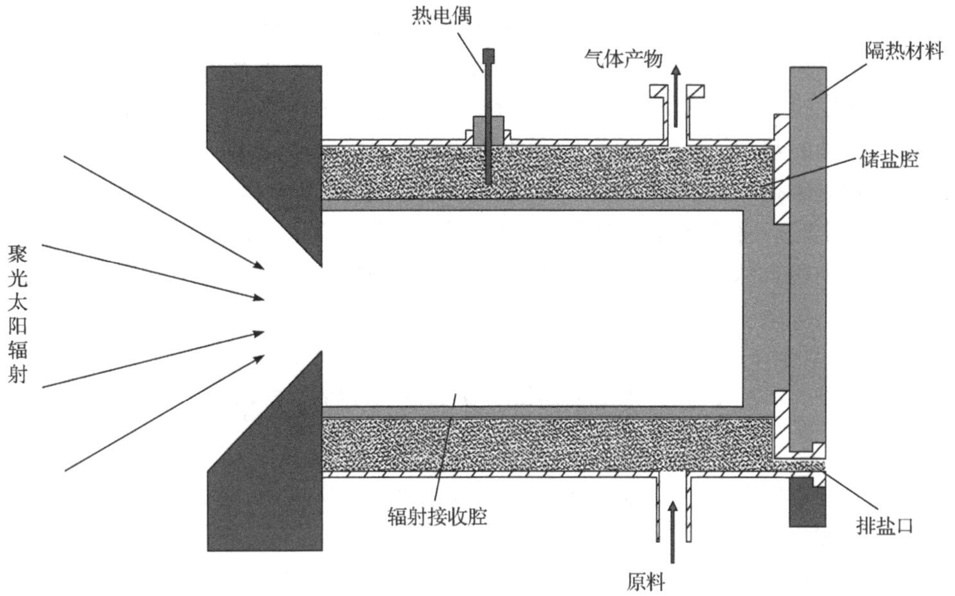

图 5-13　太阳能熔盐反应器

阳能系统中的太阳能接收器会产生局部温度过高的问题，可能会损坏涂层并导致传热流体分解，从而影响系统的安全性和稳定性。

(4) 太阳辐射存在间歇性。太阳辐射的间歇性给热解/气化过程带来了不稳定性和控制问题，原料供给和产品收集也面临挑战。

(5) 直接式反应器窗口易被污染。热解/气化过程中产生的焦炭会积聚在反应器透明窗口上，影响辐射进入到反应器内部。虽然可以通过持续通入高流速的惰性气体或采用间接加热的方法来避免这一问题，但会引起反应器内的反应管理复杂化和太阳能转化效率下降等问题。

(6) 规模化和商业化挑战。扩大反应器规模和将技术商业化是太阳能热解/气化技术面临的挑战之一，大多数太阳能热解/气化技术的开发都停留在实验室规模的研究上，需要克服技术和经济上的障碍实现太阳能热解/气化技术的规模化应用。

5.3.4　太阳能驱动含碳物料热解/气化的发展前景

尽管聚光太阳能驱动热解/气化技术在生产高质量燃料和化学产品方面具有多种优势，但它仍处于发展的早期阶段。几种类型的太阳能反应器仍需要优化和改进，力求在减少反应器现存问题的同时实现规模化应用。在未来，可从以下方面对该技术进行研究。

(1) 需要进一步开发具有更高的导热率和热性能因子的传热流体，以及选用在高温下工作性能更佳的材料用于太阳能集热系统的制造，以适应太阳能热解/气化技术的高温工作环境。

(2) 耦合多种生产场景，实现能源的可持续生产。由于受太阳辐射间歇性的影响，太阳能驱动热解/气化技术的可持续性受限。通过将发电、储热和太阳能驱动热解/气化技术相结合，可实现在太阳光照不足时能源的可持续生产，提升系统整体效率。

(3) 开发具有良好控制系统的太阳能反应器。受天气、日照强度等因素的影响，太阳能反应器难以持续稳定运行，这限制了其向工业化发展。未来可加大对太阳能反应器控制系统的开发投入，以实现太阳能驱动热解/气化技术的可持续性稳定作业。

太阳能驱动的热解/气化技术在能源领域具有巨大的潜力和前景。随着对可再生能源需求的增加和对碳排放的关注日益增加，利用太阳能驱动热解和气化过程能够实现清洁、可持续的能源生产。通过结合太阳能技术和热解/气化工艺，可以实现对各种生物质和废弃资源的有效利用，从而减少对传统能源的依赖，降低碳排放，促进能源转型和可持续发展。

5.4　太阳能驱动甲烷裂解/重整

氢气作为一种资源丰富、绿色低碳、应用广泛的二次能源，对于建立清洁、低碳、安全、高效的能源体系具有至关重要的意义。而合成气作为能源转化的桥梁可以将煤炭、天然气、生物质转化为清洁油品，被认为是最有潜力的石油替代途径之一。其中，甲烷裂解与重整制氢作为传统的制氢方法，是目前工业上较为成熟的工艺之一。采用聚光太阳能作为热源驱动甲烷裂解与重整由于能显著降低碳排放，并且能够在相对较低的温度下实现较高的转化效率，所以逐渐受到业界的广泛关注。

5.4.1　太阳能驱动甲烷裂解/重整的发展历史

1980 年美国海军研究实验室(Naval Research Laboratory，NRL)的研究人员首先提出了太阳能的甲烷裂解/重整技术。其采用太阳能驱动 CO_2/CH_4 重整-甲烷化循环，用来实现太阳能吸收、转化与运输。在同一时期，新西伯利亚催化研究所也进行了相关研究工作，并重点研究测试了各种催化反应器/接收器-催化剂反应性能。进入 21 世纪，研究人员在太阳能驱动甲烷裂解重整这一领域做出了开创性工作，探讨了太阳能甲烷重整反应器的应用潜力，研究涵盖了催化剂开发、反应器设计和热化学储热系统等领域，为这一技术的实用化和高效化提供了科学依据。这些进展不仅提升了能源转化的效率，也为环境保护和可持续发展提供了新的路径。

5.4.2　太阳能驱动甲烷裂解/重整的基本原理

1. 太阳能驱动甲烷重整的基本原理

甲烷重整反应制合成气工艺主要包括甲烷干重整(dry methane reforming，DMR)、甲烷湿重整(steam methane reforming，SMR)、甲烷部分氧化重整(partial oxidation of methane，POM)和甲烷自热重整(auto-thermal reforming of methane，ATR)。太阳能甲烷重整与传统的重整类似，只是反应过程中的能量由太阳光提供，在太阳能重整反应器中进行高温吸热可逆反应得到可室温储存的合成气，而不是通过燃烧额外的燃料或使用核能。

1) 甲烷干重整

甲烷干重整是将甲烷与二氧化碳转化为合成气的化学反应过程，这一过程有效地减少了温室气体对环境的危害。在工业应用中，甲烷干重整不仅用于生产羰基合成和费-托合成所需的原料，还能处理某些工业活动产生的温室气体。该化学反应的方程式如式(5-37)所示：

$$CH_4 + CO_2 \longrightarrow 2CO + 2H_2, \quad \Delta H^{\ominus}_{298K} = +247kJ/mol \tag{5-37}$$

甲烷干重整的优势包括：①产物中氢气与一氧化碳的体积比为 1∶1，非常适合用于生产甲醇等；②与湿重整相比，干重整可以节约大约 50%的甲烷消耗；③干重整是一个可逆反应，具有较大的反应热，因此可以作为能量储存和传输的介质。

在动力学方面，DRM 的反应机制主要包括三个步骤：首先，CH_4分子在金属催化剂上分裂为碳原子和 H_2；其次，一氧化碳在催化剂的支持体上活化；最后，晶格氧迁移并与碳原子结合形成 CO，从而消除焦炭。其中，O_2的迁移是 DRM 中最关键的步骤之一。在大多数情况下，金属氧化物中金属和氧之间的强相互作用通常会导致低氧迁移率并在金属颗粒上形成焦炭。因此，传统的热驱动 DRM 需要在高温下进行，这不仅需要消耗大量的能量来克服氧迁移的高焓和高能垒，还容易导致金属颗粒烧结，从而使催化剂失活。

2) 甲烷湿重整

甲烷湿重整，又称蒸汽重整反应，是甲烷和水蒸气在高温下反应生成一氧化碳和氢气的过程。该化学反应的方程式如式(5-38)所示：

甲烷水蒸气催化重整制氢技术流程

$$CH_4 + H_2O \longrightarrow CO + 3H_2, \quad \Delta H^{\ominus}_{298K} = +206kJ/mol \tag{5-38}$$

SMR 过程包括原料的预热和预处理、重整、水汽置换(包括高温和低温转换)、CO 的除去和甲烷化等步骤。SMR 是一个可逆的吸热反应，通常需要在高温下进行，并且伴随着 CO 的水汽转换反应。常用的催化剂为 Ni/Al_2O_3，并且通常会添加助剂以抑制催化剂上的积碳反应。在反应进料中采用过量的水蒸气，可以加速去除催化剂表面积碳。

甲烷湿重整制得的合成气可以进入水汽转换反应器，通过高低温变换反应，将 CO 转化为 CO_2 和额外的 H_2，从而提高氢气的产率。由于水蒸气的存在，甲烷重整反应过程常常伴随着水汽变换(water-gas shift，WGS)的副反应，WGS 反应方程式如式(5-39)所示：

$$CO + H_2O \longrightarrow CO_2 + H_2, \quad \Delta H^{\ominus}_{298K} = -41kJ/mol \tag{5-39}$$

WGS 是一种轻度的等分子放热反应，因此反应平衡不受压力的影响，且低温有利于正向反应的进行，对于提高产物中的氢气比例具有重要作用。WGS 反应通常在重整反应的后续工段中单独完成。

甲烷湿重整的优势有：①生成的合成气中氢气与一氧化碳的体积比更高，使其成为主要的工业制氢方法；②过程反应热大，可作为能量储存和传输的介质；③平衡温度较低，避免了高温下甲烷裂解产生的积碳，提高了甲烷转化率，并且能有效解决反应中炭沉积导致的催化剂失活问题。

3) 甲烷部分氧化重整

甲烷部分氧化重整是一个轻放热反应，在 800℃以下转化率可达 90%以上，生产的合成气中 CO/H_2 的配比为 1∶2，有利于甲醇工业和费-托合成过程的反应，并且该法可在高空速下进行，使造气规模缩小，投资降低。该化学反应的方程式如式(5-40)所示：

$$CH_4 + 1/2O_2 \longrightarrow CO + 2H_2, \quad \Delta H_{298K}^{\ominus} = -36kJ/mol \tag{5-40}$$

甲烷部分氧化制合成气反应机理也称为间接转化机理或两步反应机理，甲烷先与氧气发生完全氧化反应生成 H_2O 和 CO_2，在燃烧过程中氧气完全消耗，剩余的甲烷再与 H_2O 和 CO_2 进行重整反应生成 CO 和 H_2。

甲烷直接氧化反应研究困难，且存在爆炸隐患，其研究受到一定限制，而还原气氛的气相反应会导致催化剂表面积碳的生成，利用膜反应器可以有效从空气中分离出氧气，省去空分装置。

4) 甲烷自热重整

甲烷自热重整是耦合甲烷蒸汽重整和甲烷部分氧化重整的一种新型合成气生产工艺。该化学反应的方程式如式(5-41)所示：

$$CH_4 + 3/2O_2 \longrightarrow CO + 2H_2O, \quad \Delta H_{298K}^{\ominus} = -520kJ/mol \tag{5-41}$$

反应体系本身可以实现自供热，用甲烷部分氧化重整过程的反应热来供给强吸热重整反应所需的大量热量，既可限制反应器内的最高温度，同时又降低体系能耗。但是由于自热重整反应过程中，强放热反应和强吸热反应分步进行，因此反应器仍需耐高温。自热重整反应装置上部是一个燃烧室，用于甲烷的部分氧化，同时在燃烧室下方的催化床内发生湿重整反应，上部燃烧供给下部热量，燃烧室的工作压力预计高于 1.2MPa(在 2200K)。通过适当调整蒸汽与碳的比值可以抑制结碳。

甲烷自热重整反应的优点在于可以快速启停，同时产生大量的氢气，需要控制 H_2O 和 CO_2 的比例来控制反应温度和产品气体成分，同时防止副产物的产生，通过掌握最佳的比例关系，得到最多的 H_2 量、最少的 CO 量和碳沉积量，从而实现体系的最大经济性。

2. 太阳能驱动甲烷裂解的基本原理

相较于前述技术，甲烷裂解提供了一种可持续发展的制氢途径，其过程中不产生 CO 或 CO_2 排放。此外，该过程还产生炭黑(CB)作为副产品，这一副产品在油墨、轮胎、电子和塑料等多个行业中有着广泛的应用，其市场价值能够提升整体工艺的经济性。因此甲烷裂解被视为成本效益较高的二氧化碳减排解决方案之一。

$$CH_4 \longrightarrow C + 2H_2, \quad \Delta H_{298K}^{\ominus} = +74.8kJ/mol \tag{5-42}$$

与 SMR 相比，甲烷裂解在每摩尔氢气的能量需求上更为经济。理论上 SMR 需要 63.3kJ/mol H_2 的能量，而甲烷裂解仅需 37.4kJ/mol H_2 的能量。该过程更为简单，因为它省去了 SMR 中所需的额外步骤，如水汽变换和 CO_2 去除阶段。

由于甲烷分子是一个结构稳定的正四面体，其 C—H 键能高达 435kJ/mol，这意味着在 1200℃以上的高温下，甲烷分子才会发生明显的分解，并伴随着氢气的生成。因此，提供足够的能量是甲烷裂解反应的关键，使用催化剂可以降低这一温度要求。太阳能裂解甲烷过程，主要利用太阳光聚焦产生的高温热能来加热反应物，促使甲烷直接发生高温裂解反应，生成氢气和炭黑。这一过程不仅减少了化石能源的消耗，还减少了副反应的发生，并且生成的炭黑可作为重要的化工原材料，具有显著的优势。甲烷裂解反应的特点表明，当温度升至特定阈值时，甲烷能够直接通过热裂解过程产生氢气和固体碳产物。但在实际操作中，由于气体浓度、流速和停留时间等因素的影响，实际转化率往往远低于理论值。

5.4.3 太阳能驱动甲烷裂解/重整的相关催化剂

与甲烷制氢反应中的加热方式(如聚光太阳能或电加热等)无关，催化剂可用于在低于 1000℃的温度下促进甲烷制氢，从而降低工艺的复杂性和成本。甲烷裂解/重整反应产生氢气的过程需要在高温下进行，通过利用催化剂进行分解反应，可以显著降低这一温度要求并且加速反应。催化剂在甲烷反应过程中的主要挑战之一是快速失活，这是因为碳副产物的形成会阻断催化剂的活性位点，从而导致催化剂迅速失效。此外，随着时间的推移，天然气中的杂质(如硫)会降低催化剂的活性。催化剂的种类主要分为固体金属催化剂和碳质催化剂。

1. 固体金属催化剂

催化甲烷制氢反应过程中可使用的金属种类很多。其中一些已被证明是活性催化剂，而另一些则表现出较差的性能，被认为是惰性金属。反应中使用的活性金属通常是过渡族金属(即 Ni、Fe 和 Co)或贵金属(即 Ru、Rh、Ir、Pt 和 Pd)，它们通常以 Al_2O_3、MgO、SiO_2 和 TiO_2 等金属氧化物为催化剂载体。其中贵金属具有与过渡金属相同甚至更高的活性，但 Ni、Co、Fe 由于具有比贵金属更为丰富的储量以及相对较低的价格，应用更加广泛。其性能的相对大小为：Ni>Co>Fe。尽管 Ni 在常规过渡金属中表现出最佳的催化活性，但其在 600℃以上会迅速失活。Co 也具有良好的性能，但它比 Ni 更昂贵、毒性更大，不利于生产制氢过程。Fe 是一种价格更便宜、无毒、活性良好的金属，并且在高温下性能比 Ni 和 Co 更稳定。为了提高催化剂的性能，通常会以碳纳米纤维、SiO_2、TiO_2、Al_2O_3、MgO 等作为载体，这些载体有助于阻止催化剂团聚和烧结，增强其活性，为甲烷制氢反应提供更大的表面积，从而加速反应过程。

常用的促进剂包括碱土金属(如 Mg 和 Ca)、稀土金属(如 Ce 和 La)以及过渡金属(如 Zr)等。为了提高金属催化剂的催化性能和寿命，研究人员将促进剂金属与主金属催化剂混合，这种金属基体称为金属合金，该合金为甲烷反应提供了更大的表面积和更多的活性位点，允许碳颗粒副产物通过孔隙扩散，从而减少活性位点上的碳沉积，并防止或延迟副产物对活性位点的封装，延长催化剂的寿命。此外，金属促进剂还改善了金属催化剂在载体上的分散性，增强了金属的还原性。尽管金属载体和金属促进剂在抗失活方面具有良好的效果，但并不能完全抑制金属催化剂的失活。

2. 碳质催化剂

碳质催化剂的种类繁多，有活性炭、生物炭、煤炭、炭黑等。与金属催化剂相比，它们具有以下优点：成本更低；耐高温性更高；性能稳定，储存安全；对硫杂质的耐受性更高；碳副产物不受污染；通常不需要再生；产生的碳具有额外的自催化作用；与金属相比，生产过程中排放的 CO_2 更少。

然而，碳质催化剂的催化性能低于金属催化剂。由于形态的改变和孔隙堵塞，它们的活性在几小时后下降，但与金属不同，其反应生成的碳具有一定的催化活性(自催化)，补偿了碳质催化剂活性位点的部分阻碍，它的转化率在最初下降后会稳定下来。

研究发现，如果使用相同类型的催化剂(例如，它们都是活性炭时)，那么总比表面积越高，获得的甲烷转化率就越高。换言之，催化剂的孔径越小，即微孔体积越小，孔数越多，表面积就越大，则甲烷转化率就越高。但是，如果它们不是相同的类型(如活性炭对石墨)，则需要提高催化剂活性位点。在这种情况下，不同类型的催化剂的性能与其比表面积不直接相关。

碳质催化剂根据其结晶度主要分为三类：高序碳(石墨、金刚石)、低序碳(玻璃碳、富勒烯烟灰、富勒烯 C60/70、碳纳米管和有序介孔碳)和无序碳(无定形、微晶，如煤炭、炭黑、活性炭和乙炔碳)。无序碳呈现 C—H 键的位错排列，导致位错、空位、低配位点、具有自由价的原子、不连续性、边缘、缺陷和其他异常，这些通常称为高能位点(HES)。HES 越多，初始活性越高。因此，碳质催化剂的活性如下：无序碳>低序碳(涡轮层)>高序碳。大多数研究都涉及无序炭，尤其是活性炭和炭黑，因为它们具有最佳的催化性能。尽管碳质催化剂在高温操作下的性能和抗失活性更稳定，但它们最终会像金属一样失活。同样地，降低金属性能的焦化机理也会影响碳质催化剂。

5.4.4　太阳能驱动甲烷裂解/重整的反应器

在太阳能热化学过程中，催化剂的选择和反应器的设计对于反应效率和系统性能至关重要。目前，大多数太阳能反应器由塔式或碟式热发电的腔式集热器直接套用或改造而成，以适应太阳能热化学反应的需求。本节主要介绍三种常见的太阳能甲烷制氢反应器。

1. 腔式反应器

腔式反应器是目前最常见的一种太阳能热化学反应器，其通常在阳光的入口处放置一个聚光结构。图 5-14 为用于太阳能甲烷重整的腔式反应器，整个系统由一个抛物线式太阳能集热器和一个反应器组成，系统通过碟形收集器聚焦阳光，太阳光经过石英窗被复合抛物面聚光器(compound parabolic concentrator，CPC)进一步汇聚，最终进入腔内驱动重整反应。该反应器的设计原则为减少热损失和提高温度分布的均匀性。反应器由以下几个部分组成：反应器入口放置一块厚度为 5mm 并在表面涂有截止波长涂层的薄片石英玻璃，其截面直径为 120mm；反应器上部设有水冷通路，防止温度过高发生危险；CPC 的前后直径分别为 50mm 和 35.2mm；将负载 Ni 的 CeO_2-ZrO_2 网状多孔陶瓷(reticulated porous ceramics，RPC)放置在反应区；反应器外采用厚度为 120mm 的 Al_2O_3 作为隔热材料，最外层为不锈钢外壳。

反应器工作时，反应物由载气或螺旋进料装置送入，使其均匀分布在反应腔体内；透过石英玻璃的太阳光经过二次聚光后照射在反应腔内的反应物上，反应物接收太阳光的热量并发生吸热反应；最后生成物由载气送出反应器。

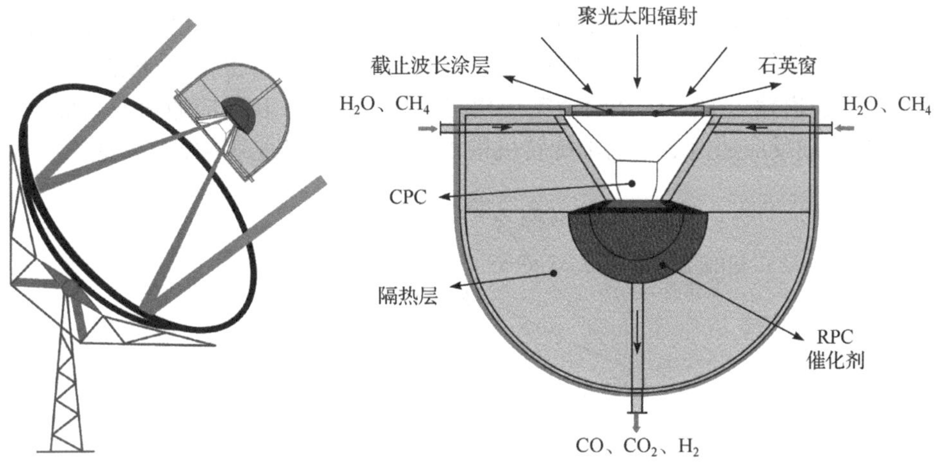

(a) 碟形收集器　　(b) 反应器结构

图 5-14　腔式反应器结构示意图

一般腔式反应器的缺点是：①聚光系统不够完善，导致反应器内存在较大的温度梯度(收集到的太阳光辐射通量呈高斯分布)，因此在某些小范围内容易产生极高的温度，这会导致反应物或催化剂烧结，严重影响反应进程；②在吸收、利用太阳能的过程中热损失较大，造成太阳能转化率较低。近年来，科研人员针对以上两点采取了相应措施改善腔式反应器的性能。目前有两种解决方案使反应器内的温度分布均匀：第一种解决方案是使光通量在反应腔内均匀分布，最常见的方案是在太阳光进入反应腔前设置 CPC，通过 CPC 的二次聚光可以使光通量分布均匀；此外，通过优化催化剂床层的形状使其匹配太阳光通量分布也可以很好地解决问题。第二种方案是通过改善催化剂床层的辐射吸收和传热特性。对于第二种方案，可以采用 RPC 对太阳通量进行体积吸收。

性能优异的太阳能反应器不仅要保证较高的甲烷转化率，也要满足较高的太阳能转化率。热损失是影响太阳能利用效率的主要不利因素之一，主要体现在导热损失和热辐射损失两个方面。典型的甲烷重整温度为 750～950℃，在这种条件下，反应器中的热损失以热辐射损失为主。为了减少热辐射损失，可以将截止波长涂层涂在反应器入口的石英玻璃上，这种涂层可以使波长小于阈值的光线通过而将波长大于阈值的光线反射。因此，太阳能反应器内部大部分的光被涂层反射回反应区域，另一部分被锥体的内表面吸收，预热反应物。为了减少传导热损失，一般会在反应器外侧安装绝热层。

总体来说，腔式反应器是目前研究最深入、应用最广泛的太阳能热化学反应器，而且腔式反应器普遍造价偏低，能一定程度上降低成本。在设计结构时要尽量保证太阳光在催化剂床层上分布均匀，这就要求研究人员在设计二次聚光装置和催化剂床层时考虑周全。

2. 旋转式反应器

旋转式反应器在太阳能热化学领域有着广泛的应用，通常是通过机械旋转结构对反应过程进行干预，使反应器核心部位的功能发生周期性变化。如图 5-15 所示，反应中使

用的载氧体为 Fe_3O_4/FeO。反应器由两部分组成：①留有一个通光孔的固定圆柱体外壳，外壳侧平面的对角线位置分别设有进料通道(其中靠近通光孔一侧的进料通道输送甲烷，另一侧的进料通道输送 H_2O)；②两个完全相同的反应通道 a 和反应通道 b 组成反应器主体，反应通道 a 和反应通道 b 之间由旋转机构相连接，且反应通道内壁均匀地涂有载氧体。

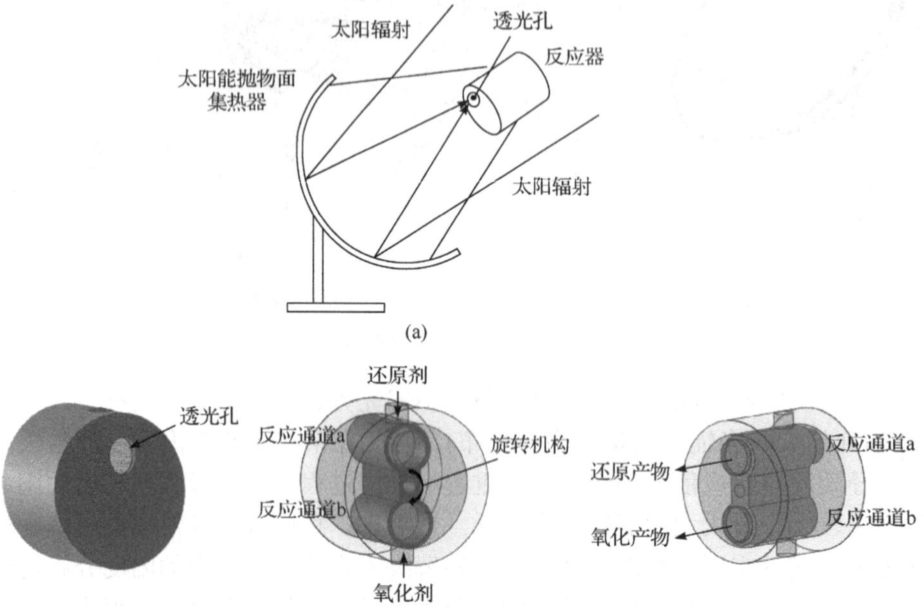

(b)

图 5-15　旋转式反应器

反应器工作时，阳光通过进光孔，促使反应通道 a 内的 Fe_3O_4 与甲烷发生还原反应，反应过程中，反应通道 a 内壁的 Fe_3O_4 被还原成 FeO；待第一步反应结束后，启动旋转结构使该反应器主体旋转 180°，随后反应通道 a 内壁的 FeO 与水蒸气发生氧化反应。反应通道 a 内壁的 FeO 又被氧化成 Fe_3O_4，与此同时，反应通道 b 内发生还原反应。待反应通道 a 和反应通道 b 内的反应均结束后，再次启动旋转机构使反应器主体旋转 180°，如此循环往复可以较为稳定地生产合成气。甲烷的氧化还原重整反应中只有还原反应过程是需要吸热的，而氧化反应过程是放热的，故只需要在发生还原反应一侧的外壳上设置通光孔。在还原反应过程中，甲烷和载气(二氧化碳)一起通入反应通道以减少反应过程中的结焦现象。当二氧化碳难以获得时，水蒸气也可以作为载气。

旋转式反应器不仅可以保证反应的连续性，而且可以实现“一器多用”。这样大大节约了时间成本和生产成本，符合节能减排的理念。但是旋转式反应器的应用也存在一些问题。例如，旋转式反应器的使用往往影响产物产出的周期性，如何实现产物的规范回收及利用需要仔细思考；如何保证反应器的密封性能以及使用寿命也是设计者必须要面对的难题。

3. 流化床反应器

为了改善太阳光在催化剂床上分布不均匀以及增大反应物与催化剂的接触面积问

题，研究人员提出了流化床反应器的概念。流化床反应器又称为“沸腾床反应器”，是指气体在固体物料或者催化剂构成的沸腾床层内发生化学反应的一类反应器。在流化床反应器中，流化状态的固体颗粒层具有液体的特性，如流动性等。

图 5-16 为一种内部循环流化床式太阳能反应器。反应器内部充满了 100～300μm 的催化剂粒子。反应器外部通过电加热炉预热，模拟太阳光对反应器提供能量。反应室底部气体分布器的孔径沿径向减小，在没有喷管、喷嘴的情况下形成高斯型速度分布。所以，中轴线处高速进入的反应物可以将催化剂(或载氧体)带向床层顶部并在该过程中受到催化剂的作用发生重整反应，随后生成物由反应器顶部流出。催化剂由于重力和中轴线处高速流体冲击的共同作用回到反应器底部。通过上述过程可以形成反应器内部的循环流化床。

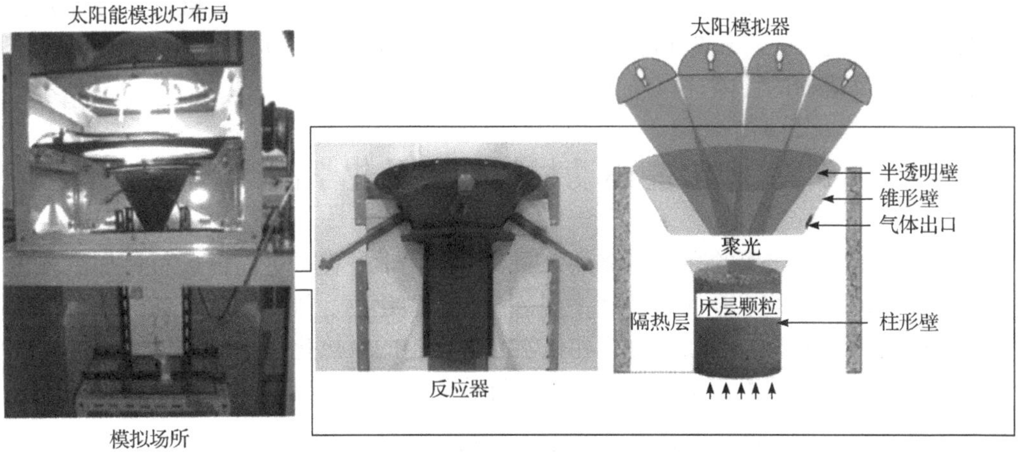

图 5-16　内部循环流化床式太阳能反应器

与固定床反应器相比，流化床反应器具有一些优点。首先，颗粒的运动使床层有良好的传热特性，这样会使床层内部温度分布均匀且易于控制；其次，流化床反应器便于催化剂的再生。但是流化床反应器也存在一些缺点。例如，催化剂在流动过程中剧烈撞击，加速了催化剂的粉化，熔盐的腐蚀性也会影响反应器的寿命。此外，流化床内的流体力学以及传递现象复杂，需要在设计阶段对其内部的辐射吸收、传热、传质特性及各特性之间的耦合做进一步研究。

5.4.5　太阳能驱动甲烷裂解/重整的发展前景

太阳能驱动的甲烷裂解和重整技术因清洁高效、低能耗、无 CO_2 排放的特点，被视为具有重要应用前景的氢能制备技术。随着氢能产业的发展，这一技术的重要性越发凸显。

总体来看，太阳能驱动的甲烷裂解和重整技术是氢能制备领域的重要研究方向，对实现“碳中和”目标具有重要意义。然而，目前仍需克服技术瓶颈，才能实现规模化应用。因此，可以根据以下几点进行研究发展。

(1) 催化剂研究。关键在于开发出高效、稳定、低成本的催化剂，这些催化剂应能在较低的温度下活化甲烷分子，提高转化率。新型催化剂材料，如纳米构造材料、金属有机框架材料等，是研究的重点。

(2) 反应器设计。优化反应器设计以提高太阳能吸收效率和能源转化效率，如腔式反应器、膜反应器、流化床反应器等，或是将多种单一功能的反应器整合为一体化多功能反应器。通过对反应器内部的流体动力学及热管理进行深入研究，能够有效提升系统整体性能。

(3) 系统集成。开发将太阳能收集、储存和甲烷转化集成于一体的系统。这包括研究高效的光热技术、热能储存材料和能量转换设备，以及整个系统的优化和控制策略。

(4) 提高能源转换效率。目前的研究重点之一是提高太阳能到化学能的转换效率。通过开发新型催化剂和反应器设计，可以更有效地利用太阳能来驱动甲烷的裂解和重整过程。

(5) 过程模拟和优化。利用计算流体动力学、分子动力学模拟、机器学习等方法对甲烷裂解和重整过程进行模拟和优化。这些工具可以帮助研究人员更好地理解反应机理，预测催化剂和反应器的性能，以及优化操作条件。

5.5 太阳能驱动材料加工及化学品生产

聚光太阳能系统产生的高温能够高效驱动吸热化学过程，进而促进材料加工与化学品生产，如 $CaCO_3$ 煅烧、金属氧化物中提炼金属、碳化物、氮化物生产和纳米材料生产等。利用聚光太阳能为这些加工过程和化学品生产中的吸热化学反应提供能量，有效应对了材料加工与化学品生产中的高能耗与高排放问题，展现出广阔的应用前景。

5.5.1 太阳能驱动材料加工及化学品生产的发展历史

20 世纪末，随着环保意识的提升，太阳能作为一种清洁能源，开始被探索用于驱动材料加工和化学品生产。1975 年，研究团队开始探索使用太阳能炉进行石灰石煅烧，为太阳能驱动化学品生产奠定了基础。1982 年，利用太阳能进行金属氧化物还原提炼金属的方法被提出，同期纳米材料生产领域开始探索太阳能的相关应用。1991 年，科学家提出了纳米材料的光化学合成方法，为太阳能驱动纳米材料生产提供了理论基础。近年来，随着技术的不断进步，太阳能驱动材料加工及化学品生产的研究内容也在不断扩展。太阳能炉的商业化应用已取得成功，高效的太阳能热化学反应器也被研发出来，用于材料和化学品的大规模生产。这些研究成果为太阳能驱动材料加工与化学品生产走向商业化提供了坚实支撑，推动了该领域的持续发展。

5.5.2 太阳能驱动材料加工及化学品生产的原理

1. $CaCO_3$ 煅烧

与石灰生产类似，水泥生产的首要步骤是石灰石($CaCO_3$)煅烧成生石灰(CaO)。其中，每生产 1t 生石灰，石灰石的分解会产生 0.75t 的二氧化碳(这取决于石灰石的成分和煅烧程度)，燃料燃烧过程中通常产生 0.2～0.45t 二氧化碳。这意味着，用其他零排放的能源替代目前使用的燃料，可以有效减少 CO_2 的排放。其中，利用聚光太阳热能驱动 $CaCO_3$

煅烧的吸热反应具有应用潜力，在商用水泥厂可将 CO_2 的排放降低 40%。因此，人们广泛研究了使用太阳能进行石灰石的煅烧。煅烧反应的具体反应式如下：

$$CaCO_3(s) \longrightarrow CaO(s) + CO_2(g), \quad \Delta H_{298K}^{\ominus} = 178kJ/mol \tag{5-43}$$

该反应是吸热反应，每生产 1kg 生石灰需要 3029kJ 的能量，反应温度在 1173K 以上，具体取决于石灰石的成分。

2. 金属氧化物中提炼金属

从金属氧化物中提炼金属包括两个方面：一是金属冶炼；二是从危险废弃物中提取金属。

1) 金属冶炼

除铜和锌外，钢、铝、锰、铬等金属都是从氧化矿石中提炼的。目前，世界上相当一部分的金属冶炼都使用化石燃料的燃烧供能，利用太阳能替代化石燃料驱动金属冶炼，可以减少该工业流程的高能量输入以及 CO_2 的排放。

根据反应物和工艺条件的不同，含金属(和硅)氧化物原料的太阳能碳热还原可产生纯金属、低价金属氧化物、金属碳化物或金属氮化物。这些反应会同步产生 CO 或合成气，可以被进一步加工成合成燃料。纯金属可以作为钢铁生产和制造的材料，也可以作为能量载体。

金属冶炼可以通过对金属氧化物，如氧化铁、氧化锌、氧化镁和氧化铝等进行碳热还原实现，该反应以含碳原料(如煤、焦炭和天然气)作为还原剂，总体化学反应可以用式(5-44)表示，其中 M 代表金属：

$$CH_x + 1/zM_yO_z \longrightarrow x/2H_2 + CO + y/zM \tag{5-44}$$

对于纯碳(x=0)和甲烷(x=4)作为还原剂，上述反应式分别为

$$C(gr) + 1/zM_yO_z \longrightarrow CO + y/zM \tag{5-45}$$

$$CH_4 + 1/zM_yO_z \longrightarrow 2H_2 + CO + y/zM \tag{5-46}$$

金属氧化物碳热还原的热力学平衡计算表明，降低反应体系中的总压力，可以显著降低金属生成的起始温度。真空碳热还原反应使产品能够进行真空蒸馏，并抑制不良副产物如铝碳化物和氧碳化物的形成。

2) 危险废弃物的回收

以聚光太阳能作为热源，对固体废物进行高温碳热转化，是从富含金属的废弃物中提取金属的一种有效方法。富含金属的废弃物主要包括电弧炉粉尘和汽车破碎残余物。电弧炉粉尘是电弧炉在生产过程中产生的粉尘，主要来自电弧炉冶炼钢铁过程中随气体带出的原料粉尘以及反应产物的微粒，其成分包括金属氧化物。汽车破碎残余物是指报废汽车经拆除主要零部件、破碎、金属分选后而得的粉碎物，其组分以高聚物为主，不易自然降解，且含有多氯联苯等有害物质。对电弧炉粉尘的高温碳热转化可以用固体碳和甲烷作为还原剂，而废弃物中的碳可被用作汽车破碎残余物的还原剂。

电弧炉粉尘和汽车破碎残余物碳热还原的热力学平衡计算表明，在 1300K 以上，电

弧炉粉尘的主要金属成分(Zn(g)、Fe、Pb)和汽车破碎残余物的主要金属成分(Zn(g)、Fe、Pb、Cu)以单质形式存在，伴随 CO 和 H_2 的生成，同时二氧化硅作为玻璃化剂添加。在 1500K 下转换原料所需的理论最小工艺热为 2500～4100kJ/kg，具体取决于所使用的原料和还原剂。

3. 碳化物和氮化物生产

碳化物和氮化物可用于设计以聚光太阳能作为高温热源驱动生产商品材料和燃料的循环工艺。

以氨生产为例，传统氨生产使用甲烷重整生成的氢气为原料通过哈伯法生产氨，每年生产约 1 亿吨氨，需使用全球 5%的天然气。目前，有研究以聚光太阳能作为高温热源，通过两步法进行 Al_2O_3/AlN 热化学循环生产氨，具体反应如下。

碳热还原：

$$Al_2O_3 + 3C + N_2 \longrightarrow 2AlN + 3CO, \quad \Delta H^{\ominus}_{298K} = 708.1kJ/mol \tag{5-47}$$

氨生产：

$$2AlN + 3H_2O \longrightarrow Al_2O_3 + 2NH_3, \quad \Delta H^{\ominus}_{298K} = -274.1kJ/mol \tag{5-48}$$

两个工艺步骤的热力学平衡计算结果显示，第一步吸热过程在 2273K 左右进行，第二步氮化铝的水解反应在 273～1773K 的任意温度都可进行。在热力学上，氨在 273K 以上是不稳定的。在没有催化剂的情况下，氨可能以亚稳态存在。以活性炭为还原剂，在 1773～1973K 和纯氮气流动下进行碳热还原反应。在蒸汽浓度为 20%～80%的氩气中，在 1173～1473K 下进行氨生产反应。在 1973K 时，30min 后碳热还原反应范围(氧化铝反应百分比)大于 80%。在 1273K 下，蒸汽浓度为 80%，氨产率最高(气体产物中氨摩尔数相对于氮化铝初始摩尔数)为 88%，此时氮化铝的反应范围为 93%。

对于某些金属氧化物，如二氧化钛、二氧化锆，在惰性环境或环境压力下的氮气中，碳热还原可形成碳化物、氮化物和较低价金属氧化物，而不是纯金属。这些过程可以由下述反应式表示：

$$C(gr) + M_yO_z\{+N_2\} \longrightarrow \{M_{y'}O_{z'}, M_{y''}O_{z''}, M_{y'''}O_{z'''}\} + CO \tag{5-49}$$

金属碳化物和氮化物的水解可用于材料和燃料的生产，如氮化铝水解产生氨、碳化铁水解产生液态烃等。除此之外，金属碳化物和氮化物，如碳化钛、氮化钛和氮化硅，具有极高的机械硬度、化学惰性和耐热性，是一种具有广泛应用前景的高性能材料。

4. 纳米材料生产

高纯度纳米材料适用于多个场景，如制备纳米复合材料、作为表面涂层、医学诊断和靶向药物传递。用脉冲激光烧蚀固体材料可用于制造高纯度纳米材料，脉冲激光器以约 10^6MW/m^2 的热通量传递光脉冲，可用于在材料表面附近形成局部等离子体，从而增强烧蚀过程。然而脉冲激光器能量较高，使得此过程能耗较高。通过在空气或真空中聚光太阳能可以实现 46MW/m^2 的热流。因此，聚光太阳能驱动烧蚀已成功应用于生产不同的纳米材料，如富勒烯碳、纳米管等。

5.5.3　太阳能驱动 $CaCO_3$ 煅烧的反应器

通常定义三种效率对太阳能煅烧反应器进行表征，具体如下。

热效率 η_{th} 是材料吸收的显热与入射热通量的比值，具体由式(5-50)计算：

$$\eta_{th} = \frac{Q_{sen}}{Q_{ab}} \tag{5-50}$$

其中，Q_{sen} 为材料吸收的显热；Q_{ab} 为入射热通量。

化学效率 η_{ch} 是反应消耗的能量与入射热通量的比值，具体由式(5-51)计算：

$$\eta_{ch} = \frac{Q_r}{Q_{ab}} \tag{5-51}$$

其中，Q_r 为反应消耗的能量。

总效率 η_{tot} 是热效率和化学效率之和。

对于太阳能驱动 $CaCO_3$ 煅烧，现有三种类型的太阳能煅烧反应器，即回转窑、涡流反应器和流化床反应器。回转窑是水平倾斜 3°～4°的旋转圆筒，能够煅烧直径范围很广的颗粒，通常从 100μm 到几毫米。根据加热类型，太阳能回转窑可以分为间接加热和直接加热。2006 年，研究人员开发了一个 $10kW_{th}$ 的太阳能间接加热回转窑装置，并进行了测试。该装置由一个碳化硅制成的圆柱形腔体接收器组成(最大反应温度为 1873K，尺寸为 225mm×252mm)，太阳辐射的聚光比约为 2000，太阳辐射通过水冷装置前部直径为 9cm 的通光孔进入反应器。直径为 1～5mm 的大石灰石颗粒被送入反应器后部的预热室。由于反应器的倾斜和旋转，颗粒被移动到 16 根碳化硅吸收管内。煅烧后的 CaO 颗粒被收集在反应器前部的漏斗中。该反应器在太阳下测试 100 多小时，以最高达 35%的化学效率生产了 4kg/h 的石灰。太阳能直接加热回转窑的剖面图如图 5-17 所示。此回转窑的输入功率约为 14kW，可处理物料流量为 4～12kg/h，化学效率为 8%～20%，总效率为 19%～40%。

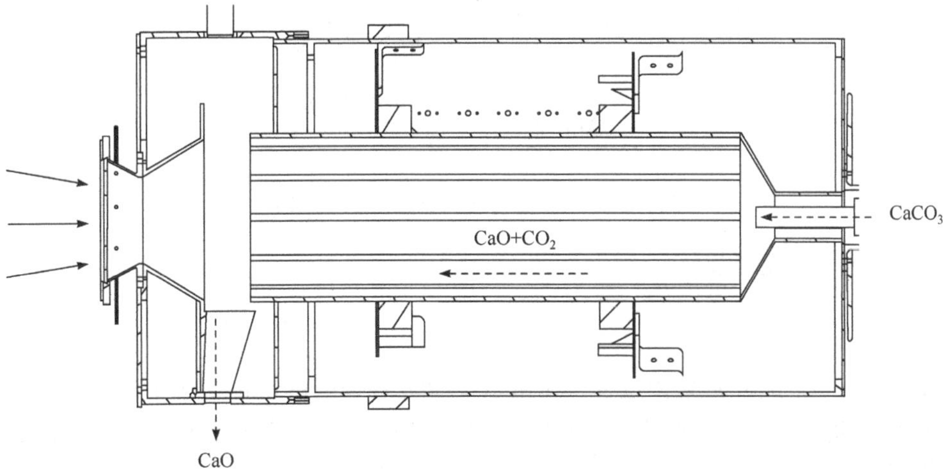

图 5-17　回转窑的剖面图

涡流反应器可用于连续处理直径小于 10μm 的小颗粒，反应器具有高达 88%的总效率，同时化学效率达到 15%。热效率和化学效率的差异是因为涡流反应器的气流比颗粒流高 6 倍。而连续进料的太阳能间接加热旋转管反应器如图 5-18 所示，该反应器的煅烧温度高达 1000℃，但反应器尺寸相对较小，故化学效率仅为 10%。

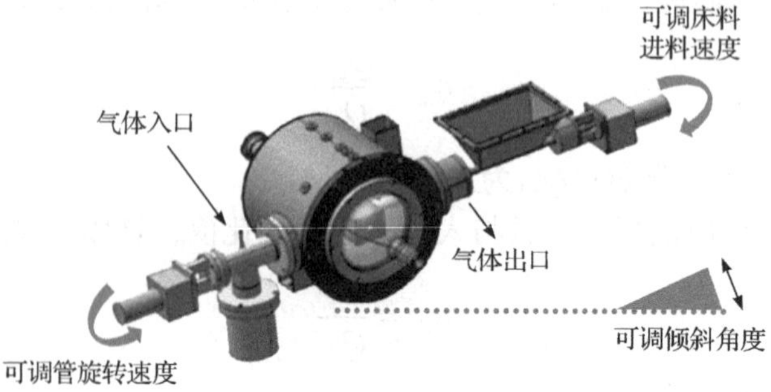

图 5-18　配备连续进料和收集系统的太阳能间接加热旋转管反应器

流化床反应器可以处理直径为 100～500μm 的颗粒，太阳能直接加热流化床反应器如图 5-19 所示，该反应器由四个串联的隔间组成，聚光太阳能照射到反应器前壁，床料用预热空气流化并通过反应器的前壁加热到 800℃，连续流入的白云石颗粒在流化床内分解。为了进一步提高反应器的效率，研究人员搭建了太阳能多级水平流化床反应器，与之前的反应器类似，聚光太阳辐射照射到前壁，热量传递到反应器内循环的流化颗粒，提供煅烧反应所需的显热和反应焓。

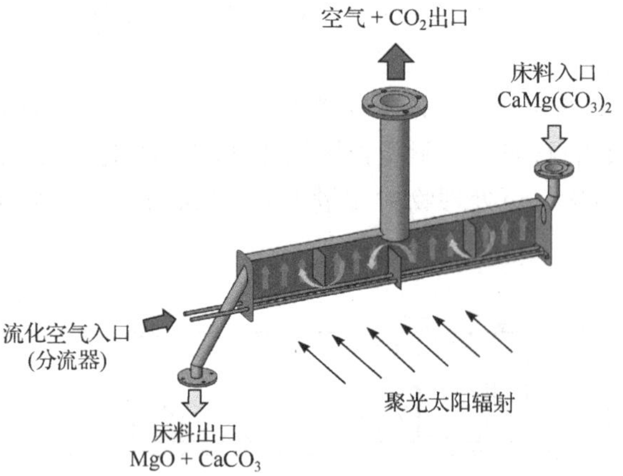

图 5-19　太阳能直接加热流化床反应器

5.5.4　太阳能驱动金属提炼

1. Al

铝生产是一个能源密集型过程，在霍尔-埃鲁法(Hall-Héroult)工艺中通过电解从氧化铝中每提取 1kg 的铝需要约 45MJ 的电能输入，并排放 4.9～7.4kg$CO_{2\text{-eq}}$。太阳能驱动铝生产的反应是氧化铝碳热还原反应，具体反应式如下：

$$Al_2O_3+3C \longrightarrow 2Al+3CO, \quad \Delta H^{\ominus}_{298K}=1344.1kJ/mol \tag{5-52}$$

在环境压力下，通过上述反应产生铝和纯 CO 需要超过 2800K 的超高温度。在此过程中，降低气体压力可以大大降低所需的温度，同时减少不需要的副产物如 Al_2O 和 Al_4C_3 的生成。例如，在 10^{-6}bar 时，该反应在小于 1500K 时完成。瑞士保罗谢勒研究所对真空条件下太阳能驱动铝生产过程进行热力学分析，Al_2O_3 在直接太阳能加热石英管反应器中，并在压力为 3.5×10^{-12}mbar、温度为 1300～2000K、生物炭作为还原剂的反应条件下所得的铝质量分数高达 19%，同时在坩埚中形成 Al_4C_3 和 Al_4O_4C。在真空条件下太阳能驱动铝生产的反应温度会降低，但氧化物和碳化物的出现会降低所获得产品的质量，并且真空环境需求会增加成本。

目前，与太阳能驱动铝生产相关的研究都集中在热力学分析、能量分析、动力学分析和碳减排评估方面，太阳能驱动铝生产获得了实验室规模上的成功，还需要进一步进行中试。太阳能驱动铝生产面临的挑战包括高温下的铝挥发、复杂的反应过程、碳化物的形成以及在真空和高温条件下反应器的设计。

2. Zn

锌可用于水和二氧化碳的分解以及锌-空气电池。锌的主要生产方法是氧化锌通过热化学反应、碳热反应和电热途径还原为锌。太阳能作为一种清洁能源，替代化石燃料为锌生产过程供能具有良好的前景。将氧化锌与含碳还原剂混合可以有效降低反应温度。使用碳作为还原剂时，具体反应如式(5-53)所示，此过程称为 SOLZINC 工艺。使用甲烷作为还原剂时，氧化锌和甲烷反应生产锌和合成气体，具体反应如式(5-54)所示，此过程称为 SynMet 工艺。

$$ZnO+C \longrightarrow Zn+CO, \quad \Delta H^{\ominus}_{298K}=350kJ/mol \tag{5-53}$$

$$ZnO+CH_4 \longrightarrow Zn+CO+2H_2, \quad \Delta H^{\ominus}_{298K}=447kJ/mol \tag{5-54}$$

所考虑的三种锌生产工艺的关键参数如表 5-2 所示。由表可以看出，与使用甲烷的 SynMet 工艺相比，使用固态碳作为还原剂的 SOLZINC 工艺产生的锌中储存能量更高。在热力学上，氧化锌通过反应式(5-53)热还原生成锌时，反应温度需高于 2335K。如果用惰性气体稀释产物气体以使反应平衡向右移动，则可以降低还原温度，因此，氧化锌热还原的一个主要挑战是通过猝灭或高温气体分离来避免气体产物的复合。

表 5-2　不同锌生产工艺的关键参数

工艺	直接还原	SOLZINC 工艺	SynMet 工艺
反应温度	2335K	1220K	1110K
ΔH	460kJ/mol	350kJ/mol	447kJ/mol
$HV_{Zn}/(HV_{Zn}+HV_{off\text{-}gas})$	1	0.56	0.32
发展阶段	实验室	中试	实验室
面临挑战	大，基础问题	中，仅工程问题	中，工程问题

基于 SOLZINC 工艺，现已搭建了一个 300kW 的双腔太阳能反应器，具体如图 5-20 所示，该反应器具有两个串联的空腔，上腔作为太阳能接收器，包含一个石英窗，让聚光太阳辐射进入。下腔作为反应室，载气从反应室上部流入，下部是氧化锌和固体碳质原料的填充床。在 1300～1500K 的反应温度下，该反应器以 50kg/h 的速率产生了 95%纯度的锌，热效率(反应焓和太阳能输入之比)达到了 30%。功率为 300kW 的太阳能反应器成功运行标志着太阳能驱动锌生产技术在商业化道路上迈出了重要一步。

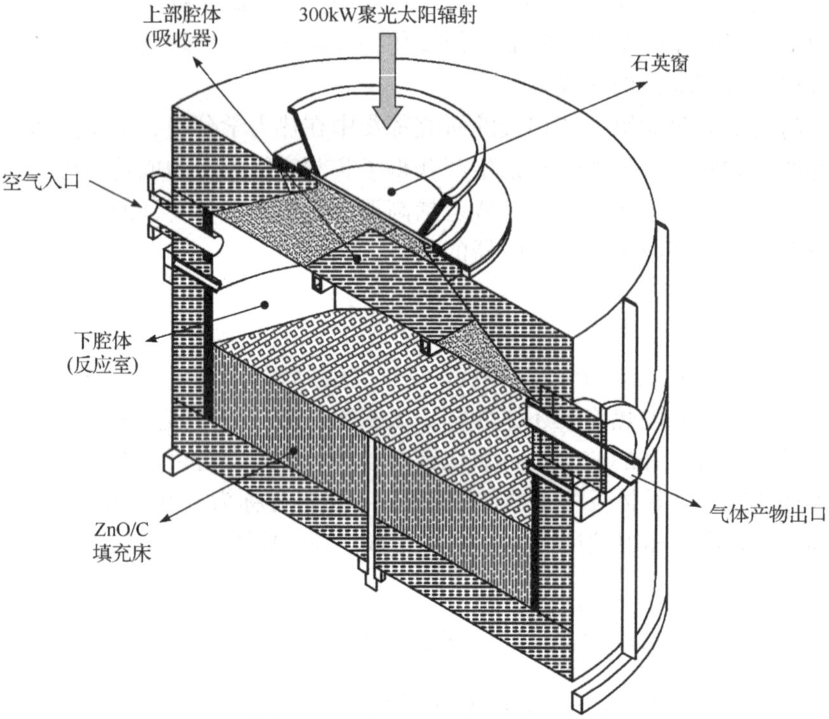

图 5-20　用于碳热还原氧化锌的 300kW 双腔太阳能反应器

3. *危险废弃物的回收*

瑞士保罗谢勒研究所对太阳能驱动危险废弃物(电弧炉粉尘和汽车破碎残余物)的回收进行了研究。基于热力学分析，太阳能驱动电弧炉粉尘碳热和甲烷热还原反应的㶲效率分别为 67%和 69%。汽车破碎残余物还原反应的㶲效率为 87%。在此基础上，搭建了如图 5-21 所示的 10kW 双腔反应器并对电弧炉粉尘和汽车破碎残余物中的金属进行回收。该反应器具有两个串联的空腔，内腔是一个石墨外壳，带有一个石英窗，聚光太阳辐射从此处进入反应器，该内腔被用作太阳能接收器、辐射吸收器和辐射发射器。外腔是包含内腔的绝缘良好的外壳，受到来自内腔的热辐射，被用作反应室。在 1120～1400K 的温度范围内，以间歇和连续运行模式对电弧炉粉尘进行还原，间歇和连续运行模式下废弃物中锌的回收率分别为 99%和 90%。

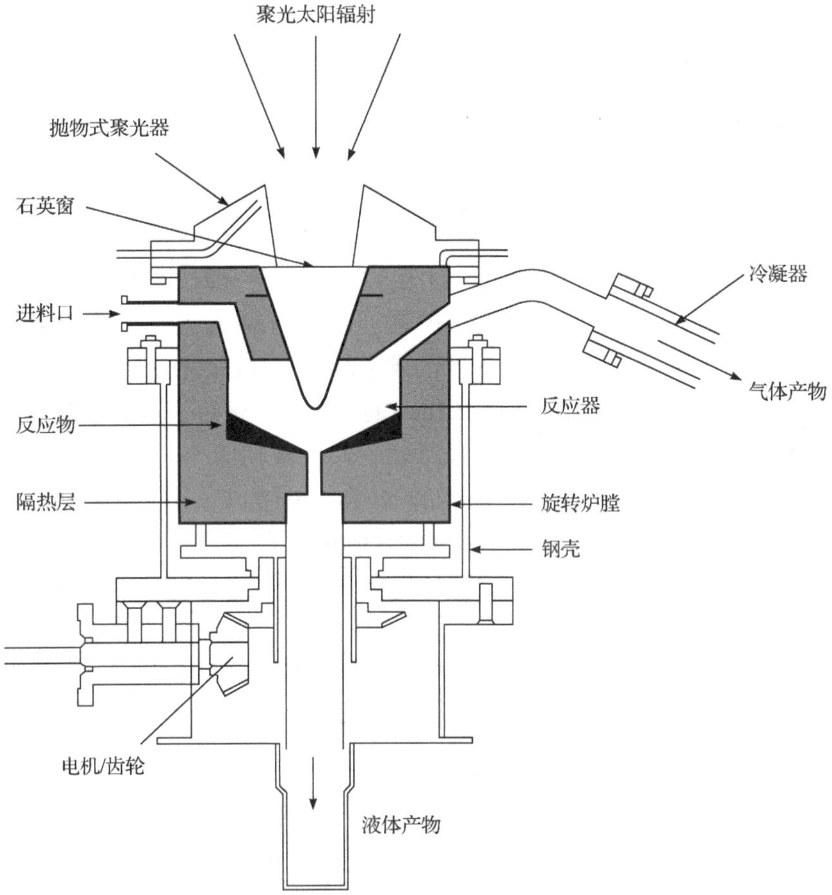

图 5-21　太阳能驱动危险废弃物回收反应器

5.5.5　太阳能驱动碳化物、氮化物和纳米材料的生产

1. 碳化物和氮化物的生产

太阳能驱动金属氮化物水解制备氨通常以两步法进行，这两个反应步骤绕过了高能耗的氢气生产，同时使用聚光太阳能作为反应热源，显著减少了化石燃料燃烧带来的二氧化碳排放，经济性良好。现有研究对一系列氮化物水解产生氨的过程进行了实验测试。其中，铁、铬、硼和硅的氮化物水解过程中氨的生成速率较低，因此不是太阳能驱动金属氮化物水解制备氨的合适材料。铝、锂、钙、钛、锆、镁的氮化物在水解过程中氨的生成速率较快。氮化铝的水解反应在 1000℃以上发生，1200℃时氨的生成速率最大，为 0.16mmol/(min · g)，但氨的产率一般，为 1.1mmol/g，这可能是因为氨在高温下分解。同样地，氮化钛和氮化锆在高温下进行氨生产，在 1000℃时氮化钛水解生成氨的速率最大，为 3.4mmol/(min · g)，氨的产率为 4.1mmol/g。在 750℃时氮化锆水解生成氨的速率最大，为 34.2mmol/(min · g)，氨的产率为 12.3mmol/g。氮化锂、氮化钙和氮化镁的水解是放热过程，因此需要低温(约 200℃)才能实现氨的完全转化，氨的产率分别为 5.9mmol/g、4.9mmol/g 和 18.6mmol/g。

因此，太阳能驱动金属氮化物水解制备氨具有可行性，今后的工作重点将是在高温条件下利用聚光太阳能驱动金属氮化物产生氨的再生问题。

2. 纳米材料的生产

在 50kW 的太阳能反应器上用高通量太阳辐射烧蚀石墨样品合成富勒烯的技术进行实验，生产克级的富勒烯。太阳能反应器如图 5-22 所示，它由一根金属管(长度为 40cm，直径为 13cm)组成，前端由一个石英圆顶封闭。反应器是一根长度为 10～15cm、直径为 6cm 的石墨棒，周围有一个绝缘石墨保护管。碳棒的前端直接暴露在辐射通量约为 8MW/m^2 的集中太阳辐射下而汽化。蒸发的碳被缓冲气流(氦气)夹带，在碳棒后面的冷却区冷却形成富勒烯。该过程在 0.13～0.5bar 的总压力下运行，从反应器、热交换器和过滤器中收集冷凝碳样品。碳的蒸发率为 21g/h，平均富勒烯产率为 13.5%。同样的反应器装置也用于生产单壁碳纳米管。在 2at%的 Ni 和 2at%的 Co 作为催化剂，氦气和氩气作为缓冲气体，以及 450hPa(1hPa=0.01kPa)和 3300K 条件下，通过该反应器实现了单壁碳纳米管的批量生产，但缓冲气体和目标长度会影响产品中单壁碳纳米管的量。

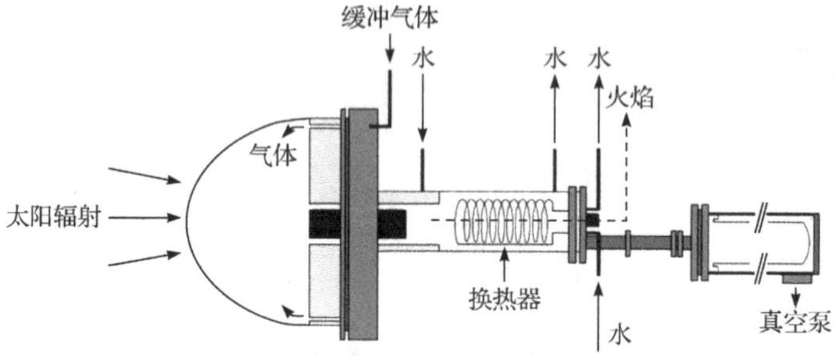

图 5-22　用于生产碳富勒烯的 50kW 太阳能反应器

5.5.6　太阳能驱动材料加工及化学品生产的发展前景

太阳能驱动材料加工及化学品生产利用聚光太阳能产生的高能量为加工过程以及化学品生产过程中一系列吸热化学反应提供能量，可以有效解决材料加工和化学品生产过程中的高能耗和高排放问题，受到了诸多关注。

就目前研究而言，太阳能驱动在水泥和石灰生产和金属冶炼领域具有较好的应用前景。采用聚光太阳能为 $CaCO_3$ 的煅烧过程提供能量，可以有效替代化石燃料，达到节能减排的目的。在煅烧反应器中，将流化床反应器与氢气或生物甲烷供能相结合，可以实现太阳能流化床反应器 24 小时运行，具有良好的前景。在冶金领域，太阳能驱动锌生产技术展现出可观的应用潜力，其工艺可行性目前已通过中试规模试验验证。然而在产能输出、碳化物生成控制及工艺稳定性等关键技术环节仍存在瓶颈，亟待开展系统性优化研究。

本 章 小 结

本章主要介绍了四种太阳能热化学储能技术(即太阳能驱动的 H_2O/CO_2 分解、太阳能驱动的含碳物料热解/气化、太阳能驱动的甲烷裂解/重整以及太阳能驱动的材料加工和化学品生产)的基本原理以及重点研究方向。这些技术的核心是利用太阳能作为清洁能源，通过热化学反应实现能源的转换和储存，进而推动可再生能源的大规模应用。

由于聚光太阳能提供的高温工作环境，为保证太阳能热化学反应在高温下稳定运行且使反应物充分利用太阳辐射实现高效转化，针对每种技术特性开发出了各种功能各异的太阳能反应器。此外，根据不同太阳能热化学转化技术的反应特性，开发功能性材料和高效催化剂对技术发展同样意义重大。太阳能驱动的 H_2O/CO_2 分解技术重点研究高效的催化剂和载氧体材料，旨在提高能量转换效率并降低成本。对于太阳能驱动的甲烷裂解/重整技术而言，需要开发高效、低成本的催化剂体系以实现氢气的高效生产。

太阳能热化学技术的优点包括可再生性、高效性、灵活性、大容量储能、低成本和环保性。这些技术能够减少对化石燃料的依赖，降低碳排放，应对气候变化，并有助于实现能源的可持续发展。然而，它们也面临一些挑战，如高温下的材料稳定性、能量转换效率的提升、反应器的设计与优化、系统集成以及规模化应用的技术和经济障碍。因此，开发太阳能热化学技术具有重要意义，它们不仅有助于解决能源危机和环境问题，还能推动能源转型，实现清洁能源的高效利用，为未来能源储存和供应提供新的解决方案。

习　题

1. 简述太阳能热化学储能技术的基本原理，以及其在可持续能源领域的应用前景。
2. 太阳能聚光方式有哪些？特点分别是什么？
3. 太阳能热化学反应器根据辐射接收方式可分为哪几种类型？并简述每种反应器在实际应用中的优缺点。
4. 简述太阳能驱动 H_2O/CO_2 热化学循环法分解的基本原理。并说明相较于直接热分解法有何优势。
5. 太阳能驱动 H_2O/CO_2 分解技术中常用的载氧体材料有哪些类型？其合成方式有哪些？
6. 太阳能驱动含碳物料热解/气化技术相较于常规热解/气化技术有哪些优势？
7. 太阳能甲烷重整/裂解反应制氢工艺主要有哪些？其基本反应原理是什么？
8. 简述太阳能驱动甲烷裂解反应与常规甲烷裂解反应的区别。
9. 最常见的太阳能驱动甲烷制合成气反应器是哪种？写出其结构和工作原理。
10. 简述太阳能驱动碳化物、氮化物生产的反应原理及应用场景。
11. 用于驱动 $CaCO_3$ 煅烧的太阳能反应器的相同点和不同点。

第 6 章　多能互补储能系统

6.1　多能互补储能的必要性

多能互补是一种能源政策，旨在按照不同资源条件和用能对象，采取多种能源互相补充的方式，以缓解能源供需矛盾，合理保护自然资源，并促进生态环境的良性循环。这一政策的核心思想是利用不同能源资源之间的互补性和可替代性，通过优化利用多种能源资源，实现能源转换和互补，从而提高能源利用效率，减少对传统能源的依赖，并促进能源结构的多样化。在全球能源紧缺和环境问题日益严峻的背景下，多能互补政策对于实现可持续发展和能源安全具有重要意义。多能互补储能的必要性主要体现在以下几个方面：①提升能源系统的灵活性和稳定性。多能互补储能系统能够平衡多种能源之间的供需关系。由于不同能源(如太阳能、风能等)的供应具有间歇性和波动性，储能技术可以在能源充足时储存多余的能量，在能源短缺时释放储存的能量，从而确保能源供应的稳定性和连续性。在电网故障或自然灾害等突发事件发生时，储能系统可以作为紧急备用电源，迅速响应并保障关键负荷的供电，提高能源系统的应急响应能力。②促进可再生能源的消纳和利用，解决可再生能源的间歇性和波动性问题。可再生能源如太阳能和风能受自然条件影响较大，发电具有间歇性和波动性。储能技术可以有效地解决这一问题，通过储存和释放能量，使可再生能源的供应更加平稳和可靠，从而提高可再生能源的利用率。③提高可再生能源的并网比例。随着可再生能源装机容量的不断增加，其并网比例也越来越高。储能技术可以帮助解决可再生能源并网带来的电网稳定性问题，提高电网对可再生能源的接纳能力。④提高能源利用率和经济性。储能系统可以在用电高峰时段释放能量，在用电低谷时段储存能量，从而实现电能的削峰填谷，减轻电网的负荷压力，提高电网的运行效率。通过优化储能系统的配置和运行策略，可以降低储能系统的建设成本和运行成本。同时，储能系统还可以减少对传统能源的依赖，降低能源生产和消费的总体成本。⑤推动能源转型和可持续发展、促进能源结构优化。多能互补储能系统有助于推动能源结构的优化和多元化发展。通过整合多种能源资源并配置储能设施，可以构建更加灵活、可靠和高效的能源系统，降低对单一能源的依赖风险。

综上所述，多能互补储能的必要性在于提升能源系统的灵活性和稳定性、促进可再生能源的消纳和利用、提高能源利用率和经济性以及推动能源转型和可持续发展、促进能源结构优化。这些优势使得多能互补储能成为未来能源发展的重要方向之一。

6.2　多能互补储能系统的技术原理

多能互补储能系统技术主要是利用储能器件(如电池、超级电容器、飞轮等)在能量密度、充放电速度、寿命、使用范围等方面具有不同特点，将各种储能器件进行优化组合(图 6-1)，以期满足特定需求。多能互补储能系统能够有效地解决单一储能技术存在的缺陷，综合利用各种储能技术的优势，实现能量的高效、安全储存，为新能源发电提供有效的补充，以提高电网的稳定性和经济性。不同类型的储能器件具有各自的特点，例如，电池具有较高的能量密度但充放电速度较慢，超级电容器充放电速度快但能量密度低。通过组合不同类型的储能器件，可以弥补单一储能技术的劣势，提高系统的整体性能。

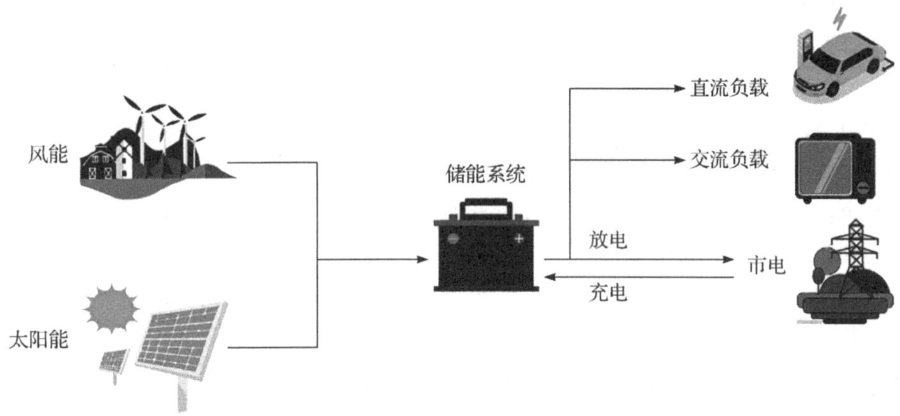

图 6-1　多能互补储能系统示意图

多能互补储能系统通常包括风能、太阳能、电能等可再生能源，通过合理配置和利用这些能源，可以有效地减少化石能源的消耗和二氧化碳的排放。同时，储能系统可以有效地应对可再生能源发电的随机性和波动性问题，提高电网的稳定性和经济性。此外，多能互补储能系统还可以根据需求对储存的能量进行调度和使用，提高能源的利用率，降低运营成本。同时，该系统还可以根据需求对储存的能量进行调度和使用，解决能源供需之间的矛盾，提高能源的安全性。

6.2.1　多能互补储能系统的技术组成

多能互补储能系统的技术组成通常包括以下几个核心部分。

1. 能源输入端

能源输入端包括各种可再生能源的收集和输入设备，如风力发电机、太阳能光伏板、生物质能发电设施、地热能转换设备等。这些能源根据其特性，在不同时间段和不同天气条件下提供能源。这些能源主要包括以下几种。

(1) 风能：通过风力发电机将风能转换为电能。风力发电机通常安装在风力资源丰富的地区，如开阔的平原、海边或山区。

(2) 太阳能：利用太阳能光伏板将太阳光能转换为电能。太阳能光伏板可以安装在屋顶、地面或专门的光伏发电场。

(3) 生物质能：通过生物质发电设施，如生物质锅炉、生物质气化炉等，将生物质能(如农业废弃物、林业副产品等)转换为热能或电能。

(4) 地热能：利用地热发电设施将地热能转换为电能。地热发电站通常建立在地下热源附近，如间歇泉(geyser)或火山地区。

(5) 水能：通过水轮机将水能转换为电能。水能发电通常利用河流、湖泊或水库的水流，或通过潮汐能和波浪能发电。

2. 储能装置

在多能互补储能系统中，储能装置是关键的组成部分，它负责储存和调节能量，以平衡供需之间的差异。储能装置的类型多种多样，包括以下几种。

(1) 机械储能。这种储能方式通过机械装置将能量以物理形式储存起来，可以在需要时释放，主要包括以下几种。

① 抽水蓄能：利用水的势能储存能量，需要在有水资源的地方建设上下两个水库，低水头时抽水至上水库，高水头时放水至下水库发电。

② 压缩空气储能：通过压缩空气并将压缩空气储存于地下室或特殊容器中，需要时释放压缩空气驱动发电机发电。

③ 飞轮储能：利用高速旋转的飞轮储存能量，当有能量需求时，飞轮减速，释放储存的动能转化为电能。

(2) 化学储能。这种储能方式通过化学反应储存和释放能量，电池储能是其中最常见的形式。

① 锂离子电池：广泛应用于便携式电子设备和电动汽车中，也越来越多地用于储能系统。

② 铅酸电池：传统的储能设备，成本较低，但能量密度和循环寿命相对较低。

③ 液流电池：使用液体电解质，能够提供更高的功率密度和更长的使用寿命。

④ 钠硫电池：具有高能量密度和长寿命的特点，但需要特殊的容器来容纳高温的硫磺溶液。

(3) 热能储能。这种储能方式通过吸收和释放热量来储存能量，主要包括以下几种。

① 显热储能：通过物质温度升高来储存热能，如热水储存在大型水箱中。其优点是技术成熟、成本较低，但储能密度相对较低。

② 潜热储能(相变储能)：利用物质在相变过程中吸收或释放大量热能来储存热能，如熔盐或水合物作为相变材料。这种储能方式具有较高的储能密度，但材料成本较高且设备要求严格。

③ 热化学储能：利用化学反应来储存热能，如可逆的氧化还原反应。其储能密度高、热损失低，但工艺复杂，目前仍处于示范阶段。

储能装置的选择取决于多种因素，包括系统的规模、所需的能量和功率、成本、技术成熟度以及地理和环境条件。在多能互补储能系统中，不同类型的储能装置可以相互补充，以实现最佳的能源管理和优化。例如，抽水蓄能可以在长时间尺度上储存能量，而电池储能则适用于更短的时间尺度。通过合理配置储能装置，可以提高能源系统的灵活性和可靠性，同时优化成本和性能。

3. 能量转换设备

在多能互补储能系统中，能量转换设备是连接能源输入端和储能装置的重要桥梁，它负责将一种形式的能量转换为另一种形式，以便更好地储存或使用。以下是几种常见的能量转换设备。

(1) 风力发电机到电能的转换。风力发电机通过旋转的风轮驱动发电机转动，将机械能转换为电能。

(2) 太阳能光伏板到电能的转换。太阳能光伏板中的半导体材料在太阳光照射下产生电子，将光能转换为电能。

(3) 生物质能到电能或热能的转换。生物质能可以通过生物质锅炉或生物质气化炉转换为热能，再通过热能发电机转换为电能；或者直接通过生物质燃料电池将生物质能直接转换为电能。

(4) 地热能到电能的转换。地热发电站中的地热蒸汽或热能被用来驱动涡轮机，进而驱动发电机产生电能。

(5) 水能到电能的转换。水轮机利用水流的动力驱动旋转，将机械能转换为电能。

能量转换设备的关键作用是提高能源的利用效率，确保可再生能源在转换过程中损失最小化，并适应不同能源特性和需求。此外，这些设备还需要具备一定的灵活性和稳定性，以适应能源供应和需求的变化。在多能互补储能系统中，能量转换设备的优化和集成对于实现系统的高效、稳定运行至关重要。

4. 智能控制系统

多能互补储能系统的智能控制系统是整个系统的“大脑”和指挥核心，它负责监控、分析和控制能源生产、储存和使用的情况，以实现能源的高效管理和优化。智能控制系统的主要功能包括以下方面。

(1) 监控与数据采集。系统通过传感器、遥测设备和监测仪器实时收集各种能源的生产、储存和使用数据，以及外部能源市场和需求的变化信息。

(2) 数据分析与预测。智能控制系统利用数据分析与预测算法，对收集到的数据进行处理和分析，预测能源需求和供应的变化趋势，为能源管理提供决策支持。

(3) 优化控制与调度。根据能源需求和供应的实时变化，智能控制系统自动调整储能装置的充放电策略，优化能源的分配和使用，确保供需之间的平衡。

(4) 响应市场和需求侧管理。系统可以根据市场价格和需求侧管理的需求，调整能源生产和消费策略，参与能源市场的交易和需求响应活动。

(5) 故障检测与维护管理。智能控制系统能够实时检测系统运行中的故障和异常情况，并发出警报，协助进行故障排除和维护管理。

(6) 用户互动与服务。系统提供用户接口，允许用户查询能源使用情况，设置个性化能源消费需求，并提供能源管理建议和服务。

智能控制系统通常基于先进的计算机技术、通信技术和人工智能算法，如机器学习、大数据分析、云计算和物联网技术。通过这些技术的应用，智能控制系统能够实现对多能互补储能系统的实时监控、智能调度和优化控制，提高系统的运行效率和能源利用效率，降低运营成本，并提升用户体验。

5. 辅助服务设施

在多能互补储能系统中，辅助服务设施是支持系统稳定运行和提高能源利用效率的关键组成部分。这些设施主要包括以下几种。

(1) 备用电源。在可再生能源供应不足或系统出现故障时，备用电源能够提供稳定的电力供应，确保关键负载的连续运行。备用电源可以是柴油发电机、天然气发电机或其他形式的应急电源。

(2) 调节设备。这些设备用于调整系统中的能量流，以适应负载变化和能源供应的不稳定性。例如，在风能和太阳能发电中，逆变器用于将直流电转换为交流电，并根据电网需求调节电压和频率。

(3) 频率转换器。在涉及不同电压或频率的能源输入时，频率转换器能够将不同格式的能量转换为统一的格式，以便于系统的统一管理和使用。

(4) 储能管理系统(EMS)。EMS 负责监控和管理储能系统的充放电过程，确保储能设备的安全、高效运行。它能够优化能量的分配，提高系统的响应速度和灵活性。

(5) 保护装置。保护装置包括断路器、熔断器、继电器等，用于在系统出现故障或异常情况时切断电源，保护人员和设备的安全。

(6) 通信监控系统。通信监控系统确保系统与外部电网或管理系统的通信，实时监控系统状态，以及远程控制和数据记录功能。

辅助服务设施的设计和配置需要考虑系统的具体需求、运行环境和预期目标。通过合理配置和使用这些辅助服务设施，可以提高多能互补储能系统的可靠性和稳定性，确保系统在各种条件下都能够高效、安全地运行。

6. 用户接口与通信监控系统

多能互补储能系统的用户接口是系统与最终用户之间的交互界面，它为用户提供了一个平台，以便他们能够查询能源使用情况、设置个性化能源消费需求，并获得能源管理建议和服务。通信监控系统是确保系统稳定运行和高效管理的关键组成部分，它负责实时监控系统状态，并保证系统与外部电网或管理系统的通信，以便及时调整和优化系统运行。用户接口与通信监控系统的主要功能包括以下几方面。

(1) 能源使用监控。用户可以通过用户接口查看实时或历史能源使用数据，包括电能、热能和其他形式的能源使用情况。

(2) 个性化设置。用户可以根据自己的需求和偏好，通过用户接口设置个性化能源消费策略，如设定电价敏感度、调整供暖和制冷温度等。

(3) 能源管理建议。系统通过分析用户能源使用数据和市场信息，为用户提供节能减排和成本节约的建议。

(4) 远程控制。用户可以通过用户接口远程控制家用电器、供暖系统和其他能源设备，实现智能家居或智能建筑的能源管理。

(5) 故障和维护通知。系统会通过用户接口向用户发送故障警报和维护通知，提醒用户及时处理系统故障或进行设备维护。

(6) 数据安全和隐私保护。用户接口需要确保用户数据的保密性和安全性，防止未授权访问和数据泄露。

多能互补储能系统的用户接口通常采用直观的图形用户界面(GUI)和用户友好的设计，以提高用户体验和系统的易用性。此外，用户接口还可以集成移动应用或Web应用程序，以便用户在任何地点通过智能手机、平板电脑或计算机访问系统。通信监控系统能够实现对系统的实时监控、智能调度和优化控制，提高系统的运行效率和能源利用效率，降低运营成本，并提升用户体验。此外，通信监控系统还能够帮助系统更好地适应外部环境的变化，如市场需求、政策法规和技术进步等。

6.2.2　多能互补储能系统的应用场景

在不同的应用场景中，多能互补储能系统可以发挥其独特的作用和优势。在偏远地区或岛屿，多能互补储能系统可以有效地整合当地的可再生能源资源，如风能、太阳能等，并通过储能装置平衡供需，为用户提供稳定的电力供应；在商业和住宅建筑中，多能互补储能系统可以整合屋顶光伏、太阳能热水系统、地热能等多种可再生能源，通过储能装置实现能源的自给自足，减少对公共电网的依赖，并降低能源成本；在电网中，多能互补储能系统可以作为辅助服务设施，提供频率调节、备用电源等支持服务，帮助平衡供需，提高电网的稳定性和可靠性；在工业领域，多能互补储能系统可以整合可再生能源和储能装置，为工业生产提供稳定的能源供应，减少对化石能源的依赖，降低碳排放和环境污染；在农业和畜牧业中，多能互补储能系统可以提供稳定的电力和热能供应，支持灌溉、温室大棚、畜牧养殖等多种应用，提高农业生产效率和畜牧业养殖水平。

此外，多能互补储能系统可以整合可再生能源和储能装置，为电动汽车充电站提供稳定的电力供应，支持电动汽车的快速发展。在自然灾害或紧急情况下，多能互补储能系统可以作为备用电源，为关键基础设施和救援设施提供稳定的电力供应，保障救援工作的顺利进行。

多能互补储能系统的应用场景非常广泛，随着可再生能源技术的发展和储能技术的进步，其应用范围将不断扩大，为人类社会的可持续发展提供更加清洁、高效、稳定的能源供应。

6.2.3　多能互补储能系统的发展前景

多能互补储能系统结合了风能、太阳能、水能、生物质能等多种可再生能源，通过储能装置平衡供需，为用户提供稳定、高效的能源供应，具有多种优势和发展前景。首先，多能互补储能系统可以提高能源利用效率。通过整合多种可再生能源，系统可以在不同时间尺度上产生组合优势，更好地匹配系统需求，实现不同能源品种之间的互补和协调。这不仅提高了能源的综合利用效率，还有助于降低能源消耗和成本。其次，多能互补储能系统可以增强系统稳定性。储能装置可以在可再生能源发电高峰期储存能量，在需求高峰或可再生能源发电低效期释放能量，平衡供需之间的差异，提高系统的稳定性和可靠性。这有助于确保能源供应的稳定，减少因能源供应不足或过剩而带来的风险和损失。此外，多能互补储能系统通过储能装置和智能控制系统，可以根据外部环境的变化和用户需求，灵活调整能源的供应和分配，提高能源供应的适应性。

随着技术的进步和规模化应用，多能互补储能系统的成本逐渐降低，有助于降低能源成本，提高能源的可及性和可负担性。多能互补储能系统与智能电网和智能能源管理系统相结合，可以支持电网的现代化和智能化发展，提高电网的运行效率和可靠性。多能互补储能系统可以减少对化石能源的依赖。以可再生能源为主，可以降低碳排放和环境污染，有助于实现能源结构的转型和低碳经济的发展，为可再生能源提供了一个稳定、高效的利用平台，有助于促进可再生能源的快速发展和规模化应用，这对于应对气候变化和环境保护具有重要意义。随着可再生能源技术的发展，多种可再生能源的利用将更加广泛和高效。储能技术，特别是新型储能技术，如电池储能、抽水蓄能、压缩空气储能等，将不断成熟和商业化，为多能互补储能系统的发展提供技术支持。此外，智能控制系统、物联网、大数据分析等先进信息技术的应用，将进一步推动多能互补储能系统的智能化和优化管理。

在全球范围内，许多国家和地区都在积极发展多能互补储能系统。例如，欧洲的一些国家正在推广“能源岛”项目，通过整合多种可再生能源和储能技术，为岛屿和偏远地区提供稳定的能源供应。美国、中国等国家的政府和企业也在大力发展多能互补储能系统，以促进能源结构的转型和实现低碳经济目标。

综上所述，多能互补储能系统具有多重优势和发展前景。随着技术的进步和应用的扩展，多能互补储能系统将在全球范围内发挥越来越重要的作用，为人类社会的可持续发展提供更加清洁、高效、稳定的能源供应。

6.3　多能互补储能系统的分类

6.3.1　光/电协同催化转化储能

光/电协同催化转化储能目前主要集中在产氢、碳高值转化等方面。以下主要从产氢和碳高值转化的原理、发展现状、相关应用和发展前景进行光/电协同催化转化储能的总结。

光/电协同催化转化储能

1. 光/电协同催化转化储能的基本原理

1) 光/电协同分解水产氢原理

光/电催化(photoelectrocatalytic，PEC)水分解反应可以利用太阳光驱动将水转变为洁净且可储存的燃料——氢气(具体详见图 6-2)。水分解反应主要由水氧化和水还原两个半反应组成，在太阳能驱动光电催化水分解体系中，水氧化析氧反应发生在光阳极上，而质子或水还原产氢反应发生在光阴极(或阴极电极)上。对于光电极而言，捕光材料吸收太阳光产生光生电子和空穴，光生电子和空穴被光阳极用于氧化水析氧，而光生电子则被光阴极用于质子或水还原产氢反应。光/电催化水分解过程主要包括以下三个基本步骤。①光生载流子的生成：在光照射下，光电极吸收光子能量等于或大于禁带宽度的光，使价带(VB)上的部分电子被激发，跃迁至导带(CB)，产生光生电子和空穴；②载流子的分离和迁移：光生空穴和电子分别在电场的作用下分离并跃迁至光阳极和光阴极表面；③界面电荷转移并参与氧化或还原反应：光生电子和空穴分别注入电解质溶液完全相应的质子或水还原产氢反应(HER)。在光/电催化水分解过程中发生在光阳极和光阴极表面上的反应，同时在 pH=0、T=298K 时所对应的氧化还原电位如表 6-1 所示。

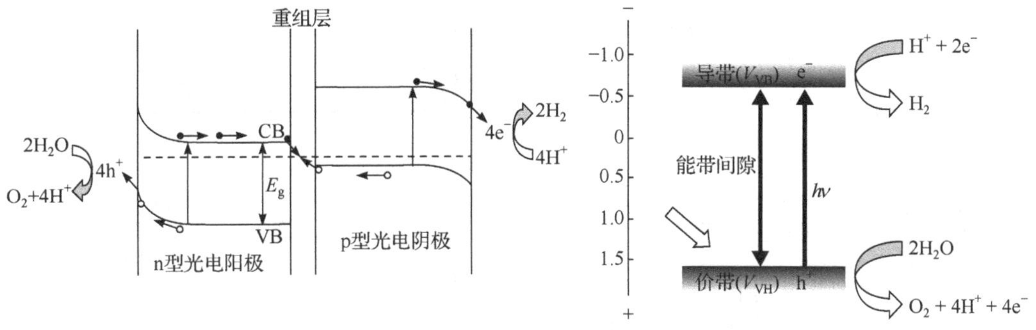

(a) 典型PEC分解水的工作原理示意图　　(b) 光照下全分解水的半导体的能带结构示意图

图 6-2　分解水的示意图

表 6-1　光/电催化水分解过程中发生在光阳极和光阴极表面上的反应及电位

条件	光阴极	光阳极
酸性	$2H^+(aq) + 2e^- \longrightarrow H_2(g)$	$H_2O(l) \longrightarrow 1/2O_2(g) + 2H^+(aq) + 2e^-$
碱性	$2H_2O(l) + 2e^- \longrightarrow H_2(g) + 2OH^-(aq)$	$2OH^-(aq) \longrightarrow 1/2O_2(g) + H_2O(l) + 2e^-$
298K 时标准氧化还原电位	$E^\ominus(H^+/H_2)$=0.00V *vs*. NHE	$E^\ominus(O_2/H_2O)$=1.23V *vs*. NHE

光电阳极或光电阴极表面：

$$催化剂 + h\nu \longrightarrow h^+ + e^- \tag{6-1}$$

2) 光/电协同催化二氧化碳还原高值产物原理

光/电协同催化 CO_2 体系通常由阴极、阳极和参比电极组成。根据电极类型的不同主要分为三种模式，如图 6-3(b)～(d)所示。在光电催化装置中，至少需要一个光电极来促进反应。图 6-3(b)为带有光电阳极和光电阴极的传统 H 形反应器。光电阳极半导体吸收能量高于其自身带隙的光子，随后产生电子-空穴对，电子从 VB 跃迁到 CB，空穴转移到光阳极的表面，参与氧化反应分解成氧气和质子。质子通过质子交换膜转移到光电阴极参与还原反应。光电阴极也发生类似的过程。最后，CO_2 在光电阴极的表面被光生电子以及溶液中的质子还原成各种高值产物，如 CO、CH_4、HCOOH、CH_3OH、C_2H_4、CH_3CH_2OH、CH_3COOH 等。

而要成功地将 CO_2 还原为碳产物，需要克服光/电化学还原 CO_2 过程的热力学和动力学障碍。

$$CO_2 + e^- \longrightarrow CO_2^{\bullet-},\quad E^\ominus = -1.90V \tag{6-2}$$

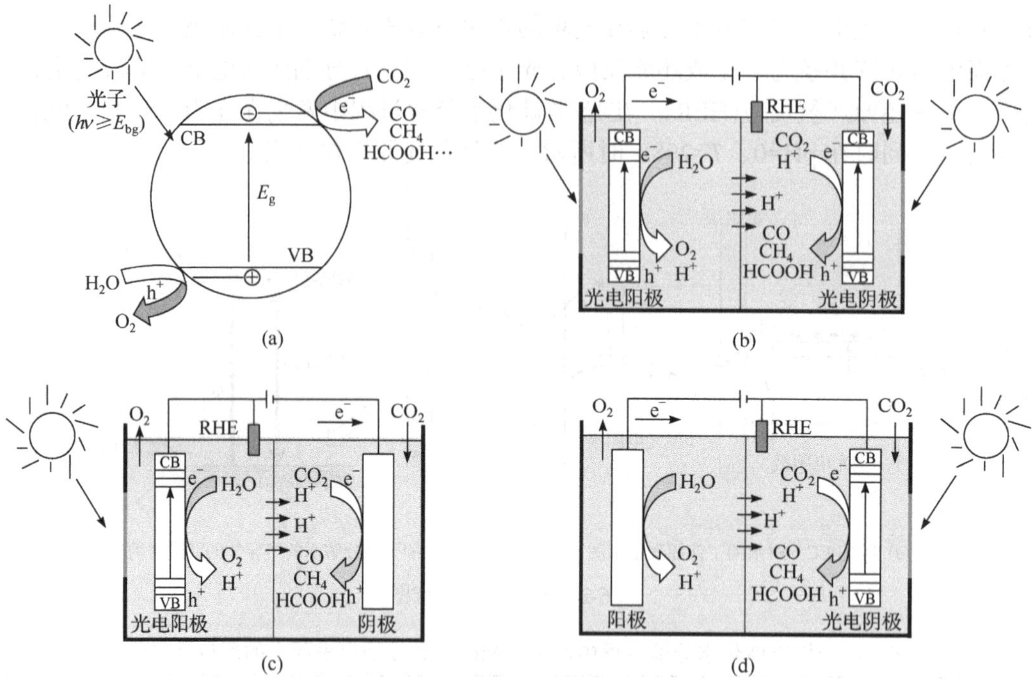

图 6-3　电极类型

(a)-光催化 CO_2 还原机理；(b)～(d)-传统 H 形反应器的电极分布类型

$$CO_2 + 2H^+ + 2e^- \longrightarrow CO + H_2O, \quad E^{\ominus} = -0.52V \tag{6-3}$$

$$CO_2 + 2H^+ + 2e^- \longrightarrow HCOOH, \quad E^{\ominus} = -0.52V \tag{6-4}$$

$$CO_2 + 4H^+ + 4e^- \longrightarrow HCHO, \quad E^{\ominus} = -0.61V \tag{6-5}$$

$$CO_2 + 6H^+ + 6e^- \longrightarrow CH_3OH + H_2O, \quad E^{\ominus} = -0.38V \tag{6-6}$$

$$2CO_2 + 12H^+ + 12e^- \longrightarrow CH_3CH_2OH + 3H_2O, \quad E^{\ominus} = -0.33V \tag{6-7}$$

$$CO_2 + 8H^+ + 8e^- \longrightarrow CH_4 + 2H_2O, \quad E^{\ominus} = -0.24V \tag{6-8}$$

$$2CO_2 + 14H^+ + 8e^- \longrightarrow C_2H_6 + 4H_2O, \quad E^{\ominus} = -0.27V \tag{6-9}$$

$$2CO_2 + 12H^+ + 12e^- \longrightarrow C_2H_4 + 4H_2O, \quad E^{\ominus} = -0.34V \tag{6-10}$$

$$2H^+ + 2e^- \longrightarrow H_2, \quad E^{\ominus} = -0.41V \tag{6-11}$$

式(6-2)为 pH=7、一个标准大气压、温度为 25℃、1mol/L 溶质时催化二氧化碳还原相对于标准氢电极的电化学还原电位(E^0)。二氧化碳是一种高度稳定的分子，CO_2 的单电子还原为 $CO_2^{\bullet-}$ 需要近 2eV 的自由能(式(6-2))，而质子辅助 CO_2 还原为碳氢或碳氧产物的方法显著降低了热力学能垒。式(6-11)表示二氧化碳还原竞争反应的热力学势，即 H^+还原为氢气。析氢反应(HER)作为主要的竞争反应会严重阻碍 CO_2 还原为前述高值产物的效率。

2. 光/电协同催化转化储能的研究现状及存在的问题

1) 光/电协同催化转化储能研究现状

(1) 光/电催化产氢的研究现状。

光/电催化产氢在近几十年间已有大量的研究并取得了一些突破性进展，并以半导体型催化剂的研发为主。目前研究较多的催化剂类型主要有：基于金属氧化物的产氢光阴极(NiO、Cu_2O、CuO、$CaFe_2O_4$等)、基于硫化物和硒化物的产氢光阴极($CuIn_xGa_{1-x}SSe_2$、$Cu_2ZnSnSSe_4$等)、基于镓、铟磷化物的产氢光阴极(GaP、$GaInP_2$和InP等)、基于硅的产氢光阴极(平面硅、硅纳米线、硅微米棱锥、含 pn+结的硅)。除此之外，研究人员还通过调控界面结构和性质来提高光电转换效率和催化活性。已有的研究开发出了太阳能电池、光电极等，通过不断地改进这些器件的性能以提升其能量转换效率及稳定性。光/电协同催化产氢技术在可再生能源生产、燃料电池等领域存在着巨大的潜力，在该领域研究发展的过程中不断涌现出新材料、新器件和新机制为实现高效清洁能源转化提供了新的思路和途径。

(2) 光/电协同催化二氧化碳还原高值产物的研究现状。

光/电系统催化技术可以有效提升载流子的分离效率，从而提高催化反应速率。光/电系统催化技术可以在较低的过电位下，实现多电子、质子向CO_2的转移，进而在阴极上得到CO_2的还原产物。在外电场的作用下，光催化剂能带弯曲形成异质结，有助于光电子的定向转移，减少光生电子-空穴复合率，从而可以大大提高光催化剂的氧化还原能力。光/电催化CO_2还原系统主要有三类：①p 型半导体光阴极+暗阳极；②n 型半导体光阳极+暗阴极；③n 型半导体光阳极+p 型半导体光阴极。在光催化CO_2还原体系中，阳极室发生析氧反应，而阴极发生CO_2还原反应。众多研究者分别从光吸收强化、载流子分离强化、界面反应强化等进行了非常系统细致的研究，且实现了高值产物的选择性及产率的大幅提升。

2) 光/电协同催化转化储能存在的问题

(1) 光/电协同催化产氢存在的问题。

首先，光/电协同催化水分解反应的先决条件是电极捕光材料对太阳光的高效吸收利用，因此必须研发和利用新型半导体宽光谱吸光材料。其次，要实现水的全分解反应，光阴极与光阳极的光吸收能力、能带结构和光电催化活性等方面必须进行匹配，光阴极和光阳极的工作电解质必须兼容。光电极所采用的半导体多数为窄带隙材料，尤其是硅基光电极，电极表面与电解质溶液接触时，材料表面容易被腐蚀，使半导体光电极很难实现长时间保持高的产氢活性，同时，虽然近年来对于光电催化水分解产氢和产氧的研发已经取得了长足的进展，但在实现规模化生产和使用方面仍存在许多技术难题亟待解决。

(2) 光/电协同催化二氧化碳还原高值产物存在的问题。

CO_2还原为碳氢和碳氧化合物的平衡电位都比较接近，导致CO_2还原产物的选择性较低，并且这些含碳产物的平衡电位与产氢的平衡电位(式(6-11))比较接近，这进一步降低了CO_2还原产物的选择性。同时结合已有的报道，可以看到光电阴极都存在太阳能转换效率(STF)低、产物选择性不受控制、长期稳定性差以及 CO_2还原与氢气释放(HER)

之间的竞争等问题。因此，实现高的能量转换效率和目标产物的选择性是当下光/电协同催化亟须解决的难题。

3. 光/电协同催化转化储能的发展前景

1) 光/电协同催化水分解产氢的发展前景

光/电协同催化水分解产氢在过去数年内发展迅速，在很多典型光阳极半导体材料(如 TiO_2、WO_3、$BiVO_4$、Fe_2O_3、Ta_3N_5)体系上的太阳能利用效率得到了很大的提高。研发的新型光阴极材料(如 Cu_2O、Sb_2Se_3、GeSe、Cu_2ZnSnS_4)在稳定性和高效性上也有了长足的进步，且部分材料以其独特的光电特性在光/电催化产氢方面显示出巨大的潜力。但是这些新材料目前仍然面临着成本高、效率低、放大化难等一系列问题。在接下来的研究中将会集中在以下几个方面：①利用地壳中含量丰富的材料构建具有宽光谱吸收范围和载流子寿命长的光电极；②通过改善光电化学池结构提高光电催化分解水制氢效率，解释和理解电极-电解质界面的机理是改进光/电协同催化水分解产氢系统的关键，而这需要对原位表征技术进行进一步的探索提升；③分子模拟方面目前虽然有一定的发展，但是大部分理论只能计算小的体系，体系能计算的原子数有限，而且模拟时间尺度也比较短，因此发展可用于计算较大体系的方法是今后理论研究的重点。

2) 光/电协同催化 CO_2 高值转化储能的发展前景

CO_2 作为目前主要的温室气体，高效、低能耗地将其转化为高值附加品是很有效的方式。与传统的热催化相比，光/电协同催化 CO_2 还原反应具有绿色、节能、环保的优点。总体而言，光/电协同催化 CO_2 还原反应仍存在不少问题亟待解决。光/电协同催化 CO_2 还原的反应机制目前仍不清晰，且缺乏有效的表征技术进行有针对性的机理研究。另外，大部分光催化剂都含有贵金属材料，因此设计和创制高效的非贵金属基或非金属基催化剂替代贵金属基催化剂，对未来光/电协同催化技术的工业推广具有十分重要的紧迫性。综上可知，光/电协同催化二氧化碳还原目前仍处于初级研究阶段，但是该技术为二氧化碳的绿色催化转化提供了一个很有前景的平台。光/电协同催化二氧化碳还原技术真正实现工业化生产还有很长的路要走，这需要广大的科研工作者在未来的研究中付出巨大的努力。

4. 典型案例——有机太阳能电池

有机太阳能电池采用有机半导体材料作为光催化剂，通过吸收光能产生电子-空穴对，进而实现能量转化。它具有制备简单、成本低等优势，因此具有广阔的应用前景。有机太阳能电池的主要优点之一就是柔性可折叠，然而，目前传统的氧化铟锡(ITO)电极与柔性基底黏合性较差，同时，基底在高温退火时容易发生形变，ITO 容易从基底上剥落，导致表面防阻增加，从而影响太阳能电池器件的性能。因此，开发具有柔性可折叠性能的透明电极一直是研究的热点。目前潜在可应用于柔性透明电极的材料主要包括导电高分子、石墨烯、碳纳米管、金属网格和银纳米线等。有机太阳能电池发展的瓶颈在于光电转化效率偏低。提高光电转化效率是有机太阳能电池研究的首要目标，也是其实现产业化的关键。因此，制备出高效率、低成本以及重现性良好的可溶解加工活性材料，是提高光电转化效率的基础。南开大学陈永胜团队设计了有机叠层太阳能电池，可以充分利用和发挥有机/高分子材料具有的结构多样性、太阳光吸收和能级可调节等优点，获得具有良好太阳光吸收互补的子电池活性层材料，从而实现更高的光伏效率。他们利用团队设计合成的系列寡聚小分子制备获得 12.7%的有机叠层太阳能电池。

6.3.2　光/热协同催化转化储能

光/热协同催化转化储能是一种综合利用光能和热能的催化技术，旨在提高化学反应的效率和产物选择性，并在能源转化、环境保护和可持续发展等领域具有广阔的应用前景。在光/热协同催化转化储能中，光能和热能协同作用，共同促进反应的进行。光能可以通过激发催化剂上的电子，降低反应所需的活化能。而热能则可以提供反应过渡态间转化的必要能量。通过光/热协同效应，可以实现对不同反应路径的调控，从而达到高效催化和产物选择性控制的目的。在光/热协同催化转化储能技术中，催化剂的选择十分关键。催化剂需要具有良好的光吸收性能，能够有效地吸收光能并将其转化为热能。同时，催化剂还需要具备良好的催化活性和稳定性，以保证催化反应的高效进行。

太阳能高效运输的有效途径之一是太阳能燃料，它是由太阳能驱动化学反应产生的合成燃料。太阳能燃料被认为是清洁能源运输最经济可行和有效的解决方案，并且可以以环境友好的方式大规模生产。太阳能转化为有用形式的途径有两种：太阳能热载流子(EHC)和光局域热能(LTE)。光催化是太阳能转化为 EHC 过程的一个例子，其中光照射用于激发光催化剂中的 EHC 进行化学反应。光热催化由于其前所未有的光捕获效率、优越的通量和温和的反应条件，已被提出作为传统光催化和热催化的有前途的替代方案用于能源转化和环境修复。该技术将太阳能介导的光化学过程和太阳光诱导的热催化过程集成在一个单元中，形成互补和协同效应。当催化剂材料吸收光时，会产生 EHC 直接参与化学反应，而未能参与的则会通过热化学转化为热量。因此，光热催化弥补了光催化和热催化的缺点，提高了反应选择性，降低了反应能垒。通过使用全光谱太阳光，光热催化将反应速率提高到工业水平,使其成为大规模生产太阳能燃料的有前途的解决方案。

光热催化与光催化的目的都是收集太阳能以引发化学反应，但在反应机理上与光催化完全不同。在这个过程中，当催化剂吸收光子时，它将太阳能转化为两个必不可少的部分：EHC 和 LTE。EHC 可以直接进入氧化还原反应中氧化物的最高已占据分子轨道(HOMO)和最低未占据分子轨道(LUMO)中，降低特定催化反应所需活化能。同时，热载流子冷却过程中产生的LTE可以用于克服光化学过程中阻止反应引发或加速反应动力学和光激发电荷动力学的能量障碍。这两个组分的参与使得光热催化比单一组分驱动的常规光催化和热催化过程更具优势。

图 6-4 是光热催化的基本原理，当光催化剂暴露在光下时，它吸收光子将电子从价带(VB)激发到导带(CB)，产生电子-空穴对。这些被激发的电子和空穴可以分离并移动到光催化剂的表面，在那里它们与表面吸附的分子参与氧化还原反应，如图 6-4(a)所示。这些热载流子能够驱动催化反应，只要它们的能量足以超过反应物分子的LUMO。然而，如果热载流子不能克服肖特基能垒或反应物分子的反键轨道(图 6-4(f))，热电子将通过欧姆阻尼释放能量并转移到声子模式，导致纳米金属及其周围环境的温度升高(图 6-4 (g))。

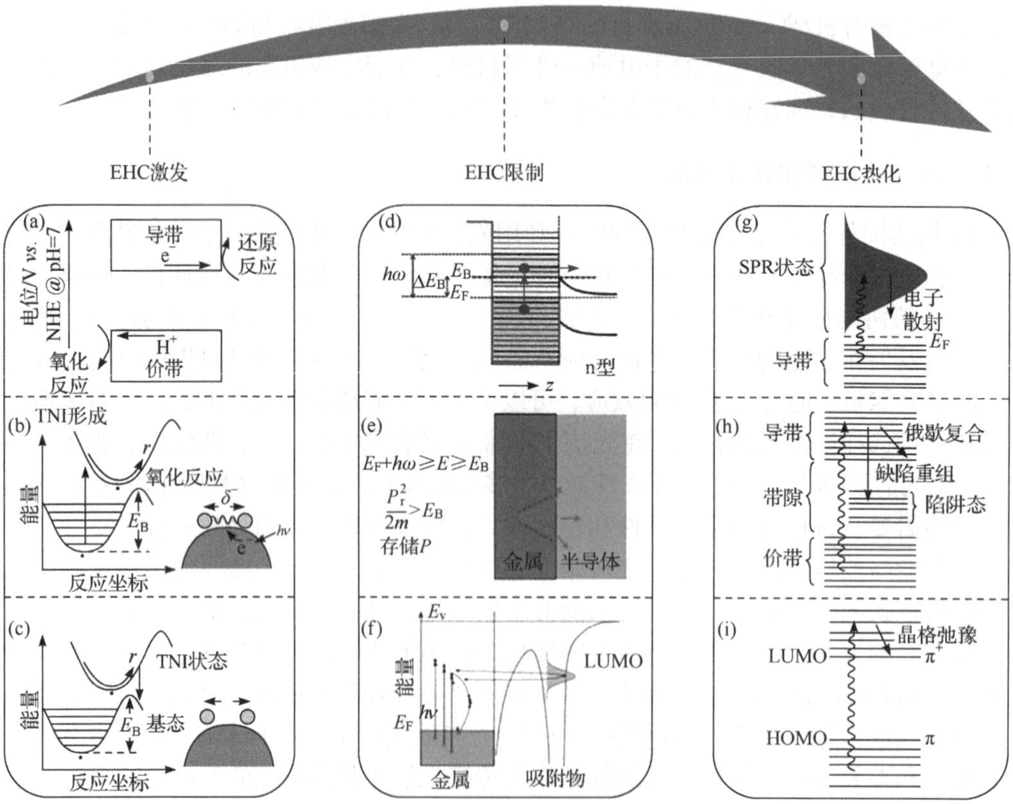

图 6-4　光热催化的基本原理

(a)～(c)-EHC 激发；(d)～(f)-EHC 进入反应物的 HOMO/LUMO 的限制；(g)～(i)-EHC 转化为热量

如图 6-5 所示，根据光热催化在不同类型的化学反应中的应用，将其分为液-固相反应(废水处理、水裂解产氢)、气-固相反应(甲烷干重整、二氧化碳加氢)、固-固相反应(塑料降解)。

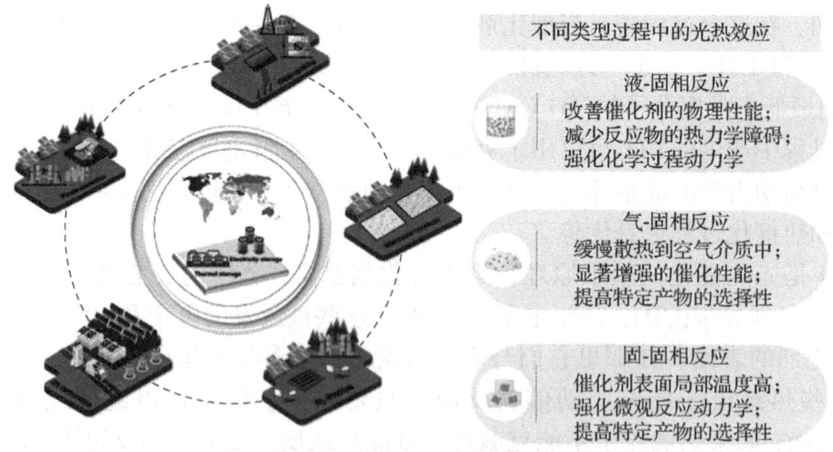

图 6-5　光热催化在不同类型的化学反应中的应用

1. 液-固相反应

光热催化分解水可以解决传统电催化或电催化分解水过程中能量损失或反应动力学缓慢的问题。近年来，江苏科技大学郭峰/施伟龙课题组报告了 $ZnIn_2S_4$ 纳米花表面包裹的核壳 Fe_3O_4@SiO_2 纳米颗粒的复合光催化剂，用于高效光热辅助光催化分解水制氢。在光热辅助下，最佳的 FO@SO/ZIS-0.4 样品显示出了异常的 H_2 产量，达到了 1258.5μmol/(g · h)。在该复合体系中，Fe_3O_4 作为热芯起着关键作用，其提供连续的热能来驱动催化反应。同时，SiO_2 具有提高 Fe_3O_4 温度和有效分离光热物质和光化学物质的双重作用。这种分离减轻了这些实体之间的电荷转移，从而提高了整体的催化性能。

2. 气-固相反应

1) NH_3 的合成和分解

光热效应即使在温和的条件下也能够为热力学上不利的反应提供足够的热能，从而避免苛刻的反应条件。福州大学戴文新研究员和付贤智院士团队在光/热协同催化 NO 还原产氨方面展开研究，报道了光热条件下 Cu/CeO_2 通过 NO-CO-H_2O 反应在温和条件下产生 NH_3。不同光强及不同波段的测试表明，可见光诱导 Cu 的 LSPR 效应增强了 NO-CO-H_2O 反应的活性和 NH_3 的选择性。LSPR 效应产生的热电子有利于中间产物 HCO_3*向 CO_2 的转化和 NH_3 的形成。

阿德莱德大学王少彬课题组设计了一系列多孔氮化碳负载过渡金属基单原子催化剂薄板，用于光催化 NH_3 分解制 H_2。此工作利用二氧化硅模板诱导的空间限域效应，将单原子金属(TMs-MCN、TM：Ni、Mn、Fe、Co、Cu)锚定在多孔氮化碳上，并通过将催化剂均匀涂覆在大尺寸玻璃基板上形成了催化剂薄膜面板，用于太阳光驱动的光催化氨分解制氢反应。在所有 TMs-MCN 中，优化 Ni 负载量的 Ni-1.4-MCN(即 1.4wt%)催化剂展现出高效的光催化氨分解性能，实现了 35.6μmol/(g · h)的 H_2 产率，比多孔氮化碳(MCN)高 14 倍。

2) CO 催化转化

传统的费-托合成通常在高温高压的条件下进行，高温反应加速积炭的生成和催化剂烧结，从而导致催化剂失活。如何在较温和的条件下实现费-托合成，一直以来是催化领域极具挑战的难题。

南京大学现代工程与应用科学学院钟苗课题组报道了等离激元金属碳化物担载铁基催化剂，可用于光热催化 CO 加氢制取低碳烃类。这项工作表明等离激元介导的表面化学有助于提高光热催化反应的活性。另外，通过浸渍法合成了间隙相金属碳化物担载的钴-铁基催化剂 Co-Fe/TiC。催化剂在 350～2500nm 光谱范围的吸收率达到 90%以上。Fe、Co 在 400℃反应条件下原位碳化形成 Co-Fe_5C_2，展现出良好的光热催化 CO 加氢产 C_{2+}烃类活性。在 12000mL/(g · h)的空速、350℃和 1.6W 光功率的氙灯(350～2500nm)照射下，CO 转化率达到 30%，C_{2+}选择性为 59%，其中，短碳链 C2—C3 的选择性为 32%，高于相同温度条件下暗环境中的性能。

北京工业大学孙再成教授课题组发现 XC-72R 负载钯催化剂在光照条件下表现出低温 CO 氧化催化活性。其采用一种简单的 PVA 保护还原法，制备了光催化 CO 氧化反应的 Pd/C 催化剂。光的引入显著提高了 CO 氧化的催化活性，并且随着光照强度的增加，催化性能逐渐增强。Pd/C 在 900mW/cm 的辐照下可在室温下实现完全转变。然而，不同负载量的 Pd/C 催化剂在相同的光照下具有相似的性能增强，表明 Pd 负载量不是提高光热催化活性的主要因素。机理表明，在光照条件下，Pd/C 的局部温度比催化剂温度高得多，红外波长对提高催化剂温度起着重要作用。由于碳载体具有良好的光热转换能力，其局部温度高于钯，因此可以作为一种微加热器来实现钯的原位加热。

3) CO_2 还原

利用可再生能源太阳能光催化还原 CO_2 技术以其无化石燃料消耗并可将 CO_2 转化为新燃料加以利用等优点而引起各国研究者的关注。

耶鲁大学王海梁教授成功设计出一种具有莲蓬状结构的 K^+-Co-C 催化剂，用于 CO_2 制 CO，其在光热 CO_2 加氢反应中表现出卓越的催化活性和近 100%的 CO 产物选择性。如此优异的性能可归功于紧密 Co/C 界面的高效热传输、丰富的 Co 催化位点，以及分级多孔碳基底内的热量产生与高效传质特性。

武汉理工大学李远志课题组制备了一种由氧化铝稳定的镍半金属催化剂，用于甲烷干重整。与传统金属镍纳米粒子截然不同，它对光驱动 DRM(甲烷干重整)显示出非凡的催化性能。其具有 100%的 Ni 原子利用效率和非常高的 TOF($9614.26mol/(min \cdot g_{Ni})$)，以及优异的催化耐久性。此外，测试中没有检测到焦炭，这与报道的金属镍纳米颗粒上的严重焦化形成鲜明对比。该特性归因于 DRM 动力学过程的改变，使得焦炭沉积受到抑制。武汉理工大学李远志发现光不仅显著增强了催化活性，而且出人意料地抑制了快速热催化失活。这是因为决速步骤在光照下得到显著促进，并且强吸附的 CO_2 和 CO 的光加速解吸阻碍了 CH_4 进入催化活性位点。

日本国家材料研究所光催化研究中心叶金花及其同事采用 Cu/ZnO 催化剂在可见光下由 CO_2 生成甲醇，可见光可以有助于 Cu 纳米颗粒上的 LSPR 效应，并且这种光激发的热电子可以通过金属-载体界面转移到 ZnO。在可见光照射下，甲醇的生产率从 $1.38\mu mol/(g \cdot min)$增加到 $2.13\mu mol/(g \cdot min)$，表观活化能从 82.4kJ/mol 降至 49.4kJ/mol。Cu 和 ZnO 上的热电子促进了反应中间体的活化，使活化能降低了 40%。与热催化相比，光热甲醇合成沿着*HCOO、*HCOOH、$*H_2COOH$ 和$*CH_3O$ 中间体，*HCOOH 的氢化为限速步骤。然而，光激发的热电子在 Cu 纳米颗粒和邻近的 Cu-ZnO 界面协同促进反应中间体的活化，这降低了反应能垒，提高了甲醇的生产率。

3. 固-固相反应

1) 塑料污染物的降解

目前的塑料回收工艺严重依赖于热化学转化，这通常需要高温(>190℃)，具有巨大的能量输入和极高的成本。光热催化通过将清洁的太阳能转化为热振动，比传统的催化剂更温和地加速塑料的解聚。

刘宪等制备了 TiO_2-DEG 催化剂，用于在 UV 光照射下有效地促进塑料升级循环。UV 照射的电子将 Ti^{4+}还原为 Ti^{3+}，所以导致 OVs 的插入和材料颜色的加深。值得注意的是，OVs 的存在促进了太阳吸收和光生载流子的非辐射弛豫，这也允许多余的能量以热振动的形式释放。这样的光热设计导致温度的快速升高和聚对苯二甲酸乙二醇酯(PET)的 100%转化，表现出超过商业 P25 催化剂 12.2 倍的性能增强。

2) 抗生素的清除

由于抗生素难以生物降解，因此通过常规技术处理含抗生素废水具有挑战性。为了有效去除废水中的抗生素，光热效应经常与传统的生物降解相结合，以进一步提高反应效率。

刑子鹏等巧妙地设计了一种基于 FBBov(缺陷丰富的花状 BiOBr)@MoS_2(1：1)的光热-光催化系统。根据原位热红外成像和电子自旋共振(ESR)测试，助催化剂 MoS_2 通过促进光生载流子的空间分离和增强较长波长范围内的光吸收来增强 ROS 形成。因此，在 5W LED 灯照明下，FBBov@MoS_2(1：1)系统实现了快速的光热响应和显著的催化活性，四环素和 TOC 去除率分别为 95.9%和 62.9%。

如图 6-6 所示，目前光/热协同催化已经应用到能源合成领域，并且已经证实了利用光热协同效应可以改善单一光催化、单一热催化的不足。光催化和热催化的完美耦合，既能实现天然能源太阳光的高效利用，又能降低反应的能耗。从能源、环保、经济效益多角度考虑，这无疑是一种必要而全新的手段。由于光催化与热催化两者机理迥异，针对不同体系，光/热协同效应应该会产生不一样的催化效果，因此尝试将光/热协同催化引入到更多的反应体系，有可能得到意想不到的结果。光热催化作为催化界的一条新途

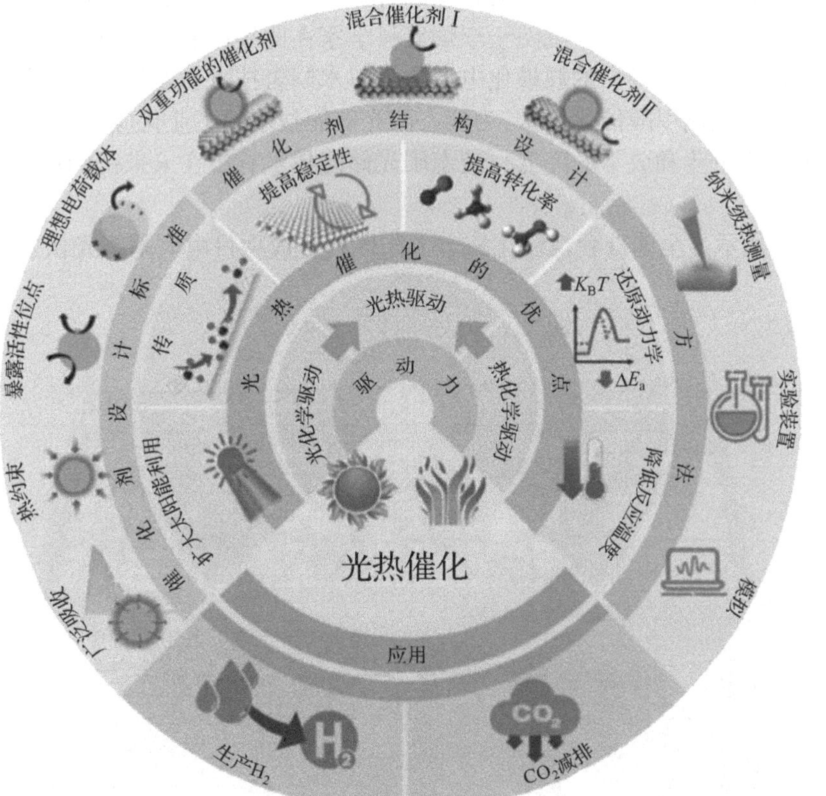

图 6-6　光/热协同催化研究示意图

径，未来的前景十分广阔。新型光热体系的开发、高效稳定的光热催化剂的设计以及光与热协同催化机理的探讨势必是今后科研道路上的热点方向。如何根据反应体系的需求调控合适的反应条件(温度、光照强度及光照波长等)仍然是一项挑战。总之，光/热协同催化转化储能技术是一种具有广泛应用前景的能源利用技术。随着科技的不断进步和研究的深入，该技术将在未来发挥更加重要的作用。

4. 典型案例——兰州新区液态阳光多能互补储能示范项目

2018 年，中国科学院大学校长资深顾问施春风，中国科学院副院长张涛(院士)，国家自然科学基金委员会主任李静海(院士)，中国科学院院长白春礼(院士)共同提出了“液态阳光”的概念，指出因为绿色燃料来源于阳光，是可再生的不竭能源，在保护环境的同时，能够对未来多种现代化应用及服务起到至关重要的作用。

液态阳光

液态阳光储能技术是一种将太阳能转化为液态化学燃料(如甲醇)的技术。这种技术通过将太阳能转化为电能，再用电能电解水制氢，然后将氢与二氧化碳反应合成甲醇等液体燃料。这种燃料可以像汽油或柴油一样储存、运输和使用，因此称为“液态阳光”。液态阳光储能技术不仅解决了太阳能的间歇性和分散性问题，使其能够被有效地储存和利用，而且通过将二氧化碳转化为有用的化学燃料，还有助于减少温室气体排放，实现碳减排目标。此外，液态阳光燃料还可以作为传统化石燃料的替代品，用于发电、交通运输等领域，有助于推动能源结构的转型和升级。液态阳光储能技术的发展得到了全球范围内的广泛关注。中国科学院院士李灿等科学家在此领域取得了重要进展，成功研发出了高效、低成本、长寿命的规模化电催化分解水制氢技术和廉价、高选择性、高稳定性的二氧化碳加氢制甲醇催化技术，为液态阳光储能技术的工业化应用奠定了坚实基础。随着技术的不断进步和成本的降低，液态阳光储能技术有望在未来得到更广泛的应用和推广。

如图 6-7 所示，全球首套规模化液态太阳燃料合成项目由太阳能光伏发电、电解水

图 6-7　全球首套规模化液态太阳燃料合成项目试车成功现场装置区

制氢和二氧化碳加氢合成甲醇三个基本技术单元构成，配套建设总功率为 10MW 的光伏发电站，为电解水制氢设备提供电能。该项目总占地约 289 亩(1 亩≈666.67m^2)，总投资约 1.4 亿元，其中光伏占地 259 亩，投资 5000 万元。此外，该项目还涉及一系列化工项目的建设，包括电解水制氢、氢气储罐、氢气压缩、CO_2 精制、甲醇合成及精馏等装置，以及循环冷却水站、脱盐水站、回用水站、浓盐水站、化工 220kV 降压站等配套的公辅设施。整个项目的建设总投资约 16.99 亿元，在节省成本的同时，清洁能源的高速发展也为农民增收做出贡献。经过多年的发展，兰州新区的地区生产总值已从 2010 年的不足 5 亿元增长到 2020 年的 236 亿元，增速近 4 年连续领跑国家级新区。

该项目技术路线对缓解我国能源安全问题乃至全球生态文明建设具有重大意义，一方面其探索了中国西部地区丰富的太阳能等可再生能源的优化利用模式，将太阳能等可再生能源转化为液体燃料甲醇，提供了一条特高压输电之外的有效利用可再生能源的路径；另一方面，液体燃料甲醇又是绿氢载体，有助于解决氢能储存和运输的安全难题。

6.3.3　电/热协同催化转化储能

电/热协同催化转化是一种结合了电化学和热化学的催化过程，其基本原理主要涉及电催化、热催化和两者之间的协同效应，利用两者的协同作用能够实现更高效的化学反应。电/热协同催化中的协同效应主要体现在两个方面：一是电催化和热催化之间的相互促进，使得反应速率和选择性得到提高；二是电流和温度对反应路径的调控作用，通过调节电流和温度精确控制反应条件和路径，实现高选择性、高产率的化学转化。电/热协同催化在能源转换、有机合成等领域具有广泛的应用前景。目前，电/热协同催化转化储能技术研究相对较少，在电/热协同催化 CO_2 转化为固体碳材料、电/热协同催化 CO_2 转化为 C_3 含氧产物、电/热协同催化 CO_2 制备内酯单体以及电/热协同催化甲醇脱氢产高纯 H_2 和 CO 方面具有应用，如图 6-8 所示。

1. 电化学-热化学串联催化 CO_2 转化为固体碳材料

1) 引言

各种 CO_2 转化方法(包括热化学、电化学、光化学、等离子体、生物和混合工艺)已被用于生产各种有价值的化学品(如合成气、烷烃、烯烃、芳烃和含氧化合物)或燃料。然而，由此产生的大部分气态或挥发性产品在消费后最终以 CO_2 的形式释放到大气中，很难实现 CO_2 的负排放。因此，CO_2 增值为适合长期储存的非挥发性或固体产品，预计将在实现负排放方面发挥关键作用。

固体碳材料，如碳纳米管、碳纳米纤维、石墨烯和炭黑，由于独特的结构、机械性能、电学性质、热学性质、光学性质和化学性质，已经引起工业部门广泛的关注，市场规模超过 300 亿美元。然而，通过热催化方法直接将 CO_2 转化为固体碳面临热力学限制，对 CO_2 直接转化为固体碳提出了挑战。目前，关于 CO_2 转化为固体碳产品的报道有限，主要包括两种方法。第一种方法是利用半晶液态金属电化学还原 CO_2 产生固体碳，但该

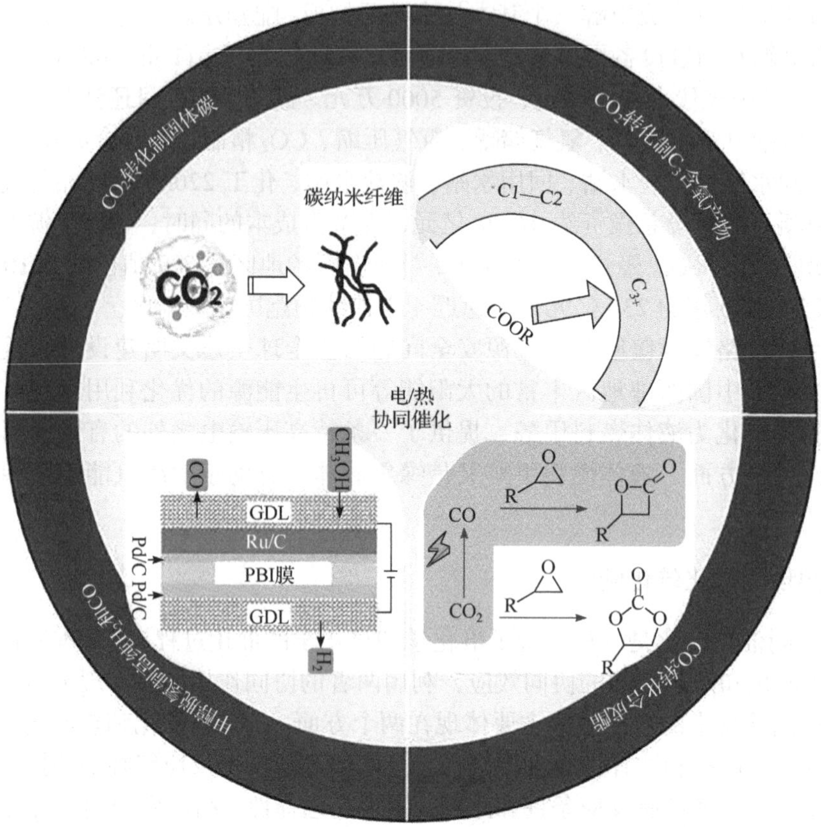

图 6-8　电/热协同催化转化应用领域示意图

方法存在碳形态为无定形、产率低和电流密度低(<10mA/cm)等问题。第二种方法是在熔融碳酸氢锂中引入 CO_2 电解来合成碳纳米管或碳纳米纤维，但该过程需要在高温下进行(>720℃)。也就是说，通过热催化方法直接将 CO_2 转化为碳纳米纤维面临热力学限制，而电催化方法通常会导致产量有限的无定形碳或需要能源密集型条件。因此，在温和条件下将 CO_2 大规模转化为增值固体碳产品，易于与可再生能源整合，并与现有基础设施良好兼容，将有望实现负碳排放。

2) 原理

电化学-热化学(EC-TC)串联策略，能够绕过热力学限制(ΔG_{eq})实现 CO_2 直接转化为高价值固体碳材料。首先将二氧化碳和水电解成合成气，然后在相对较低的温度(370～450℃)和环境压力下进行热化学转化成碳纳米纤维。与此同时，得到可再生的副产物氢气。电化学-热化学串联工艺制备碳纳米纤维和可再生 H_2 原理示意图如图 6-9 所示，串联工艺从正极 CO_2 和 H_2O 共电解开始，分别通过 CO_2 还原反应和析氢反应生成 CO 和 H_2，在阳极由析氧反应(OER)平衡。所得阴极产物(CO 和 H_2)随后通过两种生成碳的反应 R1($2CO \longrightarrow C(s) + CO_2$，布多尔反应)和反应 R_2($CO + H_2 \longrightarrow C(s) + H_2O$)途径进入热化学反应器生产碳纳米纤维。

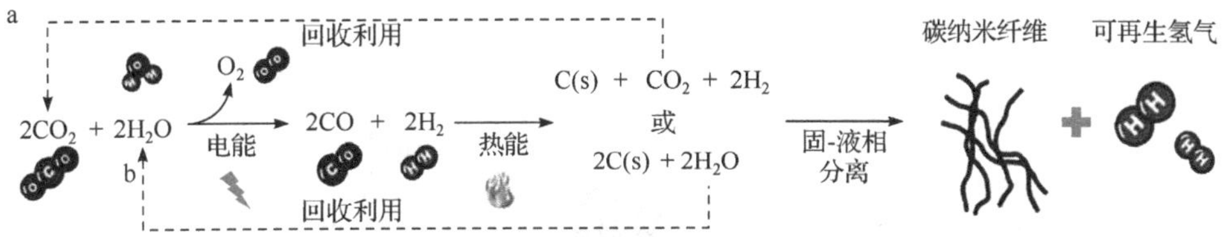

图 6-9　电化学-热化学串联工艺制备碳纳米纤维和可再生 H_2 原理示意图

3) 研究现状、存在的问题及应用前景

碳纳米纤维的形成是一个复杂的过程，它主要由三个连续的步骤控制：碳前体在气体/金属界面的解离吸附、碳通过金属催化剂的扩散或沿着催化剂表面的迁移以及碳在催化剂/固体碳界面的沉淀和生长。催化剂是实现该串联工艺和碳纳米纤维生产的关键。目前，Fe、Co、Ni 和 Ru 已被认为是传统费-托合成中解离吸附 Co 和 H_2 的高效金属。然而，Fe 表现出更高的 WGS 活性，Ni 比 Co 更有利于甲烷化，Ru 受高成本的限制。双金属催化剂已被证明可以优化反应物的活化和改变选择性。

许多二氧化碳转化技术产生的最终化学产品在其生命周期中重新排放二氧化碳，使这些过程的二氧化碳足迹达到碳中和。相比之下，目前的研究结果表明，串联 EC-TC 过程能够在相对温和的条件下将 CO_2 固定为有价值的碳纳米纤维。通过将市售的 Pd/C 电催化剂与非贵重的双金属 FeCo 热催化剂集成在一起，在环境压力下获得了具有可观生产率(平均为 2.5g $_{碳}$/(g $_{金属}$ · h))的高质量 CNFs。总体而言，通过利用电/热协同催化转化，再加上产品分离与金属回收的实施，串联策略是实现负碳排放的可行途径，同时能够产生增值的固体碳产品和可再生的 H_2。

2. 电化学-热化学串联催化 CO_2 转化为 C_3 含氧产物

1) 引言

降低激活能垒和最小化能量输入是高效催化 CO_2 转化所需要克服的难题。纯粹的热催化方法依赖于化石燃料衍生的原料，主要使用蒸汽甲烷重整产生的 H_2，在过程中本身就会产生 CO_2，这导致整个过程无法实现 CO_2 的净减排，电催化途径可以通过利用无碳电力来源(如风能或太阳能)来转化二氧化碳。然而，直接将 CO_2 电化学转化为含有两个 C 以上的高价值产品具有较低的产品选择性和产率，并且需要大量的能量输入才能将产物从水电解质中分离出来。因此，美国哥伦比亚大学陈经广教授提出，串联电催化和热催化的方法将 CO_2 转化为 C_3 含氧产物(如醛和醇，是塑料、汽车、制药和其他化学工业中使用的重要原料)。该电化学-热化学串联策略不仅是一种有前途的生产含氧化合物的方法，而且能够实现二氧化碳的总体净消费。

2) 原理

两步串联电化学-热化学反应方案将 CO_2 转化为增值的 C_3 含氧产物的原理及工艺如图 6-10 所示。第一步为 CO_2 和 H_2O 被电化学还原成乙烯、CO 和 H_2，第二步为常压下进行热化学氢甲酰化反应生成碳氧化物、1-丙醇和丙醛。该过程可以由可再生能源提供动力，并使用 CO_2 作为碳源来产生中间前体分子。直接耦合两个反应器还消除了从 CO_2 电解槽中分离气态产物的需要，并避免了与氢甲酰化反应的易燃和有毒原料的运输和储存相关的安全风险。

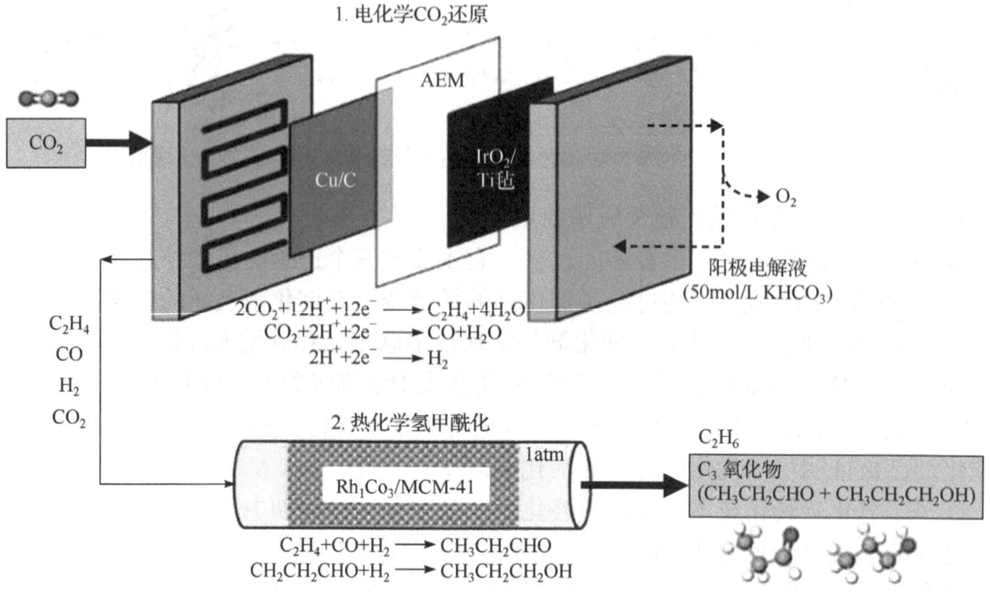

图 6-10　串联电化学-热化学反应器用于 CO_2 转化为 C_3 含氧产物原理示意图

3) 研究现状、存在的问题及应用前景

研究结果表明，电极组件装置中使用商用 Cu 催化剂进行了电化学 CO_2 还原反应，同时使用 Rh_1Co_3/MCM-41 催化剂进行了热化学氢甲酰化反应，该串联系统的 C_3 含氧产物的选择性高达 18.4%，产率高达 11.8μmol/min，与直接电化学 CO_2 转化相比具有明显的优势。

电化学-热化学串联催化将 CO_2 转化为 C_3 含氧产物仍面临一些挑战。研究表明，在串联的 25cm^2 电解槽和氢甲酰化反应器中进行 CO_2 转化，大部分 CO_2 损失在碳酸盐形成和膜交叉中，因此需要抑制碳酸盐形成来提高 CO_2 利用率，同时还需继续优化电化学和热化学反应中的催化剂组成来提高 C_3 含氧产物的选择性。另外，这项工作为类似的通过串联方法探索其他反应提供了借鉴和参考。例如，CO_2RR 随后的热催化芳构化($3C_2H_4 \longrightarrow C_6H_6 + 3H_2$)或羟基化($C_2H_4 + CO + H_2O \longrightarrow CH_3CH_2COOH$)反应。

3. 电催化 CO_2 还原与热催化的耦合制备内酯单体

产生高价值化学原料的羰基化反应是许多工业上重要化合物形成的组成部分。然而，这些过程使用的 CO 总是来自化石燃料重整反应。研究表明，通过电催化还原 CO_2 制 CO 与热催化羰基化反应相结合，合成有用的单体，将扩大 CO_2 生产化学品的范围，原理示意图如图 6-11 所示。该系统耦合了 CO_2 电解槽和羰基化反应器，通过阴极上使用掺银锌合金催化剂用于高压 CO_2 电解生产 CO，确保了 CO 的高效和稳定生成(法拉第效率> 90%)；通过高压 CO 热催化将环氧丙烷羰基化成 β-丁内酯(反应收率超过 80%)。这一策略开辟了从 CO_2 中提取内酯以形成聚酯的途径。然而，这一策略产生的 CO 气流中通常还含有 H_2O、O_2、H_2 和 CO_2 等污染物，这些污染物可能对羰基化催化剂有害。研究发现，羰基化催化剂对 H_2 和 CO_2 具有耐受性，但对 H_2O 和 O_2 则不具有耐受性，需使用气体净化系统去除。

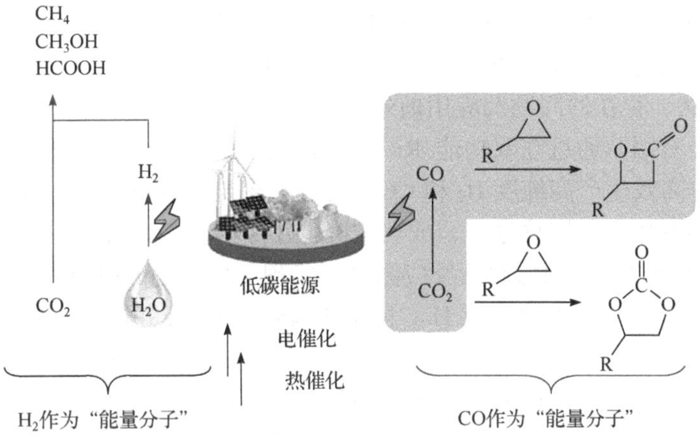

图 6-11　通过电催化还原和热催化功能化耦合将 CO 作为“能量分子”从 CO_2 中形成增值化学品

4. 电化学-热化学串联催化甲醇脱氢生产高纯 H_2 和 CO

1) 引言

氢是一种能量密度高的清洁能源，具有替代化石燃料的巨大潜力。然而，氢的易燃性阻碍了它的实际储存和运输。甲醇作为一种理想的液氢载体，由于其可再生和运输方便，在可持续能源的应用中引起了人们的特别关注。近年来，甲醇蒸汽重整和甲醇辅助水裂解制氢技术得到了广泛的研究。目前，甲醇电解被认为是一种具有环保和可持续特点的有前途的高纯氢气生产技术，但其相对较高的电池电压输入限制了其广泛应用，并且导致高 CO_2 排放。热催化甲醇脱氢工艺尽管可以生产 CO 从而减少 CO_2 的产生，但其反应效率低且制备高纯度氢气必须经过复杂的净化工序，生产成本高。因此，将热催化甲醇脱氢工艺与电催化氢氧化工艺耦合，有望实现甲醇高效生产高纯度 H_2 和 CO。

2) 原理

电/热协同催化甲醇脱氢生产高纯 H_2 和 CO 的过程大致可分为三步，如图 6-12 所示。

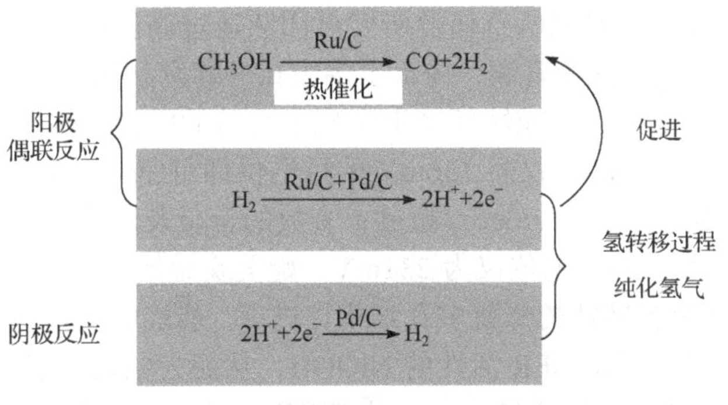

图 6-12　电/热催化甲醇高效制氢原理示意图

(1) 甲醇通过热催化进行脱氢反应：$CH_3OH \longrightarrow CO + 2H_2$。

(2) H_2通过电催化在阳极发生氧化生成H^+：$H_2(g) \longrightarrow 2H^+(aq) + 2e^-$。

(3) 随后H^+转移到阴极并进一步还原为H_2：$2H^+(aq) + 2e^- \longrightarrow H_2(g)$。

电催化过程加速了 C—H 的断裂，降低了阳极氢的分压，促进了化学平衡，显著促进了甲醇脱氢，在得到高纯H_2的同时大幅减少了CO_2的产生。

3) 研究现状、存在的问题及应用前景

目前，已经有团队通过在双功能 Ru/C 催化剂上耦合热催化甲醇脱氢和电催化氢氧化，实现了甲醇高效生产高纯度H_2和 CO。通过在聚苯并咪唑膜基电解槽中桥接热催化甲醇脱氢反应和电化学氢转移过程，成功地降低了甲醇脱氢的能垒，打破了甲醇脱氢的热力学平衡限制，在 120℃的低起始反应温度下实现了甲醇向H_2和 CO 的转化。在约 0.1V 的电压下，H_2立即发生电氧化生成H^+，随后H^+转移到阴极并进一步还原为H_2。由反应热力学平衡常数可知，电化学过程有效降低了氢的分压，改变了甲醇脱氢的化学平衡，不仅提高了甲醇转化效率，还提高了H_2和 CO 的产率。此外，设计了双层 Ru/C + Pd/C 电极，以减轻 CO 中毒并促进氢氧化。结果表明，当电池电压为 0.4V、温度为 200℃时，可获得纯度为 99.9%的高产率H_2 (558.54mmol/(h · g))，优于传统的热催化和电催化工艺，且 CO 是阳极的主要产物，基本没有CO_2的产生。

该策略成功地通过耦合电催化行为促进了甲醇脱氢。因为电催化可以瞬间将氢产物从阳极转移到阴极，改变热力学平衡以促进H_2和 CO 的产生，从而降低高温要求。在较高的电压下，CO 被电氧化释放出更多的质子，有利于进一步促进析氢。电/热协同催化下的甲醇脱氢性能明显优于单一电催化/热催化下的甲醇脱氢性能，为克服平衡限制、提高甲醇脱氢效率提供了有价值的指导，并为减少CO_2排放产生H_2和 CO 提供了一条新的途径。

然而，在脱氢过程中会产生大量的 CO，而 Ru/C 催化剂对 CO 敏感，会优先与 CO 结合，严重毒害活性位点，从而阻碍 Ru 催化剂表面进一步的氢氧化，降低了阴极的产氢率。为了解决这一问题，设计 CO 吸附能降低的催化位点是消除 CO 中毒威胁的合适策略。这也为未来电催化促进甲醇热催化脱氢提供了研究方向。

5. 典型案例——高温熔融盐电催化

中国科学院高能物理研究所石伟群研究员团队通过高温熔盐的独特环境，以泡沫镍为基底，成功引入高活性元素镧，构筑了多级孔的蜂窝状镧镍合金 ho-$LaNi_5$/NF，并将其同时作为双工作电极，在碱性环境中实现了高效的电催化水裂解反应。对于水还原(HER)半反应，ho-$LaNi_5$/NF 仅需 136mV 的过电位即可驱动−10mA/cm 电流密度下的 HER 发生，Tafel 斜率为 84mV/dec，超过了多数的合金及泡沫镍基催化剂。另外，在−100mA/cm 电流密度下的过电位仅为 231mV，媲美贵金属 Pt/C(218mV)。对于水氧化(OER)半反应，在该材料独特的蜂巢多孔结构促进下，基底中丰富的镍元素迁移到材料表面并原位重构为具有更高 OER 活性的 NiOOH，从而大幅提高了材料的 OER 性能。仅需 271mV 的过电位即可实现 10mA/cm 电流密度下的 OER 反应，在 100mA/cm 电流密度下的过电位为 347mV，也接近商业化 IrO_2 (332mV)，具有 HER、OER 的双功能催化能力。凭借高温熔盐环境中形成的强耦合的合金-金属异质结构，该镧镍合金作为自支撑电极可直接用于高效的电催化整体水分解，也为高活性泡沫合金的制备和灵活调控提供了一种新思路。

本章小结

多能互补协同催化转化技术是一种集成了多种能源形式(如光电、光热、电热等)的协同催化转化方法，旨在通过不同能源形式间的互补效应，提高催化转化过程的效率、选择性和稳定性。通过多能互补协同催化转化技术，可以实现能源的梯级利用和高效转化。不同能源形式在不同阶段和条件下发挥各自优势，共同推动催化反应的进行，从而提高了整体能源利用效率。同时，该技术还有助于降低能源消耗，减少不必要的能源浪费。多能互补协同催化转化技术往往采用先进的信息通信技术和智能控制技术进行管理和调控。通过实时监测和分析反应过程中的各种参数，系统能够自动调整能源输入、催化剂用量等条件，以优化催化转化性能。这种智能化管理不仅提高了系统的稳定性和可靠性，还降低了人工操作的成本和风险。光电、光热、电热协同催化转化技术各自具有独特的特点和优势，随着科学技术的不断进步和研究的深入，这些技术有望在更多领域得到广泛应用和推广。尽管多能互补协同催化转化技术具有诸多优势，但其发展仍面临一些挑战，例如，如何优化不同能源形式之间的匹配和协同作用，如何提高催化剂的稳定性和选择性，以及如何降低系统成本和实现大规模应用等。为了克服这些挑战，需要不断进行创新研究和技术突破，推动多能互补协同催化转化技术向更高水平发展。综上所述，多能互补协同催化转化技术是一种具有广阔应用前景和重要意义的新型催化转化方法。通过充分利用不同能源形式之间的互补性，该技术有望实现高效、清洁、可持续的催化转化过程，为化工、环保、能源等领域的发展提供有力支持。

习　题

1. 光/电协同催化 CO_2 还原系统主要分为几类？分别为哪几类？

2. 阻碍 CO_2 还原为高值产物的高效率的主要竞争反应是什么？

3. 在光/热协同催化反应中，反应路径的多样性往往会产生多种副产物，导致产物选择性差。如何实现催化剂对目标产物具有更高的选择性？

4. 目前光/热协同催化系统大多处于实验室研究阶段，系统集成度低，如何实现大规模工业化应用？

5. 电/热协同催化中的协同效应主要体现在哪些方面？

6. 电/热协同催化的应用有哪些？

参 考 文 献

董馨浍, 2022. 中国氢能产业现状与未来[R]. 北京: 冶金工业信息标准研究院.

国家发展和改革委员会, 国家能源局, 2022. 氢能产业发展中长期规划(2021-2035 年)[EB/OL]. http://zfxxgk.nea.gov.cn/2022-03/23/c_1310525630.htm. [2022-03-23].

国家发展和改革委员会能源研究所, 2023. 2022 年度全国可再生能源电力发展监测评价报告[R]. 北京: 国家能源局.

胡博, 王健捷, 肖霞, 等, 2024. 二氧化碳加氢制甲醇催化剂研究进展[J]. 化学通报, 87(6): 685-692.

李东周, 靳雅洁, 白宇波, 2023. 中国地热产业高质量发展报告[R]. 北京: 中国地热产业联盟.

刘冬雪, 2023. 纳米金属基催化剂在甲酸/氨高效储/放氢领域的应用研究[D]. 长春: 吉林大学.

刘彦铄, 王新赫, 张军社, 等, 2019. 太阳能甲烷重整反应器研究进展[J]. 化工进展, 38(12): 5339-5350.

邱爽, 黄瑞, 王红霞, 等, 2021. 热催化合成氨催化剂研究进展[J]. 分子科学学报, 37(4): 283-296.

邢承治, 赵明, 尚超, 等, 2024. 有机液体载氢储运技术研究进展及应用场景[J]. 储能科学与技术, 13(2): 643-651.

徐超, 靳菲, 邢嘉芯, 等, 2023. 太阳能高温热化学储能技术发展现状及科学问题[J]. 中国科学基金, 37(2): 209-217.

赵骧, 2001. 我国制氨催化剂工业现状与发展趋势[J]. 精细与专用化学品, 9(6): 3-5.

赵彦巧, 2006. 二氧化碳催化加氢直接合成二甲醚的研究[D]. 天津: 天津大学.

郑净植, 奚强, 2003. 炔烃及二烯烃选择加氢催化剂的研究进展[J]. 湖北化工, 20(1): 4-5.

COZZI L, ERDOGAN M, GOODSON T, 2021. 全球能源回顾 2021[R]. 法国: 国际能源署.

MOTYKA M W, FULGHUM N, JONES D, 2024. 全球电力评论 2024[R]. 英国: 英国气候及能源智库机构恩伯.

CAI P W, HUANG J H, CHEN J X, et al., 2017. Oxygen-containing amorphous cobalt sulfide porous nanocubes as high-activity electrocatalysts for the oxygen evolution reaction in an alkaline/neutral medium[J]. Angewandte chemie international edition, 56(17): 4858-4861.

CAO Y H, GUO L, DAN M, et al., 2021. Modulating electron density of vacancy site by single Au atom for effective CO_2 photoreduction[J]. Nature communications, 12: 1675.

CHANG B, PANG H, RAZIQ F, et al., 2023. Electrochemical reduction of carbon dioxide to multicarbon (C^{2+}) products: Challenges and perspectives[J]. Energy & environmental science, 16(11): 4714-4758.

CHEN P Z, XU K, FANG Z W, et al., 2015. Metallic Co_4N porous nanowire arrays activated by surface oxidation as electrocatalysts for the oxygen evolution reaction[J]. Angewandte chemie international edition, 54(49): 14710-14714.

CHEN S C, KANG Z X, HU X, et al., 2017. Delocalized spin states in 2D atomic layers realizing enhanced electrocatalytic oxygen evolution[J]. Advanced materials, 29(30): 1701687.

CHEN W D, YANG X Y, CHEN Z D, et al., 2023. Emerging applications, developments, prospects, and challenges of electrochemical nitrate-to-ammonia conversion[J]. Advanced functional materials, 33(29): 2300512.

CHENG F P, PENG X Y, HU L Z, et al., 2022. Accelerated water activation and stabilized metal-organic framework via constructing triangular active-regions for ampere-level current density hydrogen production[J]. Nature communications, 13: 6486.

DAI J L, ZHAO D K, SUN W M, et al., 2019. Cu(II) ions induced structural transformation of cobalt selenides for remarkable enhancement in oxygen/hydrogen electrocatalysis[J]. ACS catalysis, 9(12): 10761-10772.

DAI J, ZHU Y L, TAHINI H A, et al., 2020. Single-phase perovskite oxide with super-exchange induced atomic-scale synergistic active centers enables ultrafast hydrogen evolution[J]. Nature communications, 11: 5657.

DASTAFKAN K, SHEN X J, HOCKING R K, et al., 2023. Monometallic interphasic synergy via nano-hetero-interfacing for hydrogen evolution in alkaline electrolytes[J]. Nature communications, 14: 547.

ESENCE T, BENOIT H, PONCIN D, et al., 2020. A shallow cross-flow fluidized-bed solar reactor for continuous calcination processes[J]. Solar energy, 196: 389-398.

FANG Y, PAUL M C, VARJANI S, et al., 2021. Concentrated solar thermochemical gasification of biomass: Principles, applications, and development[J]. Renewable and sustainable energy reviews, 150: 111484.

FENG J X, XU H, DONG Y T, et al., 2016. FeOOH/Co/FeOOH hybrid nanotube arrays as high-performance electrocatalysts for the oxygen evolution reaction[J]. Angewandte chemie international edition, 55(11): 3694-3698.

GENG B, YAN F, ZHANG X, et al., 2021. Conductive CuCo-based bimetal organic framework for efficient hydrogen evolution[J]. Advanced materials, 33(49): 2106781.

HALMANN M, 1978. Photoelectrochemical reduction of aqueous carbon dioxide on p-type gallium phosphide in liquid junction solar cells[J]. Nature, 275(5676): 115-116.

HAN J Y, BAI X, XU X Q, et al., 2024. Advances and challenges in the electrochemical reduction of carbon dioxide[J]. Chemical science, 15(21): 7870-7907.

HAN S H, LI H J, LI T L, et al., 2023. Ultralow overpotential nitrate reduction to ammonia via a three-step relay mechanism[J]. Nature catalysis, 6(5): 402-414.

HOFFMAN B M, LUKOYANOV D, YANG Z Y, et al., 2014. Mechanism of nitrogen fixation by nitrogenase: the next stage[J]. Chemical reviews, 114(8): 4041-4062.

HOWARD J B, REES D C, 1996. Structural basis of biological nitrogen fixation[J]. Chemical reviews, 96(7): 2965-2982.

HUANG J Z, SHENG H Y, ROSS R D, et al., 2021. Modifying redox properties and local bonding of Co_3O_4 by CeO_2 enhances oxygen evolution catalysis in acid[J]. Nature communications, 12: 3036.

INOUE T, FUJISHIMA A, KONISHI S, et al., 1979. Photoelectrocatalytic reduction of carbon dioxide in aqueous suspensions of semiconductor powders[J]. Nature, 277(5698): 637-638.

JANG H, LEE J H, LEE J R, et al., 2022. Metal–support interaction can deactivate IrO_x/Sb: SnO_2 OER catalysts in polyol process[J]. ACS applied energy materials, 5(8): 9297-9302.

JIA X D, ZHAO Y F, CHEN G B, et al., 2016. Ni_3FeN nanoparticles derived from ultrathin NiFe-layered double hydroxide nanosheets: An efficient overall water splitting electrocatalyst[J]. Advanced energy materials, 6(10): 1502585.

JIANG M H, WANG H Z, ZHU M F, et al., 2024. Review on strategies for improving the added value and expanding the scope of CO_2 electroreduction products[J]. Chemical society reviews, 53(10): 5149-5189.

JIN H Y, WANG X S, TANG C, et al., 2021. Stable and highly efficient hydrogen evolution from seawater enabled by an unsaturated nickel surface nitride[J]. Advanced materials, 33(13): 2007508.

KITANO M, INOUE Y, YAMAZAKI Y, et al., 2012. Ammonia synthesis using a stable electride as an electron donor and reversible hydrogen store[J]. Nature chemistry, 4(11): 934-940.

KLEBANOFF L, 2016. Hydrogen storage technology: Materials and applications[M]. Boca Raton: CRC Press.

KÖTZ R, LEWERENZ H J, STUCKI S, 1983. XPS studies of oxygen evolution on Ru and RuO_2 anodes[J]. Journal of the electrochemical society, 130(4): 825-829.

LAO M M, ZHAO G, LI P, et al. , 2021.Manipulating the coordination chemistry of Ru-N-(O)-C moieties for fast alkaline hydrogen evolution kinetics[J]. Advanced functional materials, 31(33): 2100698.

LIN Q, ZHU Y L, HU Z W, et al., 2020. Boosting the oxygen evolution catalytic performance of perovskites via optimizing calcination temperature[J]. Journal of materials chemistry A, 8(14): 6480-6486.

MEIER A, STEINFELD A, 2022. Solar energy in thermochemical processing[M]. Berlin: Springer.

MEINSHAUSEN M, MEINSHAUSEN N, HARE W, et al., 2009. Greenhouse-gas emission targets for limiting global warming to 2℃[J]. Nature, 458(7242): 1158-1162.

MUHICH C L, EVANKO B W, WESTON K C, et al., 2013. Efficient generation of H_2 by splitting water with an isothermal redox cycle[J]. Science, 341(6145): 540-542.

NAGAR R, SRIVASTAVA S, HUDSON S L, et al., 2023. Recent developments in state-of-the-art hydrogen energy technologies-Review of hydrogen storage materials[J]. Solar compass, 5: 100033.

PRIME J, AHMED I A, AKANDE D, et al., 2024. Renewable capacity statistics 2024[R]. Abu Dhab: International renewable energy agency.

SAKAKURA T, CHOI J C, YASUDA H, 2007. Transformation of carbon dioxide[J]. Chemical reviews, 107(6): 2365-2387.

SHAO X D, LIANG M F, KIM M G, et al., 2023. Density-controlled metal nanocluster with modulated surface for pH-universal and robust water splitting[J]. Advanced functional materials, 33(12): 2211192.

SHIH C F, ZHANG T, LI J H, et al., 2018. Powering the future with liquid sunshine[J]. Joule, 2(10): 1925-1949.

SUEN N T, HUNG S F, QUAN Q, et al., 2017. Electrocatalysis for the oxygen evolution reaction: Recent development and future perspectives[J]. Chemical society reviews, 46(2): 337-365.

VOGT C, GROENEVELD E, KAMSMA G, et al., 2018. Unravelling structure sensitivity in CO_2 hydrogenation over nickel[J]. Nature catalysis, 1(2): 127-134.

WANG J, FENG T, CHEN J X, et al., 2021. Electrocatalytic nitrate/nitrite reduction to ammonia synthesis using metal nanocatalysts and bio-inspired metalloenzymes[J]. Nano energy, 86: 106088.

WANG J, GAO Y, CHEN D J, et al., 2018. Water splitting with an enhanced bifunctional double perovskite[J]. ACS catalysis, 8(1): 364-371.

WANG X, ZHUANG L Z, JIA Y, et al., 2018. Plasma-triggered synergy of exfoliation, phase transformation, and surface engineering in cobalt diselenide for enhanced water oxidation[J]. Angewandte chemie international edition, 57(50): 16421-16425.

Wei R J, Fang M, Dong G F, et al., 2018. High-index faceted porous Co_3O_4 nanosheets with oxygen vacancies for highly efficient water oxidation[J]. ACS applied materials & interfaces, 10(8): 7079-7086.

WU Z P, LU X F, ZANG S Q, et al., 2020. Non-noble-metal-based electrocatalysts toward the oxygen evolution reaction[J]. Advanced functional materials, 30(15): 1910274.

XU L, WU S Q, HE X Y, et al., 2022. Interface engineering of anti-perovskite Ni_3FeN/VN heterostructure for high-performance rechargeable zinc–air batteries[J]. Chemical engineering journal, 437: 135291.

XUE Z Q, LI X, LIU Q L, et al., 2019. Interfacial electronic structure modulation of NiTe nanoarrays with NiS nanodots facilitates electrocatalytic oxygen evolution[J]. Advanced materials, 31(21): 1900430.

YAN L, ZHANG B, LIU Z G, et al., 2021. Synergy of copper doping and oxygen vacancies in porous CoOOH nanoplates for efficient water oxidation[J]. Chemical engineering journal, 405: 126198.

YANG L, XU H X, LIU H B, et al., 2019. Active site identification and evaluation criteria of in situ grown CoTe and NiTe nanoarrays for hydrogen evolution and oxygen evolution reactions[J]. Small methods, 3(5): 1900113.

YU Q P, LIU X B, LIU G S, et al., 2022. Constructing three-phase heterojunction with 1D/3D hierarchical structure as efficient trifunctional electrocatalyst in alkaline seawater[J]. Advanced functional materials, 32(46): 2205767.

YUAN C Z, SUN Z T, JIANG Y F, et al., 2017. One-step in situ growth of iron–nickel sulfide nanosheets on

FeNi alloy foils: High-performance and self-supported electrodes for water oxidation[J]. Small, 13(18): 1604161.

ZENG K, GAUTHIER D, SORIA J, et al., 2017. Solar pyrolysis of carbonaceous feedstocks: A review[J]. Solar energy, 156: 73-92.

ZENG K, LI J, XIE Y P, et al., 2020. Molten salt pyrolysis of biomass: The mechanism of volatile reforming and pyrolysis[J]. Energy, 213: 118801.

ZHANG S B, JIN M, XU H, et al., 2024. An oxygen-coordinated cobalt single-atom electrocatalyst boosting urea and urea peroxide production[J]. Energy & environmental science, 17(5): 1950-1960.

ZHANG X, ZHAO Y F, ZHAO Y X, et al., 2019. A simple synthetic strategy toward defect-rich porous monolayer NiFe-layered double hydroxide nanosheets for efficient electrocatalytic water oxidation[J]. Advanced energy materials, 9(24): 1900881.

ZHANG Y L, LI N, ZHANG Z Y, et al., 2020. Programmable synthesis of multimetallic phosphide nanorods mediated by core/shell structure formation and conversion[J]. Journal of the american chemical society, 142(18): 8490-8497.

ZHANG Y Q, XIA X H, KANG J, et al., 2012. Hydrothermal synthesized porous $Co(OH)_2$ nanoflake film for supercapacitor application[J]. Chinese science bulletin, 57(32): 4215-4219.

ZHAO L Q, WEI Q H, ZHANG L L, et al., 2021. NiCo alloy decorated on porous N-doped carbon derived from ZnCo-ZIF as highly efficient and magnetically recyclable catalyst for hydrogen evolution from ammonia borane[J]. Renewable energy, 173: 273-282.

ZHU C R, WANG A L, XIAO W, et al., 2018. In situ grown epitaxial heterojunction exhibits high-performance electrocatalytic water splitting[J]. Advanced materials, 30(13): 1705516.

ZHU Y L, ZHOU W, SUNARSO J, et al., 2016. Phosphorus-doped perovskite oxide as highly efficient water oxidation electrocatalyst in alkaline solution[J]. Advanced functional materials, 26(32): 5862-5872.